CADERNO DE
ESTRUTURAS EM ALVENARIA E CONCRETO SIMPLES

DEDICATÓRIA

Aos meus netos
Diogo e Mariana
Luciana e Vicente

AGRADECIMENTO

À minha filha
Ana Luiza Moliterno de Benedictis
por ter me auxiliado na elaboração
dos desenhos.

Antonio Moliterno

CADERNO DE
ESTRUTURAS EM ALVENARIA E CONCRETO SIMPLES

Caderno de estruturas em alvenaria e concreto simples
© 1995 Antonio Moliterno
7ª reimpressão – 2017
Editora Edgard Blücher Ltda.

Blucher

Rua Pedroso Alvarenga, 1245, 4º andar
04531-934 – São Paulo – SP – Brasil
Tel.: 55 11 3078-5366
contato@blucher.com.br
www.blucher.com.br

É proibida a reprodução total ou parcial
por quaisquer meios sem autorização
escrita da editora.

Todos os direitos reservados pela Editora
Edgard Blücher Ltda.

FICHA CATALOGRÁFICA

Moliterno, Antonio
    Caderno de estruturas em alvenaria e concreto
simples / Antonio Moliterno – São Paulo: Blucher,
1995.

Bibliografia.
ISBN 978-85-212-0004-8

1. Alvenaria 2. Construção em concreto
3. Engenharia de estruturas I. Título.

04-5253   CDD-624.183

Índices para catálogo sistemático:
1. Estruturas em alvenaria e concreto simples:
    Engenharia   624.183

CONTEÚDO

CAPÍTULO 1 — RESISTÊNCIA DO MATERIAL
1.1 — Introdução **1**
1.2 — Definição: função e importância das argamassas **2**
1.3 — Classificação das alvenarias **2**
1.3.1 — Alvenarias não estruturais **2**
1.3.2 — Alvenarias estruturais ou portantes **3**
1.4 — Resistência dos materiais **5**
1.4.1 — Resistência das pedras, tijolos e blocos **5**
1.4.2 — Resistência das argamassas **9**
1.4.3 — Resistência à compressão das alvenarias **10**
1.4.4 — Coeficiente de segurança **11**
1.5 — Tensões admissíveis à compressão nas alvenarias **11**
1.6 — Resistência à tração das alvenarias **13**
1.7 — Resistência ao cisalhamento **14**
1.8 — Módulo de elasticidade (ou módulo de deformação longitudinal) **15**
1.9 — Contração e recalque das alvenarias **16**
1.10 — Efeitos térmicos **16**
1.11 — Alvenaria de blocos vazados de concreto **17**
1.11.1 — Considerações preliminares **17**
1.11.2 — Número de ensaios **17**
1.11.3 — Tensões máximas admissíveis **18**
1.11.4 — Considerações para verificação da estabilidade **19**
1.11.5 — Ensaios de laboratório em paredes portantes de blocos vazados de concreto **23**
1.11.6 — Conclusões dos ensaios de carregamento **24**

CAPÍTULO 2 — ESTABILIDADE
2.1 — Estabilidade das estruturas em alvenaria **28**
2.2 — Condições de equilíbrio **28**
2.2.1 — Equilíbrio estático **29**
2.2.2 — Equilíbrio elástico — tensões **33**
2.3 — Determinação das tensões excluindo tração **44**
2.3.1 — Determinação da nova posição da linha neutra **46**
2.3.2 — Tensão máxima excluindo tração para a seção quadrada ou retangular **48**
2.3.3 — Seção circular **49**
2.3.4 — Coroa circular **51**
2.4 — Quadro geral das leis de distribuição das tensões **51**

2.5 — Curva de pressão **52**

2.5.1 — Maciços de seção variável (muros de arrimo e barragens por gravidade) **52**

2.5.2 — Maciços de seção constante — pilar com carga excêntrica **52**

2.5.3 — Maciços de eixo curvo — arcos e abóbadas **54**

CAPÍTULO 3 — MUROS; PILARES E COLUNAS

3.1 — Muros, pilares e colunas **71**

3.2. — Pilares de seção constante **74**

3.2.1 — Exemplo **76**

3.2.2 — Exemplo **78**

3.3 — Equilíbrio de seções inclinadas **79**

3.3.1 — Equilíbrio por resistência de atrito

3.3.2 — Equilíbrio pela resistência a cisalhamento **80**

3.3.3 — Equilíbrio pelas resistências de atrito e cisalhamento (critério de resistência de Coulomb) **81**

3.4 — Pilares de seção variável **82**

3.4.1 — Pilares de igual resistência **82**

3.4.2 — Exemplo **84**

3.4.3 — Pilares com mudança brusca de seção **85**

3.4.4 — Exemplo **86**

3.4.5 — Flambagem nos pilares de seção variável **86**

3.5 — Vigas apoiadas em paredes de alvenaria **86**

3.5.1 — Exemplo **95**

3.6 — Fundações em concreto simples **102**

3.6.1 — Considerações preliminares **102**

3.6.2 — Considerações sobre armação dos blocos e tubulões **104**

3.6.3 — Esforços de tração no concreto **105**

3.6.4 — Bloco de fundação sem armar **106**

3.6.5 — Esforços de compressão em seções reduzidas **107**

CAPÍTULO 4 — EDIFÍCIOS EM ESTRUTURAS DE ALVENARIA

4.1 — Considerações preliminares **119**

4.2 — Edifícios em estruturas de alvenaria **119**

4.3 — Espessura das paredes de edifícios **121**

4.3.1 — Exemplo 1 — Muro externo de um prédio de alvenaria de tijolos **121**

4.4 — Recomendações da DIN 1053, aplicadas aos edifícios em alvenaria em tijolos maciços **125**

4.5 — Ação do vento nos edifícios em estruturas de alvenaria **131**

4.5.1 — Parâmetros de estabilidade global **132**

4.5.2 — Exemplo 2 — Determinar os parâmetros de estabilidade para um edifício em estrutura de alvenaria, para execução com blocos sílico-calcários **135**

4.5.3 — Exemplo 3 — Verificação da estabilidade de um edifício comercial de dois pavimentos. Efeito de pórtico para resistir à ação do vento **151**

4.6 — Edifícios de múltiplos andares - interação painéis das paredes em alvenaria, com quadros formados por vigas e colunas **173**

4.6.1 — Introdução **173**

4.6.2 — Condições fundamentais **174**

4.6.3 — Parâmetros básicos **174**

4.6.4 — Exemplo **181**

CAPÍTULO 5 — PEQUENAS ESTRUTURAS POR GRAVIDADE EM ALVENARIA E CONCRETO SIMPLES

5.1 — Pilar para fixação de um portão **189**

5.1.1 — Dados **189**

5.1.2 — Hipóteses de carga **192**

5.1.3 — Verificação de estabilidade **193**

5.2 — Muro de fecho **198**

5.2.1 — Considerações preliminares **198**

5.2.2 — Projeto de um muro de fecho **200**

5.3 — Chaminés industriais em alvenaria **204**

5.3.1 — Considerações preliminares **204**

5.3.2 — Verificação da estabilidade de uma chaminé de alvenaria de tijolos **209**

CAPÍTULO 6 — ARCOS E ABÓBADAS

6.1 — Considerações preliminares **217**

6.1.1 — Generalidades: arcos e abóbadas **217**

6.2 — Estruturas de alvenaria em abóbadas **232**

6.2.1 — Generalidades **232**

6.2.2 — Resumo histórico das pontes em arco de alvenaria **233**

6.2.3 — Abóbadas de túneis **244**

6.3 — Arcos de edifícios **247**

6.3.1 — Posições limites da linha de pressão para ausência de tensões de tração **248**

6.3.2 — Homogeneização das cargas **249**

6.3.3 — Pré-dimensionamento dos encontros **250**

6.3.4 — Trincas no arco, devidas aos deslocamentos dos encontros **250**

6.3.5 — Pisos abobadados (abobadilhas) **254**

CAPÍTULO 7 — MORFOLOGIA DAS TRINCAS NAS ALVENARIAS E FISSURAS NAS PEÇAS ESTRUTURAIS DE CONCRETO ARMADO

7.1 — Fissuras nas peças de concreto por adensamento da massa durante a cura **260**

7.2 — Deformações e fissuras provocadas por fluência do concreto **261**

7.3 — Fissuras no concreto devido às tensões internas de origem térmica **262**

7.4 — Tensões residuais na armadura devido ao dobramento **263**

7.5 — Formação das fissuras no concreto **264**

7.5.1 — Hipóteses de cálculo e outras variáveis **264**

7.5.2 — Fissuras por retração do concreto **266**

7.5.3 — Fissuras devidas ao carregamento **267**

7.5.4 — Fissuras por corrosão da armadura **269**

7.6 — Fissuras por falhas de detalhamento das armaduras **269**

7.7 — Esquemas das trincas nas lajes **271**

7.8 — Sintomas patológicos do concreto **273**

7.9 — Danos na alvenaria provocados pela deformação dos elementos estruturais de concreto armado **273**

CAPÍTULO 8 — ANCORAGENS DE ADUTORAS

8.1 — Considerações preliminares **279**

8.1.1 — Esforços atuantes **279**

8.1.2 — Dados para a elaboração do projeto de uma ancoragem **285**

8.1.3 — Linha adutora de gravidade **285**

8.1.4 — Linha adutora de recalque **287**

8.2 — Tipos de ancoragem para curvas horizontais **287**

8.2.1 — Tubos de grande diâmetro **288**

8.3 — Tubulão absorvendo o empuxo hidrostático **291**

8.4 — Estacas barrete **291**

8.5 — Tubos de pequeno diâmetro **293**

8.5.1 — Ancoragem contra a parede da vala **293**

8.5.2 — Ancoragem contra estaca de madeiras **293**

8.6 — Peças não ancoradas **294**

8.6.1 — 1.° exemplo: projeto de ancoragens por gravidade para curva horizontal **294**

8.6.2 — 2.° exemplo: ancoragem de tubos de aço por atrito do sol confinante **301**

8.6.3 — 3.° exemplo: projeto de ancoragem para curva vertical **302**

CAPÍTULO 9 — BARRAGENS DE GRAVIDADE

9.1 — Considerações preliminares **306**

9.1.1 — Definição e finalidades **306**

9.1.2 — Classificação das barragens **307**

9.1.3 — Elementos que influem na escolha do tipo de barragem **316**

9.1.4 — Estudos preliminares **317**

9.1.5 — Determinação da capacidade da represa e altura da barragem **319**

9.1.6 — Determinação da altura da barragem **322**

9.1.7 — Obras de uma represa **323**

9.2 — Barragens de concreto **325**

9.2.1 — Esforços solicitantes **325**

9.2.2 — Particularidades do projeto e da execução **326**

9.3 — Barragens de terra **328**

9.4 — Ruptura das barragens **330**

9.5 — Cálculo das barragens de concreto — massa por gravidade **331**

9.5.1 — Histórico **331**

9.5.2 — Hipóteses de carga **331**

9.5.3 — Condições fundamentais **332**

9.5.4 — Barragens de gravidade **332**

9.5.5 — Resumo das fórmulas para estabelecer o perfil teórico **334**

9.5.6 — Resumo das fórmulas para verificação da estabilidade do perfil da barragem **334**

9.6 — Tensões principais **340**

9.7 — Projeto de uma barragem por gravidade **342**

9.8 — Pequenas barragens **367**

9.8.1 — Exemplo de uma pequena barragem **371**

BIBLIOGRAFIA **373**

PREFÁCIO

Se desejamos, ou for necessário executar uma construção dispensando o emprego de armações de aço ou madeira, contando apenas com materiais pétreos e argamassa, evidentemente devemos excluir a resistência por solicitação de esforços de tração, constituindo peças que trabalhem a flexo-compressão.

Este tipo de obra, trabalhando por peso, gravidade ou massa, constitui-se nas estruturas designadas de ALVENARIA.

Quando executadas com pedras, tipo rachão, amarroadas ou de mão, ligadas com concreto, servido de argamassa, tais estruturas são designadas de concreto ciclópico, ou mesmo concreto simples, quando não empregamos rachão.

O rachão tem por finalidade ocupar o agregado graúdo do concreto, muito utilizado em canteiros de obras onde não se pode contar com o fornecimento através de usinas de concreto, pela dificuldade de acesso dos caminhões-betoneiras.

Nestes últimos anos, a ALVENARIA predominou principalmente como elemento de vedação ou fecho de painéis de paredes, entre vigas e pilares dos edifícios.

Ainda existe viabilidade do emprego de estruturas por gravidade ou alvenaria, quando há vantagem em ser mantido o equilíbrio estático, contando-se com elevado peso próprio, para absorver cargas horizontais.

Isto ocorre com grandes vantagens em algumas soluções para muros de arrimo, barragens, chaminés, blocos de ancoragem de torres estaiadas, fundações e até mesmo em edificações econômicas.

Quero deixar minha homenagem póstuma ao ilustre Prof. Antonio Luiz Ippolito, antigo Catedrático da Escola de Engenharia Mackenzie, por ter trazido dos EUA essa matéria, que, com sua magnífica didática, ensinou várias gerações de engenheiros, e haver tido a felicidade de ser um de seus discípulos.

ANTONIO MOLITERNO
Junho de 1991

Resistência do material

1.1 — INTRODUÇÃO

O desenvolvimento da tecnologia nos tem proporcionado maiores aperfeiçoamentos de execução e métodos de cálculo para o emprego de certos materiais.

Das maciças construções em pedra passaram-se às alvenarias de tijolos, das estruturas de aço às estruturas de concreto, e hoje, graças ao avanço da metalurgia, caminhamos para maiores realizações nas estruturas de concreto protendido, alumínio e mesmo maior leveza das estruturas de aço.

A implantação da indústria petroquímica nos vem abrindo o campo para maior emprego de peças coladas (resinas epóxi), e outros materiais alternativos, como "fiber-glass" e perfis de PVC.

Deve ser esclarecido que, apesar das novas técnicas, o uso da alvenaria de tijolos não sofreu solução de continuidade, e o emprego dos blocos de concreto e cerâmicos progrediram surpreendentemente neste últimos anos.

Abordaremos o estudo da alvenaria sob o aspecto estrutural, e não como elemento de vedação ou fecho, como muitos pensam, pois tais conhecimentos permitem ao engenheiro e arquiteto tirar partido da alvenaria como elemento resistente, em se tratando de pequenas estruturas de edificações, dispensando-se dessa forma um complexo esqueleto de concreto armado (lajes descarregando sobre as paredes).

Outras vezes, imposições construtivas e solicitações de esforços (cargas horizontais) nos levam a optar para a solução de uma estrutura ciclópica ou por gravidade.

Como facilidade de execução, e dependendo de recursos locais, podemos citar o caso de muros de arrimo, bueiros, fundações profundas (tubulões a céu aberto) e pavimentação.

Como imposição dos esforços solicitantes, citamos, para exemplificar, o caso de peças sujeitas a esforços horizontais e vibrações como blocos de máquinas (bombas centrífugas, turbinas, prensas), ancoragem de tubos e cabos de torres, muros de cais, barragens etc.

O que é imperativo nas estruturas de alvenaria é tornar nulos ou quase nulos as solicitações de tração, fazendo-as resistir com segurança a esforços de compressão ou flexocompressão. Disto se conclui que o tipo de obra se constitui numa construção por massa ou gravidade.

1.2 — DEFINIÇÃO: FUNÇÃO E IMPORTÂNCIA DAS ARGAMASSAS

Alvenaria é o conjunto de materiais pétreos, naturais ou artificiais, juntados entre si por meio de argamassa.

A argamassa, inicialmente mole, serve para o assentamento das pedras, deixando-as em posição firme até o seu endurecimento.

Endurecida passa a trabalhar solidária com as pedras, servindo para distribuir os esforços na superfície de uma pedra sobre a outra e estabelecendo uma aderência de modo a formar um conjunto maciço.

Essa aderência faz com que o maciço resista a esforços de flexão, compressão, choques e até mesmo pequenos esforços de tração, devendo, sempre que possível, serem evitados tais esforços de tração nas estruturas de alvenaria, porque a aderência é mínima para essa solicitação.

Deve ser esclarecido que, em alguns casos, são construídos maciços sem argamassa, isto é, as chamadas "alvenarias de pedra seca", como por exemplo molhes, revestimento de taludes etc.; entretanto, tal tipo de alvenaria não tem finalidade de resistência e estabilidade.

1.3 — CLASSIFICAÇÃO DAS ALVENARIAS

Podemos classificar as alvenarias freqüentemente encontradas nas construções, desde a antiguidade até a nossa atualidade, em duas grandes classes:

A) ALVENARIAS NÃO ESTRUTURAIS OU DE VEDAÇÃO;

B) ALVENARIAS ESTRUTURAIS OU PORTANTES.

1.3.1 — Alvenarias não estruturais

Empregadas geralmente como revestimentos para proteção de taludes e como paredes de fechamento ou divisórias. Podemos citar os tipos de alvenarias seguintes:

1) *ALVENARIA DE PEDRA ARRUMADA* — Utilizada preferencialmente em revestimento dos taludes de canais, aterros e ombreiras das barragens de terra, conhecidas pela designação de "Rip-Rap";

2) *ALVENARIA DE BLOCOS DE CONCRETO ARTICULADOS* — Utilizada em revestimento de taludes e principalmente em pavimentação (comercialmente conhecidos como "blocket"). Em paredes, assentadas por colagem;

3) *ALVENARIA DE TIJOLOS FURADOS* — Geralmente utilizada em paredes de vedação e divisórias (tijolos de 4,6 e 8 furos ou blocos de cerâmica extrudada).

A utilização é justificada, com a vantagem de reduzir o peso próprio da parede em relação aos tijolos maciços, e como material isolante termo-acústico.

4) *ALVENARIA DE BLOCOS DE CONCRETO LEVE* — Utilizada como vedação (comercialmente blocos de celebeton, pumex);

5) *TAIPA DE MÃO* — Atualmente apresenta-se como valor de curiosidade histórica; era utilizada como vedação entre elementos estruturais de madeira

Resistência do material

lavrada (baldrames, frechal e esteios). Para dar solidariedade ao painel de parede, empregavam-se armações com ripas de bambu.

1.3.2 — Alvenarias estruturais ou portantes

São as estruturas que, mesmo não tendo sido consideradas no cálculo estático e elástico, colaboram indiretamente para absorver ações secundárias (vento, variações térmicas, recalques diferenciais etc.).

Podemos citar os seguintes tipos de alvenarias:

1) *ALVENARIA DE PEDRA ARGAMASSADA* — Foi muito empregada em muros de arrimo e pequenas barragens de gravidade. Atualmente ainda vem sendo empregada em alicerces.

2) *ALVENARIA DE TIJOLOS MACIÇOS* — É o tipo de alvenaria mais adequada para a construção de paredes portantes, graças à facilidade de manuseio, assim como permitir travamentos e amarrações adequadas face às dimensões e peso destes tijolos.

3) *ALVENARIA DE ADOBE* — Trata-se de uma alvenaria em que se utilizam os tijolos de barro secos ao ar sem passarem por posterior queima nos fornos, como no caso anterior. Embora esta menção tenha apenas valor e registro históricos para os países tecnicamente desenvolvidos. Atualmente, dispomos de "tijolos de solo-cimento", com características mecânicas, dependendo da dosagem de cimento, até que superior aos tijolos de barro queimados, curados ao ar livre após o processo de prensagem.

4) *TAIPA DE PILÃO* — Tipo de alvenaria executada com uma mistura de argila, estrume de gado e seixos, socados manualmente no interior de formas de madeira. Este tipo de alvenaria constitui-se numa das técnicas mais avançadas da Arquitetura Colonial Brasileira, cujo testemunho ainda pode ser constatado em antigas edificações.

5) *ALVENARIA DE BLOCOS VAZADOS DE CONCRETO* — Encontramos no mercado três linhas de fabricação de blocos, objetivando atender as finalidades dos projetos, a saber:

• Blocos arquitetônicos - empregados nas paredes de fachada e acabamento internos (f_{ck} = 4,5 MPa).

• Blocos de vedação - apresentam resistência suficiente para atender as necessidades das paredes de vedação e divisórias (f_{ck} = 3,5 MPa).

• Blocos estruturais - empregados como elemento resistente, formando paredes portantes (f_{ck} = 6 MPa); quando armadas em alguns vazios e enchidos com argamassa grossa (graute), constitui-se na chamada *alvenaria armada*, cujas especificações já se encontram normatizadas.

6) *ALVENARIA DE BLOCOS SÍLICO-CALCÁRIO* — Os blocos são maciços, perfurados ou não, fabricados com cal e agregados finos, de natureza predominantemente quartzosa. Depois da mistura íntima, são compactados na sua forma de blocos sob pressão e endurecidos sob o calor e pressão de vapor d'água (DIN-106).

As linhas de fabricação obedecem as finalidades em atender as mesmas

necessidades dos blocos similares de concreto vazados, cujas resistências à compressão variam conforme encomenda.
- Blocos arquitetônicos ($f_{ck} \geq 7{,}5$, $F_{ck} \geq 15$ MPa)
- Blocos de vedação ($f_{ck} \geq 7{,}5$, $f_{ck} \geq 15$ MPa)
- Blocos estruturais ($f_{ck} \geq 7{,}5$, $f_{ck} \geq 15$, $f_{ck} \geq 25$, $f_{ck} \geq 35$ MPa)

7) *CONCRETO SIMPLES - (não armado)* — Empregamos em peças estruturais que dispensam teoricamente armação, cujas solicitações de tração podem ser resistidas pelo próprio concreto.

Nestes casos, quando temos grandes blocos perifericamente armados, procura-se com isto atender o combate à fissuração com uma mínima armadura de pele.

8) *CONCRETO CICLÓPICO* — Trata-se de concreto simples com adição de pedra rachão ou amarroada, como solução para reduzir o consumo do agregado graúdo britado do concreto, já que a finalidade é contar com o peso próprio do mesmo (Fig. 1.1).

9) *GABIÕES, "CRIB-WALLS", OBRAS DE TERRA E ENROCAMENTO (ATERROS E BARRAGENS)* — Embora não classificadas como sendo estruturas

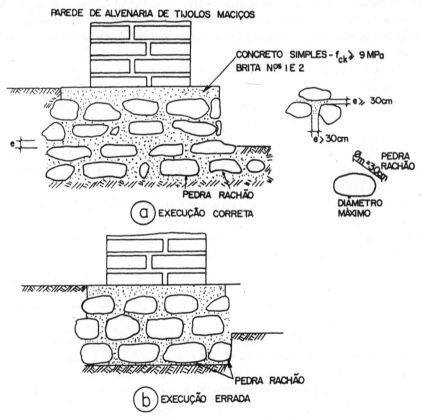

Figura 1.1 — Concreto ciclópico

Resistência do material

de alvenaria, a estabilidade é garantida pelo peso próprio, ou melhor dizendo, por *gravidade.*

10) *BLOCOS DE SOLO-CIMENTO* — Tem a vantagem dos blocos poderem ser confeccionados no próprio canteiro e dispensam o consumo de combustível para queima.

A resistência obtida equivale a dos tijolos maciços de barro cozido.

1.4 — RESISTÊNCIA DOS MATERIAIS

Antes de se estabelecer os valores das resistências das alvenarias, deve-se considerar separadamente as respectivas resistências das pedras ou tijolos, se for o caso, das argamassas, e por fim a alvenaria propriamente dita.

Como o assunto é especificamente da atribuição dos especialistas em tecnologia dos materiais, a abordagem será superficial.

Em princípio, deve ser considerado que os materiais são frágeis, ou de baixíssima ductilidade; assim sendo, os limites de resistência devem ser determinados através da ruptura de corpos de prova à compressão, cujos métodos de ensaios obedecem às devidas normas técnicas.

1.4.1 — Resistência das pedras, tijolos e blocos

As pedras em geral apresentam bom comportamento quando submetidas a esforços de compressão, não sendo entretanto satisfatório para as solicitações à tração.

Há uma série de fatores ligados às propriedades físicas que influem nos valores das resistências das pedras, tais como:

1) *CONTEXTURA* (variação da composição do material);

2) *PESO ESPECÍFICO APARENTE E DUREZA*

3) *FORMA DO CORPO DE PROVA* (cúbico, prismático, cilíndrico);

4) *POSIÇÃO DA ROCHA ONDE FOI RETIRADO O ESPÉCIME DA PEDRA MOLE* — Algumas pedras apresentam sua maior resistência à compressão quando a direção dos esforços solicitantes atuar normalmente ao plano de repouso em que se achava originalmente na pedreira, plano este conhecido como leito da pedreira.

As experiências têm mostrado que no caso das pedras duras, caso dos granitos, essa influência é desprezível;

5) *TEOR DE UMIDADE E POROSIDADE DAS PEDRAS MOLES* ;

6) *SUPERFÍCIE DE CARREGAMENTO* — Os ensaios devem ser executados com as superfícies de contato capeadas, para uniformizar os valores.

Tomando-se dois corpos de prova de mesmo material e dimensões (seja por exemplo o caso de um concreto tirado de uma mesma mistura de betoneira), rompemos um deles obtendo-se uma tensão $\sigma 1$, em função da carga lida no mostrador da prensa, carregando toda a superfície do corpo de prova.

No outro corpo de prova, vamos transmitir o carregamento por intermédio de uma placa, de modo a transmitir o carregamento parcialmente até advir a

6 Estruturas em alvenaria e concreto simples

ruptura, cuja leitura vista no mostrador da prensa, corresponde à tensão $\sigma 2$.

Disto se conclui que a tensão $\sigma 2$ cresce proporcionalmente à raiz cúbica do quociente entre a área total (A) e a área carregada (A_0). Portanto, $\sigma 2 > \sigma 1$.

A explicação é que o material excedente ao contorno A_0 serve de arco de sustentação, impedindo não só a ruptura em lascas, como também a dilatação lateral, devido à ação das cunhas.

Foi constatado em corpos de prova de granito de Soygnes, comprimidos sobre 15 a 20% de sua superfície, uma resistência 100% superior em relação ao carregamento de toda a superfície.

As tabelas nos dão resultados para corpos de prova carregados em toda a superfície, o que aliás está certo, por ser a condição mais desfavorável.

7) *FORMA DAS SEÇÕES TRANSVERSAIS* — As resistências de corpos de prova de seção transversal semelhantes parecem ser proporcionais às áreas, isto é, uma seção quadrada de 400 cm^2 é 4 vezes mais resistente à compressão do que uma seção quadrada de 100 cm^2.

Considerando a forma geométrica de referência à seção quadrada, em igualdade de área, temos as seguintes relações:

QUADRADO	□	1,00
CÍRCULO	○	1,06
RETÂNGULO	□	0,95

TRIÂNGULO EQUILÁTERO	△	0,91
PILARES NERVURADOS	⬡	0,80

Gráfico

8) *ALTURA DOS BLOCOS* — A altura dos corpos de prova tem certa influência sobre a resistência à compressão.

É claro que entendemos por alturas inferiores aquelas em que o grau de esbeltez tenha intervenção.

Os resultados de experiências mostram que, para materiais moles, a máxima resistência é obtida para o caso de prismas achatados, como por exemplo os tijolos.

Para materiais duros, a resistência máxima é obtida para corpos de prova cúbicos.

9) *RUPTURA DAS PEDRAS* — Os ensaios têm posto em evidência diferentes maneiras das pedras se romperem, isto no caso do corpo de prova cúbico ou prismático, segundo a literatura técnica européia.

A) Algumas rompem-se instantaneamente, sem indício de fraqueza.

A ruptura dá-se em lascas ou lâminas, paralelamente à direção da força compressora (Fig. 1.4). A esta categoria, pertencem as pedras duras, a exemplo do basalto e granito.

B) Outras pedras acusam a aproximação do seu limite de ruptura por uma deformação gradual e, em seguida, o corpo de prova cúbico se subdivide em seis tetraedros, dos quais dois na direção da força compressora, expulsando os quatro laterais restantes (Fig. 1.2).

A esta categoria, pertencem as pedras moles.

C) Às vezes, o material se desagrega, reduzindo-se a fragmentos. A essa categoria correspondem os tijolos.

Resistência do material

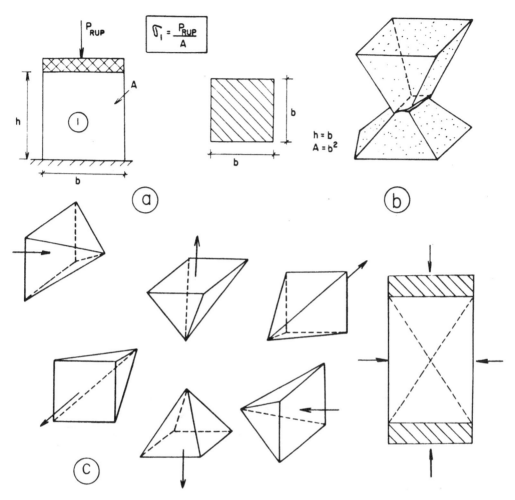

Figura 1.2 — Corpo de prova carregado em toda a superfície

Se o corpo de prova de pedra mole for prismático, só se formam duas pirâmides, na direção da força compressora com altura de metade da base e quatro prismas triangulares (Fig. 1.5).

10) *DURAÇÃO DAS CARGAS* — O tempo de duração da carga sobre uma pedra é um fator de grande importância e tem influência na resistência. Chamamos de "carga instantânea de ruptura" a carga que produz a ruptura em poucos instantes. Uma outra carga bem menor poderá atingir o mesmo resultado — após a duração de dias, meses e até anos.

Seja, por exemplo, o caso de um corpo de prova rompido instantaneamente por uma carga de 200 kN; se carregarmos um outro, idêntico, com uma carga de 150 kN, poderá não haver ruptura instantânea, mas no decorrer de certo tempo a ruptura advém.

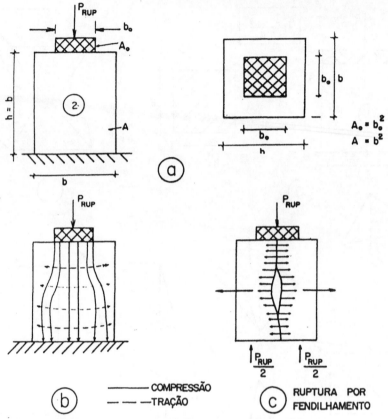

Figura 1.3 — Corpo de prova carregado parcialmente

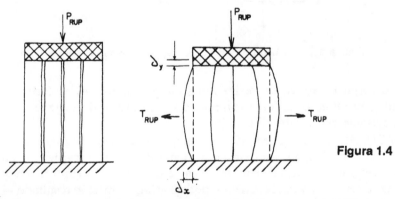

Figura 1.4

Esse intervalo de tempo, depende da "intensidade de perturbação do equilíbrio molecular" produzido pela carga.

Foi verificado, através de observações experimentais, que existe nas pedras uma carga limite, abaixo da qual a estabilidade é imperturbável e indefinida, e acima da mesma a ruína é fatal, num prazo que se exerce de pouco ou muito da carga limite.

Esse limite de carga não pode ser determinado a priori, em virtude do material não ser perfeitamente elástico.

Pelos ensaios, tem-se verificado que os primeiros sinais de fraqueza apresentam-se quando o carregamento atinge a 1/2 ou 1/3 parte da carga instantânea de ruptura, carga que chamaremos de "limite de imperturbalidade do equilíbrio molécula" e adotaremos o valor:

$$\sigma_i = \frac{\sigma R}{4}$$

Para noticiar a influência do tempo de duração das cargas, Vierendel cita o caso da "Torre da Catedral de Bayeux", em que passaram-se vários séculos entre o momento em que a ruína estava iminente, exigindo a urgente consolidação. Alguns pilares do Pantheon de Paris, em 1780, apresentavam 96 fendas, e em 1789 o número de fendas passou para 650, quando se julgou necessária a consolidação.

Observou-se, também, que outros pilares do Pantheon, carregados com 30% da carga instantânea de ruptura, não apresentavam sinais de fraqueza [1].

1.4.2 — Resistência das argamassas

A resistência aos esforços mecânicos das argamassas varia com os seguintes fatores:

1) *TRAÇO* — Proporção entre aglomerante e agregado;
2) *GRANULOMETRIA DO AGREGADO;*
3) *QUANTIDADE DE ÁGUA;*
4) *COMPACTAÇÃO DA MASSA E MODO DE LANÇAMENTO;*
5) *CONDIÇÕES DE TEMPERATURA E UMIDADE.*

Esses fatores são confirmados pelos diferentes valores de resistências obtidas nas experiências.

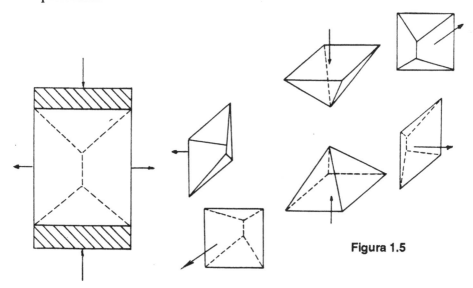

Figura 1.5

10 Estruturas em alvenaria e concreto simples

TABELA 1.1 - RESISTÊNCIA À COMPRESSÃO DE MATERIAIS PÉTREOS

MATERIAIS	MÓDULO DE ELASTICIDADE daN/cm²	PESO ESPECÍFICO APARENTE daN/M³	TENSÃO	
			RUPTURA	ADMISSÍVEL
			σ_R	σ_c
BASALTO	300.000	2930 - 3150	1000 - 3000	50
GRANITO	300.000	2600 - 2700	800 - 2000	50
MÁRMORE	—	2620 - 2840	400 - 2800	15
PEDRA CALCÁREA	—	2000 - 2200	200 - 1800	10
TIJOLO COMUM	—	1600 - 1800	30 - 60	6
MACIÇO	100.000	2200 - 2400	100 - 300	40 - 80
CONCRETO SIMPLES *	300.000			

NOTA: Blocos vazados estruturais - consultar fabricantes. Idem para blocos laminados

*Depende da dosagem $\qquad$ 1 daN/cm² ▪ 1 kgf/cm²

Uma argamassa de cal e areia, traço 1:3 em volume, aos 28 dias de idade, atinge uma resistência de 2 a 5 daN/cm² à tração e de 10 a 30 daN/cm² à compressão [3].

Uma argamassa de cimento e areia, traço 1:3, aos 28 dias, dependendo da classe de cimento, em média terão os valores de 300 daN/cm² à compressão e 15 daN/cm² à tração.

O que se observa pelas cifras, é que a resistência de uma argamassa de cal e areia nunca atinge a resistência de um tijolo, e a resistência de uma argamassa de cimento e areia nunca atinge os resultados de uma boa pedra.

Isto nos leva a pensar, de início, que é inútil empregarmos pedras de grande resistência, desde que a resistência da alvenaria seja governada pela argamassa, que é a parte mais fraca do maciço.

Acontece, porém, que as resistências das argamassas dependem muitíssimo das condições de pega, e as cifras sob corpos de prova, isolados e curados ao ar livre ou em câmara úmida não exprimem a realidade no tocante à alvenaria.

As experiências têm demonstrado que a influência da pressão inicial sobre a argamassa é grande, podendo a argamassa atingir a mesma resistência da pedra, desde que o endurecimento seja feito sob pressão.

É por isso que nas construções de arcos de alvenaria o descimbramento é feito logo que a argamassa adquire consistência suficiente para não fluir nas juntas, a fim de que o endurecimento se efetue pelo menos sob pressão de parte das cargas que terá que suportar. Descimbrar muito tarde, pode provocar a ruptura das juntas de argamassa. No caso dos grande arcos, o problema de descimbramento é contornado executando a estrutura em aduelas alternadas.

1.4.3 — Resistência à compressão das alvenarias

A resistência à compressão das alvenarias depende de cuidados de execução, como segue:

1) *ESPESSURA DAS JUNTAS*;

Resistência do material

2) *QUALIDADE DOS MATERIAIS;*

3) *QUALIDADE DA MÃO-DE-OBRA.*

Experiências realizadas pelo Eng. M.Tourtay, em 1885, concluem:

A) "O esmagamento da argamassa das juntas se produz sempre com cargas superiores ao da argamassa isolada".

Foram constatados casos de cargas de ruptura 20 vezes superiores ao da argamassa isolada.

B) "Em igualdade de condições, a carga que produz a desagregação da argamassa está na razão inversa da espessura das juntas".

É necessário, portanto, reduzir ao mínimo a espessura das juntas, compatível à boa execução.

1.4.4 — Coeficiente de segurança

As cargas de ruptura são determinadas no campo experimental, para casos isolados.

A segurança de uma obra deve ser apta para resistir a todos os esforços solicitantes, e, para estarmos do lado seguro, devemos considerar os seguintes fatores:

1) Nunca podemos determinar à priori e com exatidão as cargas que realmente atuam sobre as estruturas.

2) A alvenaria não é um material perfeitamente elástico.

3) Eventualidade de no futuro a obra mudar de destino, e portanto possibilidade de um aumento de cargas.

4) Vibrações e choques muitas vezes não considerados nos cálculos.

5) Falhas de construção, como por exemplo a argamassa não preencher completamente as juntas, e às vezes defeitos ocultos nas pedras.

6) desgastes devido às intempéries etc.

Todas essas eventualidades impõem que se estabeleça uma carga de segurança. Essa carga é obtida dividindo-se a tensão de ruptura por um coeficiente $n > 1$, criteriosamente adotado por estudos estatísticos.

σ_c: Tensão admissível à compressão $\sigma_R = 0{,}25 \ \sigma_i$

σ_i: Tensão correspondente ao limite de imperturbalidade do equilíbrio molecular.

σ_R: Tensão de ruptura instantânea $\sigma_c = \dfrac{\sigma R}{n}$

Esse coeficiente "n" foi durante muito tempo adotado em torno de 10 (dez). As normas alemãs adotam "n" entre 4 e 5, e os franceses estão adotando n= 3,5.

Apesar de adotarmos esse coeficiente de segurança, devemos escolher rigorosamente os materiais e manter severa vigilância sobre a mão-de-obra [5] e [7].

1.5 — TENSÕES ADMISSÍVEIS À COMPRESSÃO NAS ALVENARIAS

Nas construções de residências podemos adotar 5 DaN/cm^2 para a tensão admissível da alvenaria de tijolos, com argamassa de cal e areia [6].

12 Estruturas em alvenaria e concreto simples

TABELA 1.2 - ARGAMASSAS. Quantidades de material para a obtenção de 1m³. Resistência, peso específico, cor e empregos recomendados. Estudo do Eng. Boruch Milman

N.o	ARGAMASSA	TRAÇO	MATERIAL A (kg)	MATERIAL B (litros)	MATERIAL C (litros)	ÁGUA (litros)	RESISTÊNCIA AOS 28 DIAS daN/cm²	PESO ESPECÍFICO (kg/m³)	COR	EMPREGO RECOMENDADO	
										ASSENTAMENTO	REVESTIMENTO
1	CIMENTO(A) e AREIA(B)	1:3	440	920	—	180	32,3	2.340	Cinza	Pedra Mármore - Marmorite	Soleira - Cimentado
2		1:4	380	1.070	—	190	19,0	2.320	Cinza	Tijolo de vidro	Chapisco Revestimento rústico
3		1:5	320	1.130	—	170	12,7	2.210	Cinza escuro	Ladrilho - Taco	
4	CIMENTO(A) e PÓ DE PEDRA(B)	1:3	380	800	Mica = 16kg	360	10,5	1.950	Cinza c/pts.brilhantes		Pó de pedra
5	CIMENTO(A) e SAIBRO(B)	1:6	260	1.100	—	280	5,5	1.770	Castanho claro	Lajota - Mosaico	Emboço externo
6		1:8	190	1.070	—	290	3,5	1.620	Castanho claro	Tijolo Bloco de cimento	Emboço interno
7	CIMENTO(A), AREIA e SAIBRO(C)	1:2:3	325	460	690	270	9,0	1.900	Creme acinzentado	Cerâmica	
8		1:3:3	275	590	590	300	7,0	1.900	Creme acinzentado	Azulejo - Ladrilho	
9		1:3:4	250	530	710	300	6,7	2.020	Creme acinzentado	Azulejo	
10	CIMENTO(A), CAL EM PASTA(B) e AREIA(C)	1:3:7	175	370	860	60	3,3	1.980	Cinza claro	Azulejo	Emboço externo
11		1:1:4	290	210	830	130	12,2	2.050	Cinza claro		Emboço interno
12		1:1:6	230	170	980	130	7,5	1.890	Cinza claro	Azulejo	
13	CIMENTO(A), CAL EM PASTA(B) e AREIA FINA(C)	1:2:5	225	320	800	100	5,5	1.930	Cinza claro	Cerâmica	
14		1:2:7	180	250	890	110	4,3	1.920	Cinza claro	Ladrilho - Lajota	
15		1:2:8	170	240	950	120	3,2	1.910	Cinza claro		Paulista
16		1:2:9	150	220	980	80	4,0	1.930	Cinza claro	Tijolo - Bloco	
17	CIMENTO(A), CAL PASTA(B) AREIA ESPECIAL(C)	1:1:4	310	220	870	170	9,5	1.890	Cinza claro		Liso - camurçado
18	CIMENTO(A), CAL EM PASTA(B) e SAIBRO(C)	1:2:8	160	230	910	250	3,2	1.700	Castanho a creme		Emboço externo
19	CIMENTO BRANCO(A) e AREIA FINA (B)	1:3	420	890	—	230	10,2	1.980	Cinza claro		Rejuntamento de aparelhos sanitários
20	CIMENTO BRANCO(A) e AREIA ESP.(B)	1:3	420	890	—	270	10,0	1.910	Branco acinzentado a creme		Rejuntamento de aparelhos sanitários
21	CIM. BRANCO(A), CAL PASTA(B) AREIA ESP(C)	1:1:4	320	230	920	150	7,3	1.880	Branca		Reboco branco
22	CAL EM PASTA(B) e AREIA FINA(C)	1:1	—	670	670	0	0	1.680	Branca		Rejuntamento Liso - Camurçado
23	CAL EXTINTA, EM PÓ (PARA PASTA)	—	—	600	—	600	0	—	Branca	Para traçar	Para traçar
24	CAL VIRGEM, EM PEDRA (PARA PASTA)	—	540	—	—	1.000	0	—	Branca	Para traçar	Para traçar

Resistência do material **13**

TABELA 1.3 - ALVENARIA DE PEDRA
Tensões admissíveis à compressão nas alvenarias (daN/cm^2)

PEDRA	ARGAMASSA DE CIMENTO E AREIA	APOIOS E MUROS	PILARES	
			CURTOS	ESBELTOS
GRANITO OU GNAISSE	Traço 1 : 3	60	50	20
	Traço 1 : 4 *	50	30	10

* Traço em volume

TABELA 1.4 - ALVENARIA DE TIJOLOS
Tijolos maciços de segunda categoria (daN/cm^2)

TIPO DE ARGAMASSA	GRAU DE ESBELTEZ h/d						OBSERVAÇÕES Nos casos usuais pode-se adotar *
	4	5	6	8	10	12	
CAL E AREIA	7	5	3	1	—	—	5 daN/cm^2
CAL, CIMENTO E AREIA	14	10	8	6	5	4	—
CIMENTO E AREIA	16	11	9	7	6	5	10 daN/cm^2

h...Altura entre pisos ou altura da parede (comprimento de flambagem)
d...Espessura da parede   * Somente para paredes com d ≥ 20cm (1 tijolo)

1.6 — RESISTÊNCIA À TRAÇÃO DAS ALVENARIAS

As experiências sobre resistências à tração são poucas; tal resistência depende, sobretudo, da aderência existente entre a argamassa e as pedras, que, por sua vez, depende da dosagem, idade e superfície aderente.

Alguns resultados médios de carga de ruptura à tração:

Pedras . . . . 14 a 70 daN/cm^2

Tijolos . . . . 10 a 20 daN/cm^2

Argamassas:

Cal e areia, 7 dias . . . . 1 daN/cm^2

Cimento e areia, 7 dias . . . . 8 daN/cm^2

                28 dias . . . 10 daN/cm^2

Alvenaria de tijolos, 21 dias . . 1 a 3 daN/cm^2

Concreto, 28 dias . . . . 10 a 30 daN/cm^2

(conforme a dosagem)

Em virtude da diminuta resistência à tração e da incerteza do comportamento da alvenaria, torna-se prudente calcular a estabilidade dos maciços não contando com essa resistência, por menor que seja.

Deve-se estabelecer a regra de torná-la nula, fazendo-se abstração de toda a zona tracionada, como veremos adiante.

A rigor, só podemos contar com a resistência à tração caso em que as solicitações são momentâneas, como por exemplo a ação do vento numa chaminé.

14 Estruturas em alvenaria e concreto simples

Nestes casos, a tensão de tração não deve ultrapassar 1/10 da tensão admissível à compressão e, se possível, não exceder a 1,5 daN/cm^2.

As normas alemãs recomendam para a alvenaria de pedras tensões de tração até 2,2 daN/cm^2.

Para alvenaria de tijolos com argamassa de cal e areia, 1 daN/cm^2 e com argamassa de cimento até 2 daN/cm^2.

1.7 — RESISTÊNCIA AO CISALHAMENTO

Os dados da resistência ao cisalhamento também são em pequeno número e mesmo de exatidão duvidosa.

Sabe-se que essa resistência é maior do que a de tração, dependendo também da aderência da argamassa, portanto pode-se considerar também 1/10 da tensão de compressão, não superando 1 daN/cm^2.

Nos cálculos de estabilidade, não contamos com essa resistência e, desta forma, para o equilíbrio das forças tangenciais, deve-se contar exclusivamente com a aderência, isto é, resistência de atrito.

Devemos ter : $T < \mu N$

sendo:

P . . . . carga atuante

N . . . . componente normal

T . . . . componente tangencial

μ . . . . coeficiente de atrito por aderência, conforme Tab. 1.5.

As alvenarias são sempre executadas por fiadas (juntas), em que os elementos são travados nos dois sentidos; desta forma não temos juntas verticais ou inclinadas sobrepostas (Fig.1.7).

Desta forma, qualquer que seja a direção da solicitação, encontramos sempre o elemento pedra a se opor, que é mais resistente do que a argamassa.

A norma DIN-1053 estabelece a tensão máxima de corte na alvenaria em 3 daN/cm^2.

TABELA 1.5 - COEFICIENTES DE ATRITO

Concreto sobre concreto	μ =	0,75
Alvenaria sobre alvenaria	μ =	0,75
Alvenaria sobre madeira	μ =	0,55
Alvenaria sobre ferro	μ =	0,45
Alvenaria sobre concreto	μ =	0,70
Alvenaria sobre terra seca	μ =	0,60
Alvenaria sobre terra saturada	μ =	0,30

1.8 - MÓDULO DE ELASTICIDADE (OU MÓDULO DE DEFORMAÇÃO LONGITUDINAL)

O módulo de elasticidade das alvenarias é variável e difícil de ser conhecido, dadas as características de material não perfeitamente elástico.

Romay e Vaudrey determinaram o valor de E (elasticidade) por meios indiretos, no estudo de um arco de pedra com argamassa cuidadosamente dosada.[2]

O arco tinha os seguintes dados:
- Vão teórico : L = 37,886 m
  Flexa : f = 2,125 m
- Espessura : d = 1,10 m
- Peso específico da alvenaria γ = 2,625 kg/m³
- Raio da curvatura do eixo : R = 85,00 m

Por ocasião do descimbramento, mediu-se o abatimento na chave de 0,014 m.

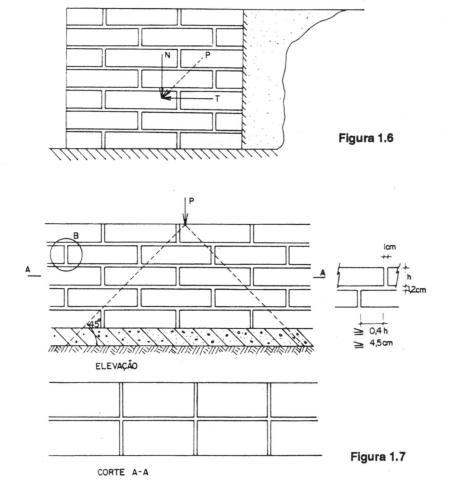

Figura 1.6

Figura 1.7

CORTE A-A

16   Estruturas em alvenaria e concreto simples

Aplicando-se a fórmula para o cálculo de deformação de arcos metálicos circulares, da seção constante e biengastados, podemos fixar o valor de E para aquele tipo de alvenaria.

$$\delta = \frac{15\,R\,\gamma^2}{8\,E\,S}$$

Substituindo-se:

$$0,014 = \frac{15 \times 85 \times (2620)^2}{8 \times E \times 1,10 \times 1,0}$$

$$E = 2,5 \times 10^9\ kgf/m^2 = 2,5 \times 10^5\ daN/cm^2$$

Experiências de laboratório, e através de expressões matemáticas entre tensão e deformação obtiveram, para o valor de E das alvenarias, entre 2 e 2,5 x 10^5 daN/cm^2 [2] - [4] - [5].

Os primeiros dados experimentais para materiais frágeis (1887) deve-se a Schüle, aluno de Bach, autor da fórmula exponencial $\varepsilon = \alpha\,\sigma^m$

$$E = \frac{\sigma}{\varepsilon}$$

α ,m - Constantes experimentais determinadas por Schüle.

ε - Deformação relativa do corpo de prova.

σ - Tensão correspondente à solicitação do corpo de prova.

E - Módulo de deformação longitudinal.

Desta forma conclui-se que o módulo de deformação longitudinal das alvenarias é aproximadamente 1/8 do módulo de elasticidade do aço (21 x 10^5 daN/cm^2).

Deve ser esclarecido que atualmente o antigo módulo ou constante de elasticidade, para os materiais que não obedecem rigorosamente a Lei de Hooke, vem sendo designado nas normas técnicas revisadas por "módulo de deformação longitudinal", conforme a NBR-6118/82.

1.9 — CONTRAÇÃO E RECALQUE DAS ALVENARIAS

As argamassas, quando passam do estado pastoso para o estado sólido, sofrem uma contração de volume, provocando recalque no maciço (parede, arco, muro etc.).

Essa contração depende em grande parte da quantidade de água, razão pela qual as argamassas devem ser amassadas com quantidade mínima de água e, na colocação das pedras, essas devem ser bem batidas para comprimir a argamassa, fazendo a proximação das moléculas correspondente ao estado sólido.

As alvenarias podem sofrer recalque logo após construídas, pela ação do peso próprio, embora essa recalque seja insignificante.

Podemos também ter recalque quando ligamos alvenarias novas a outras mais antigas, aparecendo trincas.

1.10 — EFEITOS TÉRMICOS

Embora as alvenarias sofram efeitos das variações de temperatura, estas só são levadas em conta nas construções hidráulicas onde se deseja estanquidade (juntas de dilatação vedadas, tipo Fugenband).

O coeficiente "α_t" de variação térmica das pedras é bem variável, girando em torno de 8×10^{-6} e para o concreto entre 10×10^{-6} a 12×10^{-6}, valores próximos do coeficiente de dilatação do aço, que é $12 \times 10^{-6}/°C$.

Mery cita o caso de um reservatório com algumas trincas, que apresentava perda d'água no inverno e estanquidade no verão.

A pouca influência dos efeitos devidos a elevadas temperaturas na alvenaria de tijolos, cujo coeficiente de variação é da ordem de $\alpha_t = \pm 5 \times 10^{-6}/°C$, justifica o emprego, insubstituível dos revestimentos internos dos altos fornos, com tijolos refratários. Outro exemplo é o critério conservador pela opção das chaminés industriais abaixo de 80,00 m de altura em alvenaria de tijolos, assentes com argamassas especiais (antiácidas).

Lembrando as fórmulas da física aplicada:

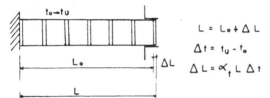

Figura 1.8

1.11 — ALVENARIA DE BLOCOS VAZADOS DE CONCRETO

1.11.1 — Considerações preliminares

As recomendações práticas a respeito das técnicas construtivas no emprego da alvenaria de blocos estruturais vêm sendo objeto de publicações por profissionais especializados, institutos de pesquisa e da valiosa colaboração dos fabricantes de blocos [9] e [10], o mesmo ocorrendo com os blocos estruturais cerâmicos e sílico-calcários, o último atendendo às especificações DIN 106.

De acordo com especificações da ABNT (NBR 6136), os blocos autoportantes estão normalizados, tanto nas dimensões, como quanto às condições de resistência característica à compressão (NBR - 8215).

Os catálogos dos fabricantes fornecem as medidas, peso unitário e quantidade de peças por m^2 de parede.

Atendendo o código de padronização de edifícios — UBC 1976 (Uniform Building Code) — citado nas bibliografias [9] e [10].

Temos os valores das tensões admissíveis determinadas pela ruptura de "prismas" (corpos de prova) simulando a amostra da parede, com aproximadamente 40 cm x espessura da parede x aproximadamente 40 cm de altura [11] (Fig.1.9).

1.11.2 — Número de ensaios

Não menos do que 5 amostras para testes iniciais na determinação da tensão de ruptura f'_m, preparadas e ensaiadas no laboratório.

Estruturas em alvenaria e concreto simples

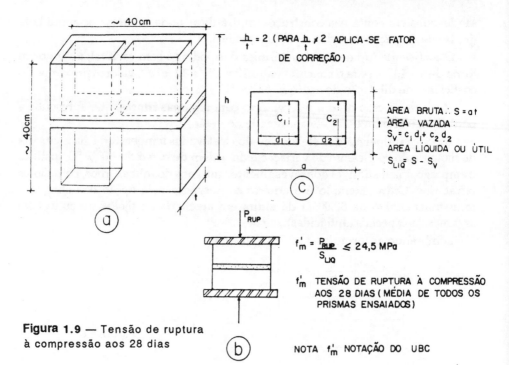

Figura 1.9 — Tensão de ruptura à compressão aos 28 dias

Não menos do que 3 amostras para cada teste de campo servindo como controle dos materiais empregados (isto para cada remessa de nova partida de blocos, alteração das características da areia, controle de pega do cimento) fazendo parte da rotina na fiscalização e simulando as condições reais de cura.

1.11.3 — Tensões máximas admissíveis

QUADRO 1.3 - TENSÕES MÁXIMAS DE TRABALHO EM MPa

DESIGNAÇÃO DO ESFORÇO	TENSÃO ADMISSÍVEL em MPa	TENSÃO DE RUPTURA (aos 28 dias, estabelecida por testes em prismas) em MPa			
Ruptura à compressão	f'm	14,0	19,0	21,0	24,5
Compressão axial - (colunas)	0,20 f'm	2,8	3,8	4,2	4,9
Compressão na flexão	0,33 f'm	4,7	6,3	5,0	8,2
Força cortante	—	0,5	0,5	0,5	0,5
Módulo de elasticidade	1.000 f'm	14.000	19.000	21.000	21.000
Ancoragem de barras lisas	—	0,4	0,4	0,4	0,4

Nota - Para f'm=14 e f'm=21, a UBC requer inspeção especial

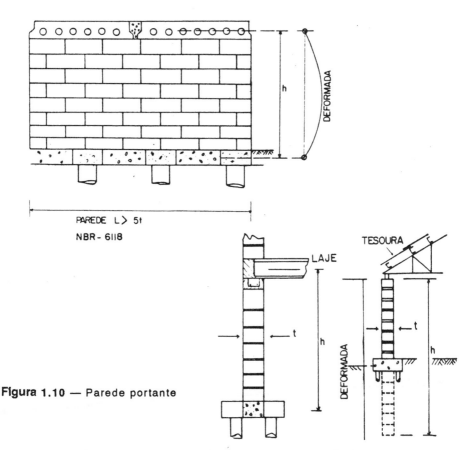

Figura 1.10 — Parede portante

1.11.4 — Considerações para verificação da estabilidade

1) *ÁREA LÍQUIDA* — Os cálculos das tensões solicitantes devem se basear na área líquida da seção transversal.

2) *ESBELTEZ DAS PAREDES* — Devemos considerar primeiramente as seguintes definições:

A) *Paredes portantes* — Elementos estruturais com capacidade para resistir às cargas permanentes + sobrecarga + vento (paredes externas).

B) *Paredes não portantes* — Resistem apenas ao seu peso próprio (correspondem às paredes divisórias e de vedação interna).

C) *Paredes estruturais* (paredes portantes em concreto armado) — Segundo a NBR 6118/82, a espessura não deve ser inferior a 12 cm, nem a 1/25 de altura livre. Se o comprimento da seção horizontal não for maior que 5 vezes a espessura, a peça será considerada como pilar.

Os nossos autores especializados [9] e [10] apresentam relações objetivando alvenaria estrutural armada, portanto entendendo-se como elementos estruturais semelhantes ao concreto armado da antiga NB-1.

3) *CONDIÇÕES DE VINCULAÇÃO*

Relação de esbeltez ou índice de esbeltez $\lambda = \dfrac{h}{t}$

A) Alvenaria de blocos vazados $-\lambda_{máx} = 18$ $-t_{mín} = 20\ cm$

A única crítica é que os catálogos apresentam t = 19 cm, em vez de t = 20 cm; mas isto é tolerável, visto que o raio de giração mínimo é igual a 6,8, portanto satisfazendo à antiga NB-1, cujo raio de giração mínimo é igual a 6, conforme demonstração com as dimensões das partes vazadas aproximadas.

Seção transversal horizontal

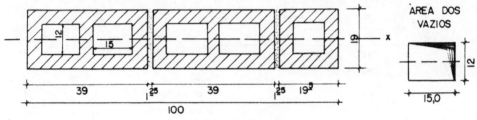

Figura 1.11

Momento de inércia total $J = \dfrac{100 \times (19)^3}{12} = 57.158\ cm^4$

Momento de inércia da área vazada $J_v = 5 \times \dfrac{15 \times (12)^3}{12} = 10.800\ cm^4$

Momento de inércia $J_x - J - J_v = \qquad\qquad = 46.358 \sim 46.000\ cm^4$

Área total $S = 100 \times 19 = 1.900\ cm^2$

Área vazada $S_v = 5 \times 15 \times 12 = 900\ cm^2$

Área líquida $S_{líq} = S - S_v = 1.000\ cm^2$

Raio de giração $L_x = \sqrt{\dfrac{J_x}{S_{líq}}} = 6,78 > 6$ atende à antiga NB-1/60

B) Alvenaria armada de blocos com vazios preenchidos com graute (em inglês "grout") - $\lambda_{máx} = 25 \approx t_{mín} = 15\ cm$ de largura (fabricados com t = 14 cm).

Nota-se que os autores das obras citadas procuraram, pelo enquadramento das relações, objetivar a semelhança com as paredes estruturais da NBR 6118. Neste caso, pelos blocos fornecidos, através dos fabricantes credenciados, temos t = 14 cm, sendo o raio de giração admitindo armação e graute a cada metro linear de parede (Fig. 1.12).

Momento de inércia total $J = \dfrac{100 \times (14)^3}{12} = 22.867\ cm^4$

Momento de inércia das áreas vazias $J_v = \dfrac{3 \times 15 \times (9)^3}{12} = 2.734\ cm^4$

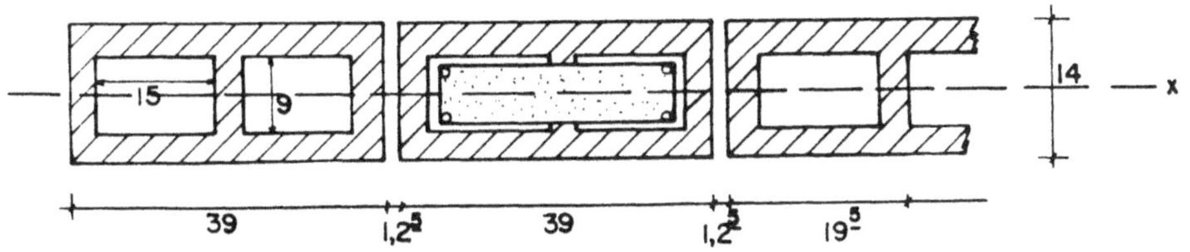

Resistência do material

Figura 1.12

$$Jx = J - Jv + 20.124 \text{ cm}^4$$

Área total $\quad$ S $=$ 100 x 14 $\quad=$ 1.400

Área vazada $\quad$ Sv $=$ 3 x 15 x 9 $=$ $\underline{\quad 405 \quad}$

Área líquida $\qquad\qquad$ S $_{líq}$ $\quad$ 995

Raio de giração : Lx $= \sqrt{\frac{Jx}{S_{líq}}} = 4,5$ cm

Pela NBR 6118, a espessura mínima das paredes é recomendada superior a 12 cm. Por medidas de execução e estética, o mínimo adotado é 15 cm (ix = 4,3 cm), porém no concreto armado existe um monolitismo confiável, o que não pode ser admitido para o caso da alvenaria armada de blocos vazados, mesmo com a colocação de vergas horizontais.

C) Proposta para projeto e execução.

a) Parede portante - Toda parede portante de alvenaria de blocos vazados deve ser armada longitudinalmente (no mínimo 0,5% $S_{líq}$) e transversalmente com estribos, cujo espaçamento exeqüível é de 20 cm ou uma vez e meia a espessura da parede (30 cm), o que dificulta a execução.

A cada terço do pé direito deve-se travar com cintas horizontais, para solidarização do conjunto.

A_1 Armadura longitudinal da parede (vertical) no mínimo 4 Φ 10

($A_1 = 0,005$ $S_{líq}$)

A_t Estribos da armação da parede no mínimo $\varnothing$ 3,4 mm - C/20

A_s Armação das cintas horizontais de amarração. No mínimo 4 $\varnothing$ 6 mm - (dimensionadas para ação do vento nas paredes externas).

A_e Estribos das cintas de amarração. No mínimo $\varnothing$ 3,4 mm - C/20

No caso da espessura da parede "t" ser menor que 19 cm, devemos contar com as paredes divisórias para enrijecimento, no caso de edifícios habitacionai, ou então colocar nervuras de rigidez no caso de galpões ou depósitos que não disponham de paredes divisórias. A condição é alcançar um valor no momento de inércia mínimo, de maneira a fornecer raio de giração i = 6 cm.

b) Parede não portante - As paredes não portantes geralmente são executadas sem os devidos cuidados exigidos para o caso anterior, isto pelo fato de serem solicitadas apenas com seu peso próprio. Os especialistas arbitram a relação de esbeltez $\frac{h}{t} = 30$, sendo permitido espessura de 9 cm, medida esta comercial mínima desses blocos. Para a solidarização do conjunto, convém armar verticalmente e dispor de cintas de amarração, utilizando-se da própria experiência do construtor.

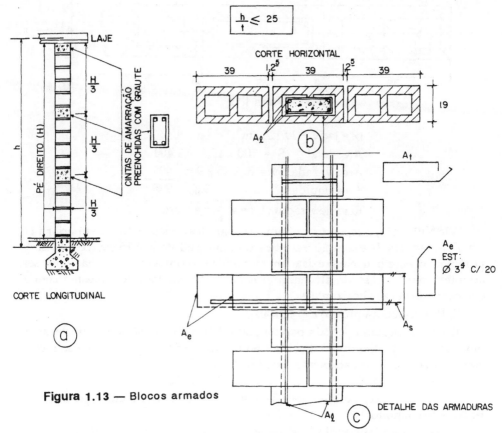

Figura 1.13 — Blocos armados

D) Fatores que influem na resistência das paredes portantes.

Entre os vários fatores que influem na resistência das paredes de alvenaria de blocos vazados e empregados nas paredes portantes, pode-se mencionar:

a) — Tipo de amarração e assentamento das juntas

b) — Argamassa empregada e qualidade dos blocos

c) — Alinhamento e prumo no assentamento dos blocos

d) — Colocação de cintas de amarração, para combater a flexão horizontal

e) — Armação vertical, vazios preenchidos com graute, para combater flexão vertical

f) — Excentricidade do carregamento vertical.

Os tipos de amarração e assentamento das juntas mais usuais pelos arquitetos e construtores estão esquematizados na Fig. 1.15 [9].

Foram realizados uma série de testes nos EUA, para investigar qual a outra opção de resistência das paredes portantes em função da resistência padrão do tipo A.

As argamassas empregadas obedeceram as especificações ASTM C270-57, tipos de argamassas para assentamento de blocos (cimento : cal : areia), devendo

Resistência do material

satisfazer as seguintes resistências à compressão (aos 28 dias):
   tipo M - 28 MPa - traço 1 : 2,5 : 4,75
   tipo S - 15 MPa - traço 1 : 2 : 7.

Segundo experiências do Eng. Ernesto Ripper da ABCP, recomenda-se para as nossas condições argamassa tipo S, até que não seja normalizado o cimento da alvenaria, proposto recentemente por algumas indústrias (conhecido no mercado como cimento-cola).

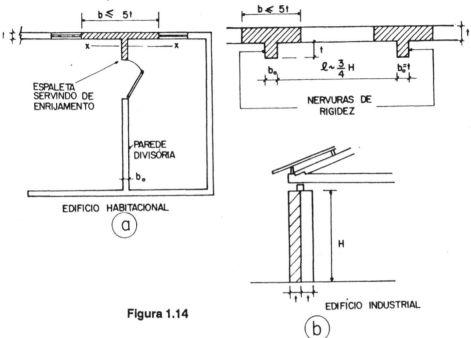

Figura 1.14

1.11.5 - Ensaios de laboratório em paredes portantes de blocos vazados de concreto

Com o objetivo de avaliar a resistência dos vários tipos de juntas de amarrações (Fig. 1.15) foram realizados ensaios simulando 4 hipóteses de carregamento (verticalmente, peso próprio + sobrecarga e lateralmente, ação do vento)[12].

1.ª *Hipótese* — Carga vertical uniforme aplicada axialmente no limite do núcleo central de inércia (Fig. 1.16a)

2.ª *Hipótese* — Carga lateral uniforme aplicada segundo o vão vertical, isto como se a parede fosse uma placa apoiada no topo e na base, ficando desligada dos apoios verticais (Fig. 1.16b)

3.ª *Hipótese* — Carga lateral uniforme aplicada no vão horizontal — isto supondo a parede desligada da base e do topo, fixada nos apoios verticais (Fig. 1.16c)

4.ª *Hipótese* — Combinação da 1.ª e 2.ª Hipóteses.

A carga lateral, uniformemente distribuída em toda uma das faces da parede,

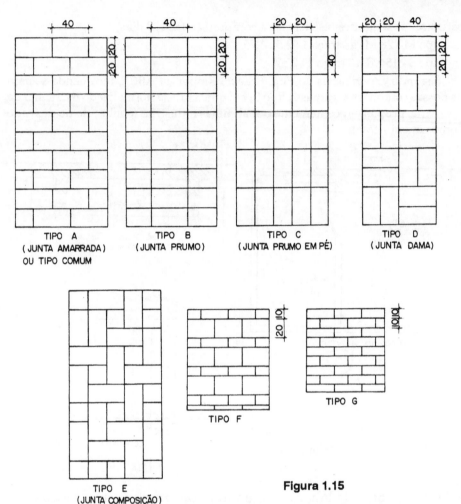

Figura 1.15

foi realizada por intermédio de um colchão plástico, onde injetou-se ar até atingir a pressão desejada simulando a ação do vento especificada.

Resumindo os resultados, considerando como referência padrão o tipo A, o quadro fornece os resultados da 1.ª Hip. e combinações da 1.ª Hip. com a 2.ª Hip. (direção vertical) e da 1.ª com a 3.ª Hip. (direção horizontal).

1.11.6 — Conclusões dos ensaios de carregamento

1.11.6.1 — *Resistência à compressão*

1) A resistência à compressão das paredes com os blocos assentados horizontalmente é superior àquelas que contêm blocos verticais (valores menores nos tipos "D" e "E" - Fig. 1.15)

2) A resistência das paredes depende essencialmente da resistência dos blocos, como se constata pelos valores médios. Valor médio para os blocos 10 MPa -

Resistência do material

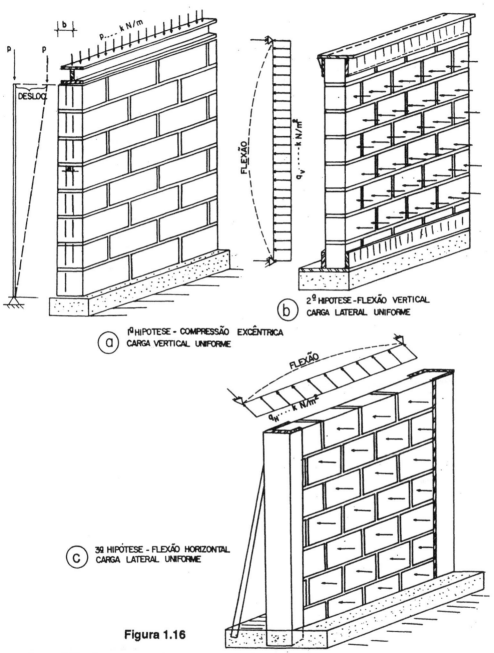

Figura 1.16

valor médio dos corpos de prova cilíndricos de argamassa em amostras com 15 cm de diâmetro por 30 cm de altura = 44 MPa. (Não é o modelo de corpo de prova adotado no Brasil para argamassas)

3) Todos os tipos de assentamentos, no que tange à resistência, são adequados à construção de paredes com função estrutural (restrições aos tipos "D" e "E" quanto a dificuldade de ser mantido o prumo e alinhamento dos blocos).

26 Estruturas em alvenaria e concreto simples

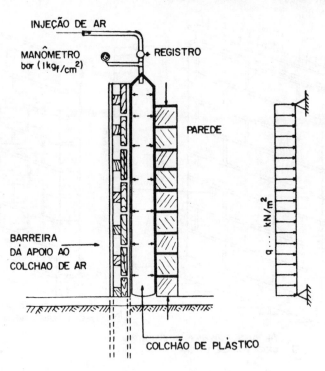

Figura 1.17 — Simulação de carga lateral

QUADRO 1.4 - RESUMO DOS RESULTADOS - PADRÃO PAREDE TIPO A

TIPO Conforme amarração	Resistência à compressão		RESISTÊNCIA À FLEXÃO LATERAL							
			NA DIREÇÃO VERTICAL		NA DIREÇÃO HORIZONTAL					
					SEM ARMADURA NAS JUNTAS		JUNTAS ARMADAS - CINTAS			
	%parede padrão %par	MPa	%sobre parede padrão %PAD	MPa			CINTAS ARM. c/ 40cm		CINTAS ARM. C/ 20cm	
					%PAD	MPa	%PAD	MPa	%PAD	MPa
A (padrão)	100	3,8	100	17,1	100	61,0	—	73,2	—	98,0
B	103	4,1	130	19,5	28	14,6	—	64,5	—	93,0
C	78	3,4	87	12,2	—	—	—	—	—	—
D	74	2,4	105	14,6	—	—	—	—	—	—
E	77	3,5	72	12,2	—	—	—	—	—	—
F	95	4,0	83	14,6	—	—	—	—	—	—
G	109	4,4	101	14,6	130	78,1	—	90,3	—	95,2
MÉDIA	89	3,6	96	14,6	—	46	—	77,4	—	94,1

ARGAMASSA - ASTM C-270 - Tipo S - Resistência média = 44 MPa
Resistência média dos blocos = 10 MPa

1.11.6.2 — *Resistência à flexão lateral*

1) *Segundo o vão vertical*
A) A ruptura dá-se na ligação da argamassa com o bloco.
B) A resistência da argamassa é o fator de maior importância.
C) O assentamento com juntas verticais contínuas parece mais resistente.

2) *Segundo o vão horizontal*
A) A resistência à flexão lateral é inteiramente dependente do tipo de assentamento dos blocos. O tipo A ou comum, com juntas verticais desencontradas, são consideravelmente mais resistentes que os outros tipos, em virtude da melhor amarração.

B) As paredes construídas por blocos de menor altura (10 cm) resultam 30% mais resistentes do que as construídas com blocos altos (20 cm) Fig. 1.15 (tipo G).

C) A qualidade da argamassa tem pequena influência na resistência das paredes com blocos assentados em fiadas horizontais.

1.11.6.3 - *Ensaios combinados de compressão e de flexão*

As paredes submetidas a carregamento de compressão apresentam maior resistência a flexão lateral, evidentemente devido à combinação das tensões, fazendo diminuir a tração, provocada pela flexão nos bordos mais tracionados das seções da parede.

Estabilidade

2.1 — ESTABILIDADE DAS ESTRUTURAS EM ALVENARIA
2.2 — CONDIÇÕES DE EQUILÍBRIO

Nas construções de alvenaria ou de qualquer material, deve-se levar em consideração o equilíbrio estático e o equilíbrio elástico.

Lembramos que as juntas de argamassa constituem os planos de menor resistência nos maciços* de alvenaria, portanto é segundo esses planos que devemos estabelecer as equações de equilíbrio.

Em alguns casos também será necessário estudarmos a estabilidade segundo outras direções, que não constituem o plano das juntas de argamassa; dessas falaremos oportunamente no capítulo 9.

Seja um maciço qualquer, por exemplo, pegão de um arco de ponte:

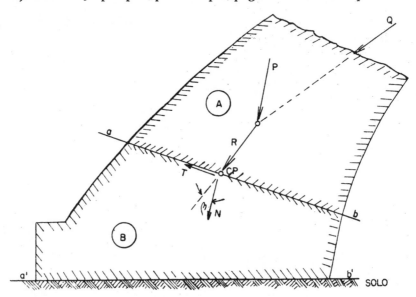

Figura 2.1 — Maciço de alvenaria

* *NOTA* - Vierrendeel designou genericamente os elementos estruturais pesados, em alvenaria (pilares, muros, encontros etc.).

Estabilidade

29

ab ... Junta qualquer correspondente a um plano de argamassa, dividindo o maciço em dois blocos A e B.

$\vec{P}$ ... Resultante das forças verticais que atuam sobre o bloco A do maciço (representando peso próprio e sobrecargas).

$\vec{Q}$ ... Resultante das forças laterais que atuam sobre o bloco A do maciço (forças essas que podem representar reação de um arco, empuxo de terra ou pressão do vento).

$\vec{R}$ ... Resultante de $\vec{P}$ e $\vec{Q}$.

CP ... Ponto de aplicação da resultante $\vec{R}$ sobre a junta ab, chamado "centro de pressão".

Para que o bloco A esteja em equilíbrio estável sobre o bloco B, é necessário e suficiente que:

A) O bloco A esteja em equilíbrio estático sobre o plano ab.

B) Em nenhum ponto da junta ab se produzam tensões superiores àquelas que a alvenaria pode suportar com segurança.

Se estas condições forem satisfeitas para qualquer junta ab do maciço, ele será estável. Resta a junta a'b' do terreno, em que as condições de estabilidade são as mesmas, somente que as tensões produzidas devem ser iguais ou inferiores às tensões admissíveis no solo.

Geralmente fazemos o estudo da estabilidade por metro linear do maciço.

Admitimos também que as forças atuam no mesmo plano vertical, o que na realidade se verifica nos casos mais freqüentes, portanto as solicitações para o *estado simples de tensão*.

2.2.1 — Equilíbrio estático

Sabemos da mecânica, que um sistema de forças coplanares atuando sobre um corpo rígido estará em equilíbrio quando forem satisfeitas as equações:

1 ... $\Sigma N = 0$

2 ... $\Sigma T = 0$

Essas equações representam o *equilíbrio de translação*

3... $\Sigma M = 0$

Essa última equação representa o *equilíbrio de rotação*

Para aplicarmos essas 3 equações condicionais, devemos admitir as seguintes restrições:

A) Que os blocos A e B sejam indeformáveis, isto é, corpos rígidos.

B) Que não tenhamos esforços de tração na junta ab.

Façamos uma análise das equações mencionadas

1) *EQUILÍBRIO DE TRANSLAÇÃO*

$\Sigma N = 0$ - É necessário que N, componente normal de $\vec{R}$, resultante de $\vec{P}$ e $\vec{Q}$, seja de compressão e que o ponto CP (centro de pressão) caia dentro da junta ab.

$\Sigma T = 0$ - Sendo T a componente tangencial de $\vec{R}$, como já foi dito, não podemos contar com a resistência do cisalhamento da argamassa (junta) e nem

30 Estruturas em alvenaria e concreto simples

mesmo com a aderência dessa com as pedras ou tijolos.

Neste caso, a única força que deve resistir à componente T é a força de atrito exercida sobre o plano ab.

Sendo F_a ...a força de atrito, temos:

$F_a = \mu N$

μ = coeficiente de atrito

Para haver equilíbrio, devemos ter:

$F_a = T$, portanto $T = \mu N$

A expressão $T = \mu N$, representa a equação de equilíbrio no limite último.

Para segurança, é preciso que $F_a > T$, daí termos que adotar um coeficiente de segurança, contra escorregamento ou deslizamento (ε).

Portanto, devemos ter:

$$\varepsilon T = \mu N \qquad \therefore \qquad \varepsilon = \mu \frac{N}{T} \geq 1,50$$

Passaremos à interpretação geométrica da equação acima:

Pela Fig. 2.1, $\ tg\ \beta = \dfrac{T}{N}$

Podemos escrever pela equação $\dfrac{T}{N} = \dfrac{\mu}{\varepsilon}$

Portanto $tg\ \beta = \dfrac{\mu}{\varepsilon}$

O coeficiente de atrito μ pode ser expresso em função da tangente do ângulo de atrito, entre os dois materiais de contato.

Neste caso, $\mu = tg\ \alpha$, sendo α o ângulo de atrito entre a alvenaria ou entre alvenaria e o terreno (junta a'b').

A última expressão ficará:

$$tg\ \beta = \frac{tg\ \alpha}{\varepsilon}$$

Aproximadamente $\beta = \dfrac{\alpha}{\varepsilon}\qquad \alpha \approx 35° \dfrac{Alvenaria}{Alvenaria}$

Esta equação exprime, a condição do equilíbrio de translação, isto é, que a resultante $\vec{R}$ faça com a normal à junta ab um ângulo $\dfrac{\beta}{\varepsilon}$ vezes inferior ao ângulo α de atrito entre os materiais.

2) *EQUILÍBRIO DE ROTAÇÃO* $\Sigma M = 0$

A rotação do bloco indeformável A sobre o bloco B só pode se dar em torno do ponto *a* da junta ab.

Temos:

M_P ... Momento de $\vec{P}$ em torno do ponto *a*

M_Q ... Momento de $\vec{Q}$ em torno do ponto *a*

Para o equilíbrio devemos ter:

$$M_P = M_Q$$

Estabilidade

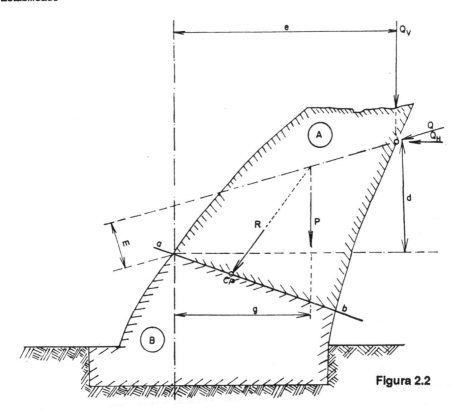

Figura 2.2

Isto significa que a resultante R de P e Q deve passar por *a*.
Entretanto, para maior segurança, devemos ter:
$$M_P > M_Q$$
Onde M_P também chamado momento de contra-rotação.

M_Q ... Momento que favorece a rotação.

$M_P > M_q$ significa que R deve cair no interior da junta ab, satisfazendo assim também a condição de ausência de esforços de tração, que poderiam ser provocadas por Q.

Adotando-se um coeficiente de segurança ρ, chamado de coeficiente de segurança contra rotação de tombamento, temos:
$$M_P = \rho\, M_Q$$
Podemos generalizar escrevendo:

M_i ... Momento estático das forças cujas linhas de ação, interceptam internamente a junta a-b.

M_e ... Momento estático das forças cujas linhas de ação, passam fora da junta a-b.

$$M_i = \rho M_e \qquad \rho = \frac{M_i}{M_e} \geq 1{,}50$$

Para obtermos ρ, devemos considerar as forças $\vec{P}$ e $\vec{Q}$ nas suas verdadeiras direções, e não pelas componentes, afirmação que poderíamos chamar de paradoxo estático; vamos provar:

$$\rho = \frac{M_i}{M_e}$$

Pela figura, tomando as forças nas suas verdadeiras direções temos o coeficiente de segurança contra tombamento:

$$\rho = \frac{P \cdot g}{Q \cdot m} \quad \ldots\ldots \quad (1)$$

Considerando as componentes de Q, temos:

$$\rho = \frac{P \cdot g \cdot Q_V \cdot e}{Q_H + d} \quad \ldots\ldots \quad (2)$$

Lembrando a Física, pelo Teorema de Varignon, o momento estático das resultantes é igual à soma dos momentos estáticos das componentes.

$-Q \cdot m = Q_V \cdot e - Q_H \cdot d$

$\therefore Q_H d = Q m + Q V e$

Substituindo-se na (2), temos:

$$\rho = \frac{P \cdot g + Q_V \cdot e}{Q \cdot m + Q_V \cdot e} \quad \ldots\ldots \quad (3)$$

Comparando as expressões (1) (2) e (3), convém lembrar um teorema de aritmética: "Somando-se o mesmo número aos termos de uma fração própria ou imprópria, ela aumenta ou diminui".

Como na expressão (3) temos o valor constante ($Q_V \cdot e$) somado ao numerador e denominador, o valor de ρ, em relação à junta ab, não exprime o coeficiente de segurança real; dessa forma só é válido ρ, tomando-se as forças nas suas verdadeiras direções, representado pela expressão (1).

$$\rho = \frac{Pg}{Qm} \qquad \text{c.q.d.}$$

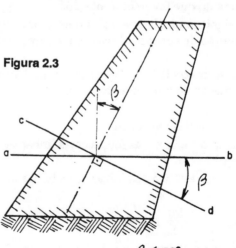

Figura 2.3

$\beta \leq 20°$

Estabilidade   33

3) CONSIDERAÇÕES SOBRE O EQUILÍBRIO ESTÁTICO

A) Na prática executamos juntas de argamassa horizontais e assim fazemos a verificação da estabilidade.

Devemos notar que, no caso do maciço não ser simétrico em relação ao eixo médio, na flexão vamos contrariar os princípios da resistência dos materiais, verificando-se a junta "ab", pois devemos considerar juntas normais ao eixo médio, isto é, a junta "cd", onde temos as tensões máximas.

Foi, porém, observado que o erro relativo a este fato é função de ângulo β que a junta "cd" faz com a vertical e o valor deste é desprezível, desde que β não atinja 20°.

Concluímos que se os paramentos dos maciços forem de inclinações diferentes, que é caso freqüente, podemos considerar juntas horizontais para a verificação da estabilidade (com exceção das barragens).

B) A estabilidade resultante da aplicação das equações do equilíbrio estático, é uma estabilidade incerta ou incompleta. Se assumirmos coeficientes de segurança ε e ρ elevados demais, pode ainda ocorrer uma estabilidade precária.

Este fato dá-se quando a força N, componente de R, se eleva de tal forma que possa produzir esmagamento da junta.

C) Existe, portanto, uma incerteza que deve ser eliminada, estudando-se a estabilidade elástica do maciço ou, em outros termos, as tensões a que o material está sendo solicitado.

2.2.2 — Equilíbrio elástico — tensões :

1) HIPÓTESE FUNDAMENTAL

As condições discutidas até agora para o equilíbrio estático são condições necessárias mas não suficientes, pois por elas não temos nenhuma indicação das tensões que solicitam o maciço. Elas não provam se há tensões de tração de modo que possam provocar trincas nem mesmo tensões de compressão que possam provocar esmagamento. O estudo do equilíbrio elástico tem por finalidade elucidar esta dupla questão.

A teoria do equilíbrio funda-se em admitir que as alvenarias sejam materiais elásticos e, portanto, aplicamos as fórmulas da resistência dos materiais. Esta aproximação grosseira é justificada pelos fatos, pois ensaios em arcos de alvenaria de tijolos, pedra de cantaria ou concreto simples, têm um comportamento idêntico aos dos arcos metálicos, podendo assim aplicarem-se as mesmas fórmulas dos arcos metálicos. Desta aproximação decorre que as alvenarias são consideradas obedecendo à Lei de Hooke e a Hipótese de Bernoulli, sendo válido o princípio da superposição dos esforços.

Consideramos nas nossas demonstrações que os maciços têm uma seção regular ou com pelo menos um eixo de simetria e que o plano das forças esteja contido num desses eixos.

2) FÓRMULA GERAL DA FLEXÃO COMPOSTA

a-a   — Junta qualquer do maciço

34   Estruturas em alvenaria e concreto simples

R   — Resultante das forças que atuam no maciço até a junta a-a.
C.P.   — Centro de pressão (ponto de aplicação de R em a-a).
C.G,   — Centro de gravidade da seção da junta a-a.
S   — Área da seção resistente.
J   — Momento de inércia em relação ao eixo Y-Y.
v_1 e v_2 — Distância do centro de gravidade aos bordos, respectivamente
        A_1 e A_2.

$$W_1 = \frac{J_1}{V_1} \text{ e } W_2 = \frac{J_2}{V_2} \text{ - módulos de resistência em relação aos pontos } A_1 \text{ e } A_2.$$

e — excentricidade (distância do centro de pressão ao centro de gravidade).

Se as forças estão contidas no plano do eixo XX, e os eixos XX e YY são eixos principais de inércia, a resultante R produzirá no C.G. um momento $M = R \cdot r$ e poderá ser decomposta numa força normal N e noutra tangencial T com relação à seção A_1A_2.

Temos então:

$N = R \cos\beta$ ... Componente normal produzindo esforços de compressão na junta da seção A_1A_2.

$T = R \operatorname{sen}\beta$ ... Componente tangencial produzindo esforço cortante na junta da seção A_1A_2.

Se a componente N passasse pelo C.G., teríamos tensões normais e uniformemente distribuídas de valor constante (Fig. 2.4c)

$$\sigma_N = \frac{N}{S}$$

Devido ao momento $M = R \cdot r$, essa componente N ficará deslocada de C.G. da distância e.

Sem alterar o equilíbrio, podemos introduzir no centro de gravidade C.G da seção duas cargas N de igual intensidade e de sentidos opostos; teremos então o binário M = Ne e a força axial N aplicada no C.G. (Fig. 2.5)

No sistema indicado, a força axial N produzirá tensões normais de compressão (+)

$$\sigma_N = \frac{N}{S}$$

O momento M=Ne=Rr irá produzir tensões de flexão na seção considerada, isto é, compressão em relação ao bordo $A_1(+)$ e tração em relação ao bordo A_2 (-) (Fig. 2.4d)

Segundo Navier:

$$\sigma_{M_1} = \frac{M}{W_1} \qquad \sigma_{M_2} = \frac{M}{W_2}$$

Os sinais contrários são devido à excentricidade da resultante R, sendo o A_1 próximo de C.P. (centro de pressão) (+), isto é, de sinal idêntico a σ_N e o bordo oposto A_2, de sinal (-).

Estabilidade

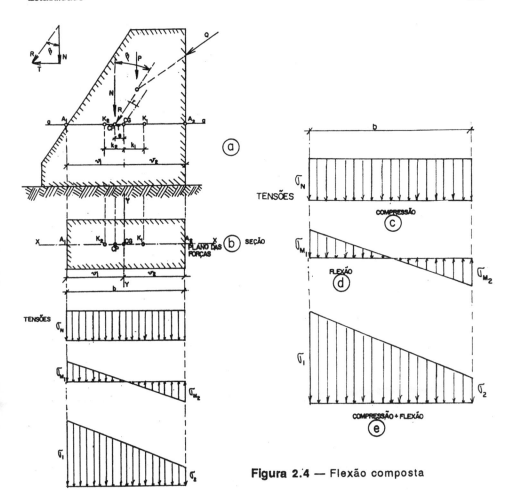

Figura 2.4 — Flexão composta

Figura 2.5

Estruturas em alvenaria e concreto simples

Nas estruturas de alvenaria vamos convencionar (+) os esforços de compressão, contrariando a convenção clássica da resistência dos materiais; isto se justifica, porque para o material empregado devemos contar quase que exclusivamente com tensões de compressão (+).

Aplicando o "princípio da superposição dos efeitos", temos a soma algébrica:

$$\sigma_1 = \sigma_N + \sigma_{M1} \qquad (1)$$

$$\sigma_1 = \sigma_N - \sigma_{M2} \quad .... \quad (2)$$

Substituindo-se na (1)

$$\sigma_N = \frac{N}{S} \quad e \quad \sigma_{M1} = \frac{M}{W_1} \qquad\qquad sendo\ M = Ne \qquad W_1 = \frac{J}{v_1}$$

Podemos escrever :

$$\sigma_1 = \sigma_N + \sigma_{M1} = \frac{N}{S} + \frac{Ne}{W_1}$$

$$\sigma_1 = \frac{N}{S} + \frac{Ne}{W_1}$$

Multiplicando-se e dividindo-se por S, o 2.º termo do 2.º membro,

$$\sigma_1 = \frac{N}{S} + \frac{S}{S} \cdot \frac{Ne}{W_1} = \frac{N}{S}\ (1 + \frac{e}{\frac{W_1}{S}})$$

Fazendo $K_1 = \dfrac{W_1}{S}$

$$\sigma_1 = \frac{N}{S}\ (1 + \frac{e}{K_1}) \quad .... \quad (3)\ Tensão\ no\ bordo\ A_1$$

A (3) pode ser escrita: $\sigma_1 = \dfrac{N}{S}\ (\dfrac{K_1 + e}{K_1})$

mas $N\ (K_1 + e)$, vem a ser o momento em torno de um ponto K_1 (Fig. 2.4)

Portanto $M_{K1} = N\ (K_1 + e)$

$S\ K_1 = W_1$

Podemos então escrever: $\sigma_1 = \dfrac{M_{K_1}}{W_1} \quad ....(4)$

Introduzindo as substituições na (2) obtemos analogamente:

$$\sigma_2 = \sigma_N - \sigma_{M2} = \frac{N}{S} - \frac{M}{W_2} = \frac{N}{S} - \frac{Ne}{W_2} = \frac{N}{S} - \frac{S}{S} \cdot \frac{Ne}{W_2}$$

$$\sigma_2 = \frac{N}{S} - \frac{N}{S} \cdot \frac{e}{\frac{W_2}{S}} = \frac{N}{S}\ (1 - \frac{e}{K_2})$$

Fazendo $K_2 = \dfrac{W_2}{S}$

$$\sigma_2 = \frac{N}{S}\ (1 - \frac{e}{K_2}) \quad .... \quad (5)\ Tensão\ no\ bordo\ A_2$$

A (5) pode ser escrita $\sigma_2 = \dfrac{N}{S}\ (\dfrac{K_2 - e}{K_2})$

Temos também neste caso N (K_2 - e) um momento em torno do ponto K_2 (Fig.2.4).

Portanto $M_{k2} = N (K_2 - e)$ e $W_2 = S \cdot K_2$

Podemos escrever ainda a (5) $\sigma_2 = \dfrac{M_{K2}}{W_2}$ .... (6)

Chamamos de rasos resistentes as expressões

$K_1 = \dfrac{W_1}{S}$ e $K_2 = \dfrac{W_2}{S}$, visto que representam medidas lineares e determinam, em relação ao C.G., os pontos nucleares K_1 e K_2.

Os momentos da força N com relação aos pontos nucleares, são chamados "momentos nucleares".

$M_{k1} = N (K_1 + e)$ ... em relação ao ponto K_1

$M_{k2} = N (K_2 - e)$ ... em relação ao ponto K_2

Os momentos nucleares permitem a determinação das tensões nos bordos, como se a flexão composta se tratasse de flexão simples.

A vantagem das expressões monômias (4) e (6), em vez das binômias (3) e (5), são interessantes, principalmente quando se verificam os máximos efeitos produzidos por cargas móveis, isto é, quando na seção considerada N e M possam variar, tendo em conta várias tentativas de hipóteses de carregamento.

Essa orientação tem maior utilização no cálculo da verificação das tensões nas bordas de seções de arcos e vigas de concreto protendido.

Nos maciços de alvenaria, geralmente empregamos para a verificação das tensões nas bordas as expressões (3) e (5).

$\sigma_1 = \dfrac{N}{S} (1 + \dfrac{e}{K_1})$ .... bordo A_1

$\sigma_2 = \dfrac{N}{S} (1 - \dfrac{e}{K_2})$ .... bordo A_2

Podemos então escrever a fórmula geral da flexão composta:

$\sigma_{1,2} = \dfrac{N}{S} (1 \pm \dfrac{e}{K_{1,2}})$ .... (7)

Quando $v_1 = v_2 = v$ para seção simétrica, temos:

$W_1 = \dfrac{J}{v_1} = \dfrac{J}{v}$

$W_2 = \dfrac{J}{v_2} = \dfrac{J}{v}$ Portanto $W_1 = W_2 = W$

Neste caso $K_1 = \dfrac{W_1}{S} = \dfrac{W}{S}$ $\qquad K_2 = \dfrac{W_2}{S} = \dfrac{W}{S}$

$\qquad\qquad\qquad\qquad\qquad K_1 = K_2 = K$

A expressão geral fica simplificada

$\sigma_{1,2} = \dfrac{N}{S} (1 \pm \dfrac{e}{K})$ ....(8)

Concluindo, temos a fórmula geral da flexão composta dada pelas expressões (7) no caso de seção assimétrica e (8) no caso de seção simétrica.

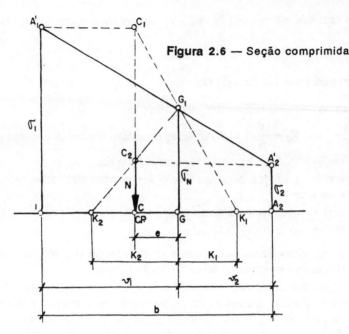

Figura 2.6 — Seção comprimida

A) Solução gráfica

$\sigma_N = \dfrac{N}{S} = GG_1$ (numa escala conveniente, p. ex. 1 cm = 10 kgf/cm^2)

Podemos investigar as tensões de bordo σ_1 e σ_2 graficamente, com a seguinte construção:

a) determina-se $\sigma_N = \dfrac{N}{S}$ e marca-se em escala conveniente no C.G. da seção $\sigma_N = GG_1$.

b) calculam-se os raios resistentes $K_1 = \dfrac{W_1}{S}$, $K_2 = \dfrac{W_2}{S}$, marca-se na escala das distâncias sobre A_1A_2 tendo-se os pontos K_1 e K_2.

c) marca-se a linha de ação de N, distanciada e do C.G., e temos o ponto C (C=CP, Fig. 2.6).

d) Ligamos os pontos K_1 e K_2 ao ponto G_1 e prolongamos até interceptar a linha de ação de N.

e) Os segmentos CC_1 e CC_2 representam as tensões máxima e mínima, respectivamente σ_1 e σ_2.

f) Projetamos os pontos C_1 e C_2 no bordos e ligamos os pontos A'_1 e A'_2, temos o diagrama das tensões.

Para verificar a exatidão e linha A'_1 e A'_2 deve passar por G_1.

Prova:

Por semelhança de triângulos, temos: $\dfrac{CC_1}{GG_1} = \dfrac{CK_1}{GK_1}$

Estabilidade

Figura 2.7 — Seção comprimida tracionada

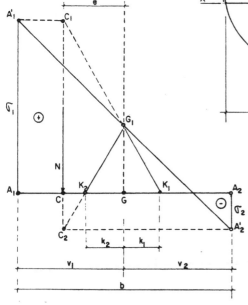

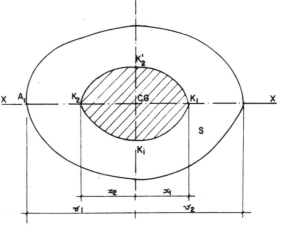

Figura 2.8

AREA DA SECÇÃO TRANSVERSAL

MOMENTO DE INÉRCIA COM RELAÇÃO AO EIXO YY

PONTOS NUCLEARES

DISTÂNCIAS DOS BORDOS AO C.G.

$CC_1 = \sigma_1$

$GG_1 = \sigma_N$

$CK_1 = e + K_1 \qquad \dfrac{\sigma_1}{\sigma_N} = \dfrac{(K_1+e)}{K_1} \quad \therefore \quad \sigma_1 = \sigma_N \dfrac{(K_1+e)}{K_1}$

$GK_1 = K_1 \qquad \sigma_1 = \dfrac{N}{S}(1 + \dfrac{e}{K_1})$

Da mesma forma, podemos escrever:

$\dfrac{CC_2}{GG_1} = \dfrac{CK_2}{GK_2}$ 	como: $CC_2 = \sigma_2$

$\qquad\qquad\qquad\qquad\qquad GG_2 = \sigma_N$

$\qquad\qquad\qquad\qquad\qquad CK_2 = (K_2 - e)$

$\qquad\qquad\qquad\qquad\qquad GK_2 = K_2$

$\dfrac{\sigma_2}{\sigma_N} = \dfrac{(K_2-e)}{K_2} \quad \therefore \quad \sigma_2 = \sigma_N \dfrac{(K_2-e)}{K_2}$

$\sigma_2 = \dfrac{N}{S}(1 - \dfrac{e}{K_2})$ 	c.q.d.

40 Estruturas em alvenaria e concreto simples

3) NÚCLEO CENTRAL DE INÉRCIA

Na fórmula geral da flexão composta, $\sigma_{1,2} = \dfrac{N}{S}(1 \pm \dfrac{e}{K_{1,2}})$ verificamos que os valores de σ_1 e σ_2 dependem dos raios resistentes K_1 e K_2. A conceituação é puramente matemática, pois depende exclusivamente das características geométricas da seção transversal, o que permite um conhecimento prévio, independentemente das propriedades do material empregado.

$$K = \dfrac{W}{S} \qquad K = \dfrac{J}{S_v}$$

$$W = \dfrac{J}{v} \qquad K_{x1} = \dfrac{Jy}{S \cdot v_1} \qquad K_{x2} = \dfrac{Jy}{S \cdot v_2}$$

S . . . . Área da seção transversal
Jy . . . . Momento de inércia com relação ao eixo YY
K_1, K_2 . . . . Pontos nucleares
v, v_2 . . . . Distâncias dos bordos ao C.G.

Os valores de K_{x1} e K_{x2} representam medidas lineares, daí a denominação de *raios resistentes*. Evidentemente, sendo $K = f(W)$, existem para um mesmo eixo (plano de forças) dois raios resistentes, um para cada lado do centro de gravidade (K_{x1} e K_{x2}), determinando os pontos nucleares K_1 e K_2.

Se o plano das forças girar em torno do eixo vertical do maciço, ou considerarmos outros eixos de inércia, para cada posição corresponde naturalmente dois pontos nucleares.

O lugar geométrico desses pontos sobre a seção transversal, determina uma figura geométrica de perímetro fechado denominada *núcleo central de inércia*.

O núcleo central de inércia tem grande importância, pois nos indica imediatamente, pela posição do Centro de Pressão, se o material vai ou não sofrer tração, o que é essencial quando se empregam materiais não resistentes a essa solicitação, como no caso das alvenarias.

Na Tab. 2.1, temos os valores da posição do núcleo central para as seções mais empregadas nos casos práticos.

S . . . . Área da seção transversal
Jx, Jy . . . . . Momentos de inércia em relação aos eixos X e Y, respectivamente.
J0 . . . . Momento de inércia em relação ao eixo 0-0
Z0 . . . . Momento estático em relação ao eixo 0-0
Wx, Wy . . . . Módulo de resistência em relação aos eixos X e Y, respectivamente.
Ky, Kx, Kr . . Raios resistentes.

4) ANÁLISE DA FÓRMULA GERAL DA FLEXÃO COMPOSTA

Deduzimos a fórmula geral da flexão composta, obtendo-se as tensões nos bordos.

TABELA 2.1 - SEÇÕES USUAIS. ELEMENTOS GEOMÉTRICOS

RETANGULAR	CIRCULAR	COROA CIRCULAR

RETANGULAR

$$S = bd \quad J_X = \frac{db^3}{12} \quad w_X = \frac{db^2}{6}$$

$$k_X = \frac{b}{6} \quad J_Y = \frac{bd^3}{12} \quad w_Y = \frac{bd^2}{6}$$

$$k_y = \frac{d}{6} \quad J_O = \frac{db^3}{3} \quad Z_O = \frac{db^2}{2}$$

CIRCULAR

$$S = \pi r^2 = \frac{\pi}{4} D^2$$

$$J = \frac{\pi r^4}{4} = \frac{\pi D^2}{64}$$

$$W = \frac{\pi r^3}{4} = \frac{\pi D^3}{32}$$

$$K = \frac{r}{4} = \frac{D}{8}$$

COROA CIRCULAR

$$S = \pi\left(r_e^2 - r_i^2\right) = \frac{\pi}{4}\left(D_e^2 - D_i^2\right)$$

$$J = \frac{\pi}{4}\left(r_e^4 \cdot r_i^4\right) = \frac{\pi}{64}\left(D_e^4 - D_i^4\right)$$

$$W = \frac{\pi}{4}\left(\frac{r_e^4 - r_i^4}{r_e}\right) = \pi\left(\frac{D_e^4 - D_i^4}{8 D_e}\right)$$

$$K = \frac{r_e^2 + r_i^2}{4 r_e} = \frac{D_e^2 + D_i^2}{8 D_e}$$

S ... Área de seção transversal

J_X , J_Y ... Momentos de inércia em relação aos eixos X e Y, respectivamente

J_O ... Momento de inércia em relação ao eixo O - O

Z_O ... Momento estático em relação ao eixo O - O

W_X , W_Y ... Módulo de resistência em relação aos eixos X e Y

k , k_X , k_y ... Raios resistentes

42 Estruturas em alvenaria e concreto simples

Admitindo-se as seções simétricas em relação aos eixos principais de inércia.

Tensão média ..... $\sigma_m = \dfrac{N}{S}$ ...... No centro de gravidade da seção resistente

Tensão máxima ... $\sigma_1 = \dfrac{N}{S}(1 + \dfrac{e}{K})$ .. No bordo próximo ao C.P.

Tensão mínima ... $\sigma_2 = \dfrac{N}{S}(1 - \dfrac{e}{K})$ .. No bordo mais afastado do C.P.

$$\sigma_2 = \sigma_m(1 - \dfrac{e}{K})$$

Os valores de σ_m, σ_1 e σ_2 variam com a relação e/K chamada *módulo de excentricidade*.

Podemos ter os seguintes casos:

1.º *caso*: e = 0 — *compressão simples*

Neste caso temos uma distribuição uniforme das tensões $\sigma_1 = \sigma_2 = \sigma_m$

$$\sigma_m = \dfrac{N}{S}$$

O centro de pressão coincide com o centro de gravidade da seção.

A linha neutra, obtida pela intersecção das retas $A_1 A_2$ e $A'_1 A'_2$ (Fig. 2.9), estará no infinito, portanto o diagrama de tensões será retangular.

2.º *caso*: e < K — *caso geral da flexão composta* (Fig. 2.10)

Neste caso temos uma distribuição de tensões variável.

O centro de pressão cai dentro do núcleo central de inércia.

A linha neutra estará fora da seção transversal. O diagrama de tensões será trapezoidal; é o caso geral da flexão composta nas estruturas de alvenaria.

3.º *caso*: e = K — *flexão composta* (Fig. 2.11)

Neste caso temos o centro de pressão coincindindo com um dos pontos nucleares.

A distribuição das tensões variável de $\sigma_2 = 0$, até o máximo

$$\sigma_1 = \dfrac{2N}{S} = 2\sigma_m$$

A linha neutra será tangente ao bordo da seção transversal.

O diagrama de tensões será triangular.

4.º *caso*: e = > K — *flexão composta com tração* (Fig. 2.12a)

Neste caso o centro de pressão cai fora do núcleo central de inércia. A distribuição das tensões será variável, sendo a máxima de compressão σ_1 e a mínima de tração σ_2 (-).

A linha neutra cortará a seção transversal.

O diagrama das tensões será constituído de dois triângulos.

Observação: Os casos 2.º, 3.º e 4.º, quando temos apenas forças verticais, chama-se *solicitação de compressão excêntrica*.

Estabilidade

Conclusão

a) Seja qual for a solicitação de carga, as tensões de bordo, podem sempre ser verificadas com o auxilio da fórmula geral da flexão composta.

$$\sigma_{1,2} = \sigma_m \left(1 \pm \frac{e}{K_{1,2}}\right)$$

$$\sigma_m = \frac{N}{S}$$

Seção simétrica $K_1 = K_2 = K = \dfrac{W}{S}$

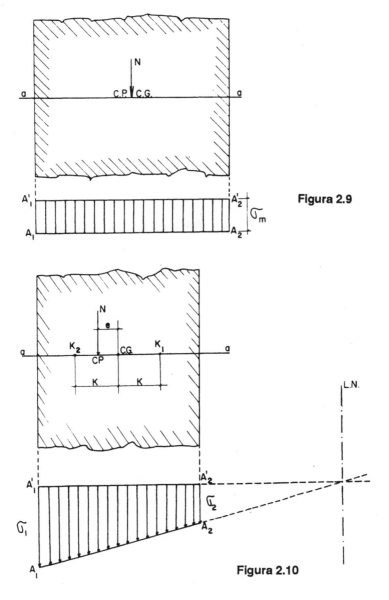

Figura 2.9

Figura 2.10

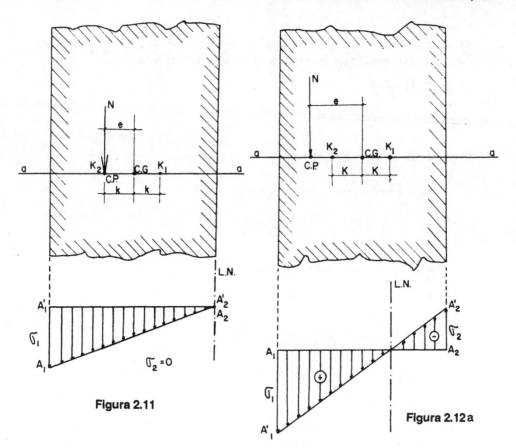

Figura 2.11

Figura 2.12a

Quando $e = 0$ $\sigma_1 = \sigma_2 = \sigma_m$ ... compressão simples, portanto pode ser entendido como um caso particular da flexão composta.

b) Sempre que o centro de pressão se deslocar no perímetro do núcleo central de inércia, a linha neutra respectiva se deslocará nos limites da seção transversal como envoltória desta (3.º caso).

Esta propriedade todavia não se aplica às reentrâncias da figura geométrica.

2.3 — DETERMINAÇÃO DAS TENSÕES EXCLUINDO TRAÇÃO

Vimos, no 4.º caso da análise da formula geral da flexão composta, o aparecimento de tensões de tração. A alvenaria, como já é de conhecimento, não pode suportar essa classe de solicitação, pois tais solicitações provocam o aparecimento de trincas, embora, desde que tais esforços de tração sejam pequenos e de ação temporária, possam ser tolerados.

Contudo, desde que haja esforços de tração, essa tolerância deve ser assegurada, sendo para tal necessária a verificação.

Quando for esgotada a pouca resistência de tração, a alvenaria trinca-se.

A trinca irá provocar uma diminuição da largura resistente da junta $b_0 < b$, e conseqüentemente uma redução de área da seção transversal.

Estabilidade

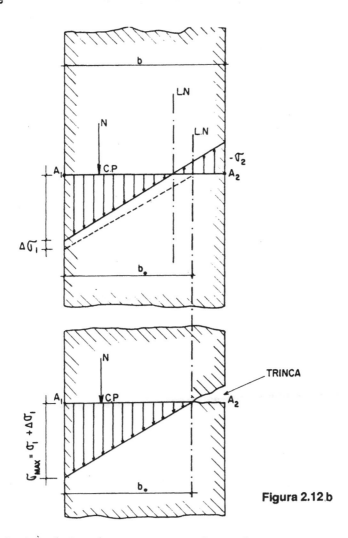

Figura 2.12.b

A diminuição da área da seção transversal se traduz num momento de tensão $\Delta\sigma_1$, no bordo comprimido A_1.

Deve ser verificado se esse aumento de tensão $\Delta\sigma_1$ não irá provocar esmagamento na respectiva seção comprimida.

Como se observa pela Fig. 2.12, o aumento de tensão provoca uma mudança da posição da linha neutra; portanto, para se calcular $\sigma_{max} = \sigma_1 + \Delta\sigma_1$, tensão máxima, deve-se conhecer a nova posição da mesma.

O conhecimento da tensão σ_{max} torna-se necessário, para nos certificarmos se no bordo comprido não foi ultrapassada a tensão admissível à compressão $\overline{\sigma}_c$ portanto, a condição fundamental será: $\sigma_{max} \leq \overline{\sigma}_c$.

Verificada a condição acima, nos asseguramos se a trinca que provoca a redução da área resistente também chega a comprometer a estabilidade, no tocante ao equilíbrio elástico.

46 Estruturas em alvenaria e concreto simples

Nada influi o aparecimento de uma trinca numa estrutura de alvenaria, desde que a mesma não apresente evolução após longo período de observação e quando nos convencermos que houve acomodação e redistribuição dos esforços, pois existem inúmeras obras ciclópicas trincadas há vários séculos.

As mesmas considerações feitas para as juntas de argamassa dos maciços de alvenaria são válidas para a junta do terreno de fundação.

2.3.1 — Determinação da nova posição da linha neutra

Admitimos um maciço cuja seção transversal seja qualquer e que tenha pelo menos um eixo de simetria X-X, o qual coincide com o plano das forças.

Para demonstração vamos supor já conhecida a nova posição da linha neutra.

Suponhamos, também, que o deslocamento da nova posição da linha neutra seja baseado na condição de que o centro de pressão (C.P.) coincida com a linha de ação da resultante das tensões, ou em outros termos, que na zona comprimida sejam satisfeitas as equações de equilíbrio elástico.

Seja:

b_0 ... o que representa a largura da seção comprimida; o restante será considerada inoperante.

v_0 ... a distância do centro de pressão (C.P.) à linha neutra (L.N.), portanto, define a nova posição.

Para haver equilíbrio entre as cargas e tensões, devemos ter satisfeitas as equações em torno da L.N.

$$\Sigma N = 0$$
$$\Sigma M = 0$$

Sendo $N = \int \sigma\, d S$

$$\Sigma N = N - \int \sigma\, d S = 0$$
$$\Sigma M = N v_0 - \int \sigma\, v\, d S = 0$$

Fazendo $\sigma = m\, v$

As tensões são proporcionais às distancias à linha neutra (variação das tensões linear).

Substituindo-se

$$N - m \int v\, d S = 0$$
$$N v_0 = m \int v^2\, d S = 0$$

Lembramos que a expressão $\int v\, d S$ representa momento estático em relação a L.N.

Da mesma forma $\int v^2\, d S$ representa o momento de inércia da área comprimida em relação a L.N.

Fazendo $\int v\, d S = Z_0$
$$\int v^2\, d S = J_0$$

$$N - m Z_0 = 0 \quad \therefore \quad m = \frac{N}{Z_0} \qquad\qquad N v_0 - m J_0 = 0 \quad \therefore \quad m = \frac{N v_0}{J_0}$$

Estabilidade

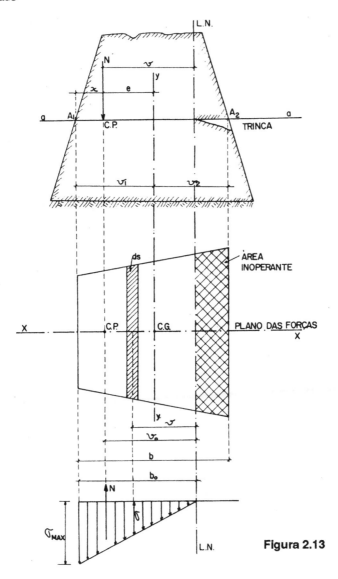

Figura 2.13

Igualando-se os valores de m

$$\frac{N}{Z_0} = \frac{N v_0}{J_0}$$

$$v_0 = \frac{J_0}{Z_0}$$

Fórmula geral da nova posição da linha neutra, para o caso de materiais não resistentes a esforços de tração:

$$v_0 = \frac{\text{momento de inércia da seção comprimida em relação a L.N.}}{\text{momento estático da seção comprimida em relação a L.N.}}$$

Estruturas em alvenaria e concreto simples

Concluímos que a nova posição da linha neutra será obtida, marcando-se à partir do C.P. o valor v_0

Para marcarmos v_0, devemos conhecer J_0 e Z_0, que são incógnitas, pois dependem da posição da L.N., que é justamente o que investigamos.

Como vemos, o problema só poderá ser resolvido por tentativas no caso geral.

Somente será possível a solução a priori nas seções quadradas ou retangulares, que apresentam a dimensão normal ao plano das forças de valor constante.

Existem tabelas para o caso das seções circular e coroa circular em vários manuais (8).

O caso geral de uma seção qualquer pode ser resolvido graficamente por tentativas (3).

2.3.2 — Tensão máxima excluindo tração para a seção quadrada ou retangular

Na determinação da nova posição da linha neutra, chegamos a uma expressão indeterminada, $v_0 = \dfrac{J_0}{Z_0}$.

No caso particular da seção quadrada ou retangular, isto é, com uma profundidade constante, estabeleceremos os valores de J_0 e Z_0.

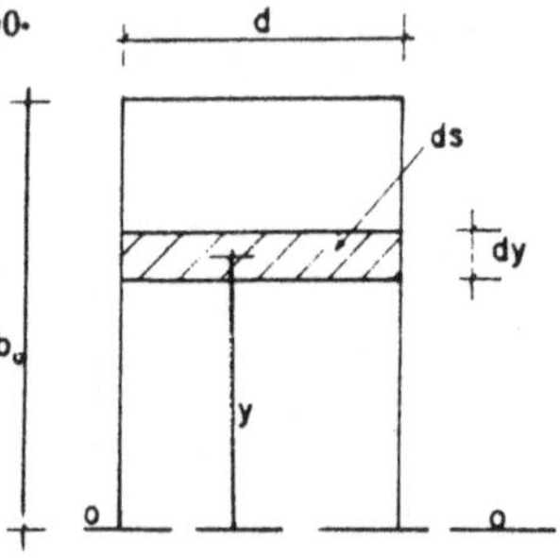

Momento de inércia em relação ao eixo 0 - 0-

$$J_0 = \int_0^{b_0} Y^2 dS$$

$$dS = d \cdot dY$$

$$J_0 = \int_0^{b_0} dY^2\, dY = d\int_0^{b} Y^2\, dY = d\left[\frac{x^3}{3}\right]_0^{b_0} = \frac{d\,b^3}{3}$$

Momento estático em relação ao eixo 0 - 0

$$Z_0 = \int_0^{b_0} Y dS = \int_0^{b_0} Y d\, dY = d\int_0^{b_0} Y\, dY = d\left[\frac{Y^2}{2}\right] = \frac{d\,b^2}{2}$$

$$v_0 = \frac{J_0}{Z_0} \qquad \frac{d\,b_0^3}{3} \qquad v_0 = \frac{3}{\dfrac{d\,b_0^2}{2}} = \frac{2}{3}\,b_0 \qquad b_0 = Z + v_0 \qquad Z = \frac{M_{A1}}{N}$$

Figura 2.14

$$b_0 = Z + \frac{2}{3}\,b_0 \qquad 3\,b_0 = 3\,Z + 2\,b_0 \qquad b_0 = 3\,Z \qquad \sigma_{máx} = \frac{N}{Z} \cdot b_0$$

$$\sigma_{máx} = \frac{N}{d\,b_0^2} \times b_0 = \frac{2\,N}{d\,b_0} \qquad\qquad \text{Subst. } b_0 \quad \sigma_{máx} = \frac{2\,N}{3\,Z d}$$

Sendo $d\,b_0$ ... a área de seção comprimida, temos:

$\sigma_{máx} = \dfrac{2\,N}{S_0}$, essa expressão significa que o C.P. fica no limite do núcleo

Estabilidade

central da nova seção comprimida, devendo satisfazer a condição elástica, $\sigma_{máx} \leq \sigma_c$, sendo σ_c ... tensão admissível à compressão da alvenaria.

2.3.3 — Seção circular

Fórmula de Newman ou Tab. 2.2

Tensão máxima: $\sigma_{máx} \approx (0{,}372 + 0{,}056 \frac{Z}{r}) \frac{N}{Z\sqrt{rZ}}$

Largura da seção comprimida $b_0 = Z [\, 2{,}33 + 0{,}58 \left(\frac{Z}{r}\right)^2 \,]$

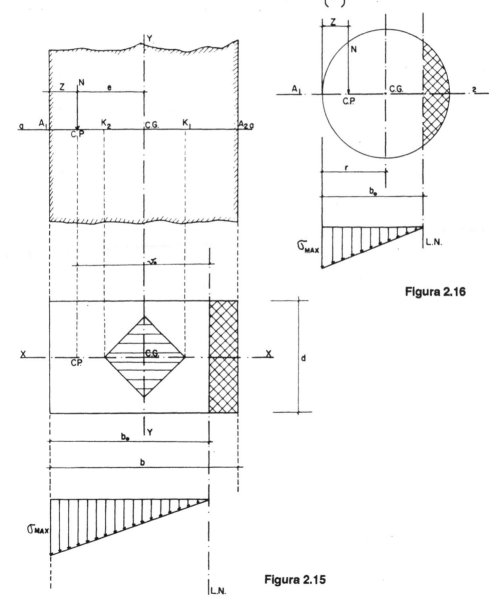

Figura 2.16

Figura 2.15

TABELA 2.2 - VALORES DOS COEFICIENTES PARA COROA CIRCULAR EXCLUINDO TRAÇÃO

$\dfrac{e}{r_e}$	RELAÇÕES ri/re													
	0,0		0,5		0,6		0,7		0,8		0,9		1,0	
	φ	λ	φ	λ	φ	λ	φ	λ	φ	λ	φ	λ	φ	λ
0,00	1,00		1,00		1,00		1,00		1,00		1,00		1,00	
0,05	1,20		1,16		1,15		1,13		1,12		1,11		1,10	
0,10	1,40		1,32		1,29		1,27		1,24		1,22		1,20	
0,15	1,60		1,48		1,44		1,40		1,37		1,33		1,30	
0,20	1,80		1,64		1,59		1,54		1,49		1,44		1,40	
0,25	2,00	2,00	1,80		1,73		1,67		1,61		1,55		1,50	
0,30	2,23	1,82	1,96		1,88		1,81		1,73		1,66		1,60	
0,35	2,48	1,66	2,12	1,89	2,04	1,98	1,94		1,85		1,77		1,70	
0,40	2,76	1,51	2,29	1,75	2,20	1,84	2,07	1,93	1,98		1,88		1,80	
0,45	3,11	1,37	2,51	1,61	2,39	1,71	2,23	1,81	2,10	1,90	1,99		1,90	
0,50	3,55	1,23	2,80	1,46	2,61	1,56	2,42	1,66	2,26	1,78	2,10	1,89	2,00	2,00
0,55	4,15	1,10	3,14	1,29	2,89	1,39	2,67	1,50	2,42	1,62	2,26	1,74	2,17	1,87
0,60	4,96	0,97	3,58	1,12	3,24	1,21	2,92	1,32	2,64	1,45	2,42	1,58	2,26	1,71
0,65	6,00	0,84	4,34	0,94	3,80	1,02	3,30	1,13	2,92	1,25	2,64	1,40	2,42	1,54
0,70	7,48	0,72	5,40	0,75	4,65	0,82	3,86	0,93	3,33	1,05	2,95	1,20	2,64	1,35
0,75	9,93	0,59	7,26	0,60	5,97	0,64	4,81	0,72	3,93	0,85	3,33	0,99	2,89	1,15
0,80	13,87	0,47	10,05	0,47	8,80	0,48	6,53	0,52	4,93	0,61	3,96	0,77	3,27	0,94
0,85	21,08	0,35	15,55	0,35	13,32	0,35	10,43	0,36	7,16	0,42	4,50	0,55	3,77	0,72
0,90	38,25	0,24	30,80	0,24	25,80	0,24	19,85	0,24	14,06	0,25	7,13	0,32	4,71	0,49
0,95	96,10	0,12	72,20	0,12	62,20	0,12	50,20	0,12	34,60	0,12	19,80	0,12	6,72	0,25
1,00	∞		∞		∞		∞		∞		∞		∞	

Estabilidade 51

2.3.4 — Coroa circular

Fórmulas:

$\sigma_{máx} = \varphi \, \sigma_m$

$\sigma_m = \dfrac{N}{S}$

$S = \pi(r_e^2 - r_i^2)$

$b_0 = \lambda \cdot r_e$

para $\dfrac{r_i}{r_e} = 0$ — Seção circular

para $\lambda > 2$ — C.P. cai dentro do núcleo central

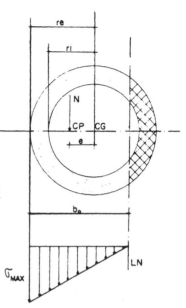

Figura 2.17

2.4 — QUADRO GERAL DAS LEIS DE DISTRIBUIÇÃO DAS TENSÕES

CASOS	CONDIÇÃO	POSIÇÃO DO CENTRO DE PRESSÃO	POSIÇÃO DA L.N.	LEI DE DIST.	TENSÕES MÉDIA σ_m	TENSÕES MÁXIMA σ_1	TENSÕES MÍNIMA σ_2
1.º	$e = 0$	coincide c/ o centro de gravidade	∞	Lei retangular	$\sigma_m = \dfrac{N}{S}$	$\sigma_1 = \sigma_m$	$\sigma_2 = \sigma_m$
2.º	$e < k$	dentro do núcleo central	Fora da seção transv.	Lei trapezoidal	$\sigma_m = \dfrac{N}{S}$	$\sigma_1 = \sigma_m(1+\dfrac{e}{k})$	$\sigma_2 = \sigma_m(1-\dfrac{e}{k})$
3.º	$e = k$	no limite do núcleo central	tangente ao bordo - seção	Lei triangular	$\sigma_m = \dfrac{N}{S}$	$\sigma_1 = 2\sigma_m$	$\sigma_2 = 0$
4.º	$e > k$	fora do núcleo central	secante a seção	Lei dos 2 Δ s / excluindo zona de tração	$\sigma_m = \dfrac{N}{S}$ / $\sigma_{GO} = \dfrac{N}{Z_0} x_0$	$\sigma_1 = \sigma_m(1+\dfrac{e}{k})$ / $\sigma_{máx} = \dfrac{N}{Z_0} b_0$	$\sigma_2 = \sigma_m(1-\dfrac{e}{k})$ / 0

2.5 — CURVA DE PRESSÃO

2.5.1 — Maciços de seção variável (muros de arrimo e barragens por gravidade)

As condições requeridas para a estabilidade estática dos maciços de alvenaria, e que prendem na investigação da posição do centro de pressão não deve sair da superfície da junta (condição estática) e, ainda, como boa condição de equilíbrio deve cair dentro do núcleo central (condição elástica).

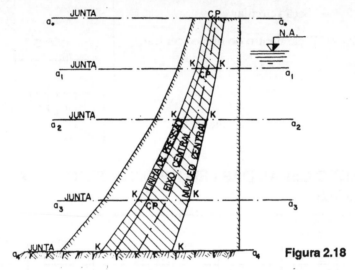

Figura 2.18

Devemos fazer por este motivo a verificação da estabilidade, examinando várias juntas, para se ter uma idéia bem clara da posição do centro de pressão.

Esses pontos (C.P.), uma vez ligados por uma linha contínua, determinam a curva ou linha de pressão. Quanto maior o número de juntas inicialmente escolhidas, tanto mais definida será a curva.

A curva de pressão deve passar pelo núcleo central de inércia das juntas, como condição necessária e suficiente.

2.5.2 — Maciços de seção constante — pilar com carga excêntrica

Pilar com excentricidade "e" no topo.

Em qualquer seção distante "y", a excentricidade e_x tem seu valor, assim calculado:

$N_x = P + G_x$

S = Área da seção transversal

j = Massa específica aparente da alvenaria

y - Distância do topo do pilar até a junta a-a

e, e_x - Excentricidade

$G_x = S \cdot y \cdot j$

Estabilidade

$N_x = P + S \cdot y \cdot j$

Momentos ...

Na seção a-a ... $M_x = N_x \, e_x = (P + S \cdot y \cdot j) \, e_x$

No topo do pilar $M = Pe$

Sendo o momento constante ao longo do pilar, podemos escrever:

$M = M_x$

Substituindo os valores

$Pe = Pe_x + S \cdot y \cdot j \cdot e_x = e_x (P + S \cdot y \cdot j)$

$e_x = \dfrac{P \cdot e}{P + S \cdot y \cdot j}$

Por esta fórmula pode-se determinar o C.P. de várias juntas e, conseqüentemente, traçar a curva de pressão.

Podemos determinar também as tensões nas várias juntas:

$\sigma_{1,2} = \dfrac{N_x}{S} \left(1 \pm \dfrac{e_x}{k}\right)$

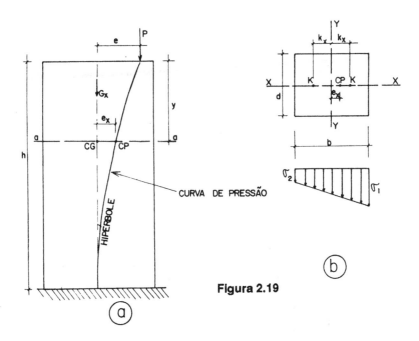

Figura 2.19

2.5.3 — Maciços de eixo curvo — arcos e abóbadas

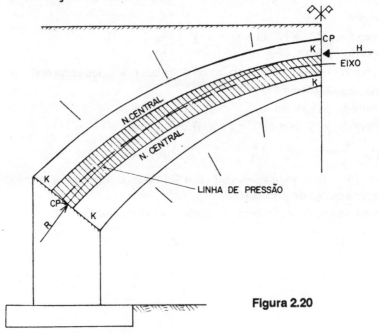

Figura 2.20

2.5.3.1 — *Exemplo - Flexão composta; caso geral*

Verificação da estabilidade de um maciço de alvenaria, pilar central de um pontilhão.

1) DADOS E ESPECIFICAÇÕES

   A) *Dimensões* : De acordo com os desenhos 1 e 2 (Fig.2.21 e 2.22).
   B) *Cargas atuantes* : conforme Fig. 2.22
   a) cargas verticais
   $V_1 = 5$ tf/m $V_2 = 7$ tf/m $V_0 = V_1 + V_2 = 12$ tf/m

As vigas sobre o topo do pilar central distribuem as reações da ponte num carregamento uniforme, desprezando o atrito dos apoios das vigas sobre o topo do pilar.

   b) Carga lateral — reação da mão francesa $Q = 10$ tf/m
   C) *Especificações*
   a) Tensões admissíveis

Alvenaria de pedra argamassada $\overline{\sigma}_c = 5$ MPa (500 tf/m²)

Solo ... (Areia grossa compactada) $\overline{\sigma}_s = 0.5$ MPa (50 tf/m²)
   b) Massa específica aparente da alvenaria ... $\gamma = 2.3$ tf/m³
   c) Coeficiente de atrito

$$\frac{\text{Alvenaria}}{\text{Alvenaria}} = \mu = 0.75 \qquad \frac{\text{Alvenaria}}{\text{Solo arenoso}} = \mu = 0.60$$

Estabilidade

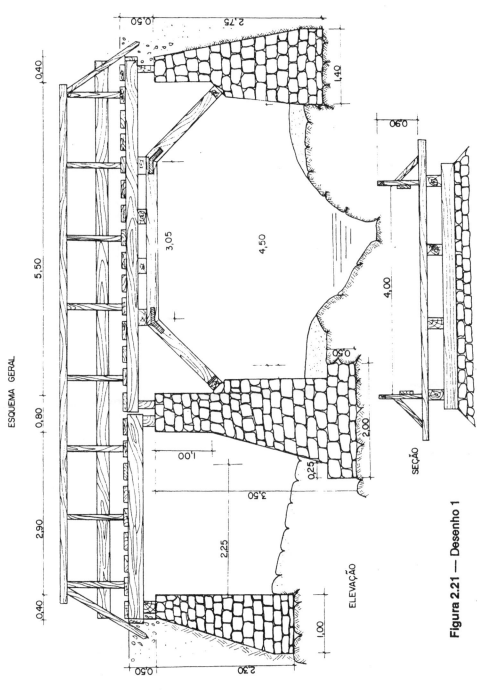

Figura 2.21 — Desenho 1

D) *Coeficientes de segurança - equilíbrio estático*
a) Coeficiente de segurança contra escorregamento ou deslizamento $\varepsilon \geq 1{,}5$
b) Coeficiente de segurança contra rotação ou tombamento $\rho \geq 1{,}5$

Estruturas em alvenaria e concreto simples

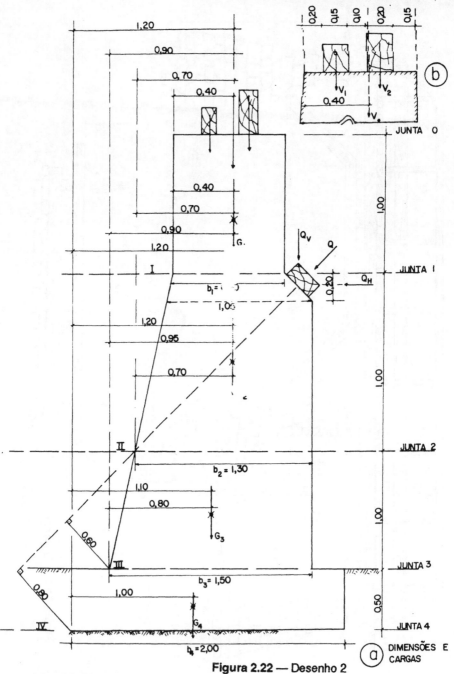

Figura 2.22 — Desenho 2

Cálculos preliminares
1) *Cargas parciais*
   a) Peso dos blocos
   G1 + 0,80 x 1,00 x 2,3 =   = 1,84 tf/m

Estabilidade

$$G2 = \left(\frac{1{,}5 + 0{,}80}{2}\right) \times 0{,}20 + \left(\frac{1{,}05 + 1{,}30}{2}\right) \times 0{,}80 \times 2{,}3 = 2{,}59 \text{tf}$$

$$G3 = \left(\frac{1{,}30 + 1{,}50}{2}\right) \times 1{,}00 \times 2{,}3 = \qquad\qquad = 3{,}22 \text{ tf}$$

$$G4 = 0{,}50 \times 2{,}00 \times 2{,}3 = \qquad\qquad = 2{,}30 \text{ tf}$$

b) Cargas verticais
$G_0 = 12$ tf
$Q_v = Q$ sen $45° = 10 \times 0{,}707 = 7{,}07$ tf
$Q = 10$ tf

c) Carga horizontal
$Q_H = Q \cos 45° = 10 \times 0{,}707 = 7{,}07$
$T = Q_H = 7{,}1$ tf

2) *Braços de alavanca*
Estão indicados na figura

3) *Momentos parciais*
Junta 1: Momento em torno do ponto I
$M_1 = V_0 \times 0{,}40 + G_1 \times 0{,}40 = 12{,}0 \times 0{,}40 + 1{,}84 \times 0{,}40 = 5{,}54$ tf
Junta 2: Momento em torno do ponto II
$M_2 = V_0 \times 0{,}70 + G_1 \times 0{,}43 - Q \times 0{,}03 + G_2 \times 0{,}43$
$M_2 = 12{,}0 \times 0{,}48 + 1{,}84 \times 0{,}48 - 10 \times 0{,}00 + 2{,}59 \times 0{,}70 = 8{,}46$

Junta 3: Momento em torno do ponto III
$M_3 = V_0 \times 0{,}90 + G_1 \times 0{,}90 - Q \times 0{,}60 + G_2 \times 0{,}95 + G_3 \times 0{,}80$
$M_3 = 12 \times 0{,}90 + 1{,}84 \times 0{,}90 - 10 \times 0{,}60 + 2{,}59 \times 0{,}95 + 3{,}22 \times 0{,}80$
$M_3 = 11{,}49$ tfm

Junta 4: Momento em torno do ponto IV
$M_4 = V_0 \times 1{,}20 + G_1 \times 1{,}20 - Q \times 0{,}80 + G_2 \times 1{,}20 + G_3 \times 1{,}10 + G_4 \times 1{,}00$
$M_4 = 12 \times 1{,}20 + 1{,}84 \times 1{,}20 - 10 \times 0{,}80 + 2{,}59 \times 1{,}20 + 3{,}22 \times 1{,}10 + 2{,}30 \times 1{,}00$
$M_4 = 15{,}26$ tfm

4) Cálculo das cargas normais
Junta 1: $N_1 = V_0 + G_1 = 13,84$ tf/m
Junta 2: $N_2 = N_1 + G_2 = 16,43$ tf/m
Junta 3: $N_3 = N_2 + G_3 = 19,65$ tf/m
Junta 4: $N_4 = N_3 + G_4 = 21,95$ tf/m

5) Centro de pressão

$$Z = \frac{M}{N}$$

Junta 1: $Z_1 = \dfrac{M_1}{N_1} = \dfrac{5,54}{13,84} = 0,40$

Junta 2: $Z_2 = \dfrac{M_2}{N_2} = \dfrac{8,46}{16,43} = 0,51$

Junta 3: $Z_3 = \dfrac{M_3}{N_3} = \dfrac{11,49}{19,65} = 0,58$

Junta 4: $Z_4 = \dfrac{M_4}{N_4} = \dfrac{15,26}{21,95} = 0,69$

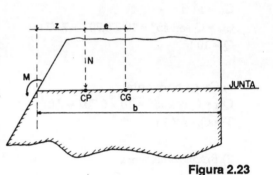

Figura 2.23

6) Excentricidades $e = \dfrac{b}{2} - Z$

Junta 1: $e_1 = \dfrac{b_1}{2} - Z_1 = 0,40 - 0,40 = 0$

Junta 2: $e_2 = \dfrac{b_2}{2} - Z_2 = 0,65 - 0,51 = 0,14$ m

Junta 3: $e_3 = \dfrac{b_3}{2} - Z_3 = 0,75 - 0,58 = 0,17$ m

Junta 4: $e_4 = \dfrac{b_4}{2} - Z_4 = 1,00 - 0,69 = 0,31$ m

VERIFICAÇÃO DA ESTABILIDADE
1) *Equilíbrio estático*
A) *Coeficiente de segurança contra escorregamento*:

Fórmula: $\varepsilon = \mu \dfrac{N}{T} \geq 1,5$

ε = Coeficiente de segurança
N = Força normal
T = Força horizontal
μ = Coeficiente de atrito

Estabilidade

$$\text{Junta } 1: \varepsilon_1 = 0.75 \frac{N_1}{T} = 0.75 \times \frac{13.84}{0} = \infty$$

$$\text{Junta } 2: \varepsilon_2 = 0.75 \frac{N_2}{T} = 0.75 \times \frac{16.43}{7.1} = 1.7 > 1.5$$

$$\text{Junta } 3: \varepsilon_3 = 0.75 \frac{N_3}{T} = 0.75 \times \frac{19.65}{7.1} = 2.0 > 1.5$$

$$\text{Junta } 4: \varepsilon_4 = 0.60 \frac{N_4}{T} = 0.60 \times \frac{21.95}{7.1} = 1.8 > 1.5$$

Conclusão - Não há perigo de escorregamento $\varepsilon > 1.5$

B) *Coeficiente de segurança contra rotação*

Fórmula: $\rho = \dfrac{Mi}{Me} \geq 1.5$

Mi ... Momento das forças cujas linhas de ação cortam a junta (momento contra rotação)

Me ... Momento das forças cujas linhas de ação passam fora da junta (momento que favorece a rotação)

ρ ... Coeficiente de segurança contra rotação

$$\text{Junta } 1: \rho_1 = \frac{Mi}{Me} > 1.5$$

Não há perigo de rotação, pois Q, a força que tende a rodar o trecho do maciço, não atua sobre a JUNTA 1, portanto Me = 0.

Nesta condições $\rho_1 = \infty$

$$\text{Junta } 2: \rho_2 = \frac{Mi}{Me} \text{ Não há rotação em torno do ponto I, visto que}$$

Me = 0, nestas condições $\rho_2 = \infty$

$$\text{Junta } 3: \rho_3 = \frac{Mi}{Me} = \frac{(V_0 + G_1)\ 0.90 + G_2 \times 0.95 + G_3 \times 0.80}{Q \times 0.60}$$

$$\rho_3 = \frac{13.84 \times 0.90 + 2.59 \times 0.95 + 3.22 \times 0.80}{10 \times 0.60} = 2.9 > 1.5$$

$$\text{Junta } 4: \rho_4 = \frac{Mi}{Me} = \frac{(V_0 + G_1)1.20 + G_2 \times 1.20 + G_3 \times 1.10 + G_4 \times 1.00}{Q \times 0.80}$$

$$\rho_4 = \frac{13.84 \times 1.20 + 2.50 \times 1.20 + 3.22 \times 1.10 + 2.3 \times 1.00}{10 \times 0.80}$$

$\rho_4 = 3.1 > 1.5$

Conclusão : não há perigo de rotação. O maciço é estaticamente estável.

2) Equilíbrio elástico

A) Tensões solicitantes
Fórmulas:

Tensão máxima $\sigma_1 = \dfrac{N}{S}(1 + \dfrac{e}{k}) \leq \overline{\sigma}_c$

Tensão mínima $\sigma_2 = \dfrac{N}{S}(1 - \dfrac{e}{k}) > 0$

$\sigma_1 < \overline{\sigma}_A$ A tensão máxima não deve ultrapassar o valor da tensão admissível à compressão.

$\sigma_2 > 0$ Ausência de tensão de tração
Para seção retangular: $k = \dfrac{b}{6}$

$\dfrac{e}{k} = \dfrac{6e}{b}$

$S = bd$
$d = 1,00$ m
$S = b$

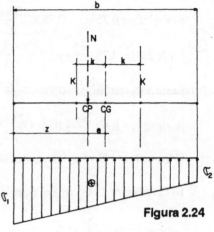

Figura 2.24

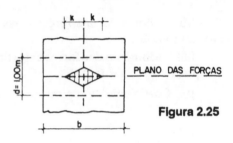

PLANO DAS FORÇAS

Figura 2.25

B) Cálculos auxiliares

JUNTAS	LARGURA b (m)	EXCENTR. e (m)	$\dfrac{6e}{b}$	CARGA NORMAL N (tf)	$\dfrac{N}{S}$ tf/m²
1	0,80	0	0	13,84	17,3
2	1,30	0,14	0,65	16,43	12,6
3	1,50	0,17	0,70	19,65	13,1
4	2,00	0,31	0,93	21,95	11,0

C) Tensões — $\overline{\sigma}_c = 50$ kgf/cm² $= 500$ tf/m² - Alvenaria de pedra

Junta 1: $\sigma_1 = \sigma_2 = \dfrac{N}{S} \leq \sigma_c$ $\sigma_1 = \sigma_2 = 17,3$ tf/m² $< \overline{\sigma}_c$

Junta 2: $\sigma_1 = \dfrac{N}{S}(1 + \dfrac{6e}{b}) = 12,6 (1 + 0,65) = 21$ tf/m² $< \overline{\sigma}_c$

$\sigma_2 = \dfrac{N}{S}(1 - \dfrac{6e}{b}) = 12,6 (1 - 0,65) = 4,4$ tf/m² > 0

Junta 3: $\sigma_1 = \dfrac{N}{S}(1 + \dfrac{6e}{b}) = 13,1 (1 + 0,70) = 22$ tf/m² $< \overline{\sigma}_c$

$\sigma_2 = \dfrac{N}{S}(1 - \dfrac{6e}{b}) = 13,1 (1 - 0,70) = 4,0$ tf/m² > 0

Junta 4: $\sigma_1 = \dfrac{N}{S}(1 + \dfrac{6e}{b}) = 21{,}2\,(1 + 0{,}93) = 21{,}2\ \text{tf/m}^2 < \overline{\sigma}_s$

$\overline{\sigma}_s = 30\ \text{tf/m}^2 \qquad \sigma_2 = \dfrac{N}{S}(1 - \dfrac{6e}{b}) = 10\,(1 - 0{,}93) = 0{,}8\ \text{tf/m}^2 > 0$

D) *Conclusão*

As tensões solicitantes não ultrapassam os valores admissíveis.
Temos ausência de tensões de tração.

E) *Linha de pressão*

Ligando os vários C.P. (Centros de Pressão) das juntas, obtemos uma linha ou curva contínua.

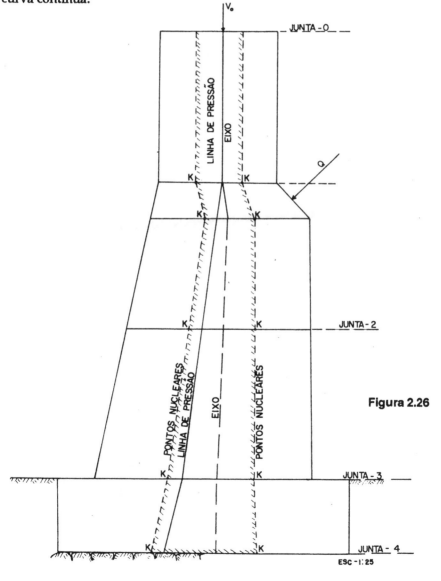

Figura 2.26

Como condição de segurança, no que tange a estabilidade, é desejável que o lugar geométrico dos centros de pressão (C.P.) fique localizado dentro do núcleo central de inércia (terço médio da seção retangular ou quadrada).

F) *Flexão oblíqua ou flexão composta com dupla excentricidade*

Até o presente estudo dos diagramas das tensões, consideramos o plano das forças atuando em coincidência com um dos eixos de simetria da seção transversal.

Vejamos a seguir o caso do diagrama das tensões, com a resultante aplicada em qualquer ponto

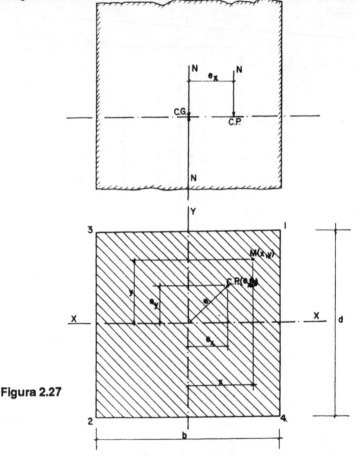

Figura 2.27

Seja a seção transversal, solicitada pela carga N, situada a uma distância e_x do eixo y-y, e_y do eixo x-x, tendo-se desta forma dupla excentricidade.

Sem alterar o equilíbrio, podemos introduzir no centro de gravidade da seção duas cargas N, de igual intensidade e de sentidos opostos. Teremos assim um binário Ne, e uma força axial de compressão N.

Num ponto qualquer "M" da seção de coordenadas tem-se as seguintes solicitações: $\sigma_n = \dfrac{N}{S}$ ... devido à força axial $S = db$

Estabilidade

O momento Ne pode ser decomposto em dois outros momentos:

Ne = Ne$_x$ + Ne$_y$

O momento Ne$_x$ provoca rotação em relação ao eixo Y-Y, ocasionando a tensão de flexão no ponto M.

$\sigma_x = Ne_x \dfrac{x}{J_y}$

O momento Ne$_y$ provoca rotação em torno do eixo X-X, ocasionando flexão no ponto M e conseqüentemente a tensão.

$\sigma_y = Ne_y \dfrac{y}{J_x}$

Aplicando o princípio da superposição dos efeitos, temos:

$\sigma_M = \sigma_N + \sigma_x + \sigma_y$

Substituindo-se pelos valores

$\sigma_M = \dfrac{N}{S} + \dfrac{N_{ex}}{J_y} \cdot x + \dfrac{N_{ey}}{J_x} \cdot y \ ...\ (1)$

Sendo $J_y = S i_y^2$ e $J_x = S i_x^2$ vem:

$\sigma_M = \dfrac{N}{S} + \dfrac{N_{ex}}{S i_y^2} \cdot x + \dfrac{N_{ey}}{S i_x^2} \cdot y \ ...\ (2)$

Num ponto qualquer da linha neutra $\sigma_M = 0$

Portanto:

$\dfrac{N}{s}[1 + \dfrac{e_x}{i_y^2} x + \dfrac{e_y}{i_x^2} \cdot y] = 0$

Como $\dfrac{N}{S}$ não pode ser nulo

$1 + \dfrac{e_x}{i_y^2} \cdot x + \dfrac{e_y}{i_x^2} y = 0 \ ...\ (3)$

A equação 3 representa a equação do eixo neutro. Conhecida a seção geométrica, temos os valores de i$_x$, i$_y$ de imediato, assim como e$_x$, e$_y$.

a) Posição da linha neutra

Fazendo-se x = 0 na (3) vem:

$1 + \dfrac{e_y}{i_x^2} y = 0 \qquad y = -\dfrac{i_x^2}{e_y} \ ...\ (4)$

Fazendo-se y = 0 na (3) vem:

$x = -\dfrac{i_y^2}{e_x} \ ...\ (5)$

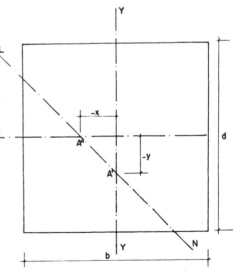

Figura 2.28

b) Tensões solicitantes nos bordos

Os valores máximos e mínimos das tensões dependem da variação de ponto M (x,y). Pela Fig. 2.27.

No bordo 1 $\begin{cases} x = \dfrac{b}{2} \\ y = \dfrac{d}{2} \end{cases}$ $\sigma_1 = \dfrac{N}{S}(1 + \dfrac{e_x b}{2\,i_y^2} + \dfrac{e_y d}{2\,i_x^2})$

No bordo 2 $\begin{cases} x = -\dfrac{b}{2} \\ d = -\dfrac{d}{2} \end{cases}$ $\sigma_2 = \dfrac{N}{S}(1 - \dfrac{e_x b}{2\,i_y^2} - \dfrac{e_y d}{2\,i_x^2})$

No bordo 3 $\begin{cases} x = -\dfrac{b}{2} \\ y = \dfrac{d}{2} \end{cases}$ $\sigma_3 = \dfrac{N}{S}(1 - \dfrac{e_x b}{2\,i_y^2} + \dfrac{e_y d}{2\,i_x^2})$

No bordo 4 $\begin{cases} x = \dfrac{b}{2} \\ y = -\dfrac{d}{2} \end{cases}$ $\sigma_4 = \dfrac{N}{S}(1 + \dfrac{e_x b}{2\,i_y^2} - \dfrac{e_y d}{2\,i_x^2})$

Solução gráfica — Fixada à posição da linha neutra:

1) Marca-se uma reta que passe pelos pontos G e CP.

2) A partir de G, marca-se em escala o segmento GS, paralelo à L.N.

$GS = \sigma_N = \dfrac{N}{S}$

3) Ligando-se o ponto S ao ponto D, temos o diagrama das tensões.

4) Para conhecer $\sigma_1, \sigma_2, \sigma_3, \sigma_4$, basta tirar paralelas à L. N.

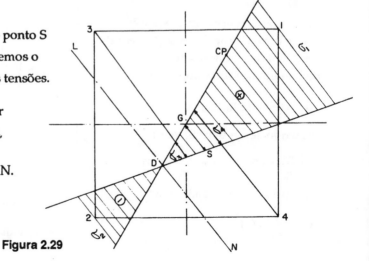

Figura 2.29

Estabilidade

c) Exclusão da zona de tração — Flexão composta com dupla excentricidade

A distribuição das tensões é de fácil determinação, enquanto "N" tiver ponto de aplicação situado sobre o eixo de simetria, portanto para $\frac{b_0}{3} < Z < \frac{2}{3} b_0$, como no caso anterior.

Freqüentemente, acontece que a força N, que atua numa junta de fundação, não cai no eixo de simetria da respectiva seção transversal, por ser resultante normal de forças verticais e deslocada por momentos de engastamento.

Nestes casos, estando a zona inoperante trincada, não haverá mais relação linear entre momentos e tensões, não sendo válido o princípio da superposição dos efeitos. Problemas deste tipo são resolvidos por meio da Tab. 2-5.

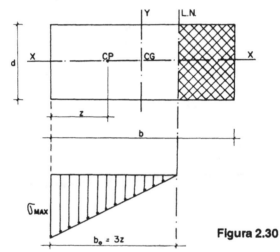

Figura 2.30

2.5.3.2 — Exemplo

Verificar as tensões solicitantes na alvenaria e no solo de apoio do bloco de fundação destinado a suportar um pilar de canto, em alvenaria de tijolos maciços.

1) *DADOS E ESPECIFICAÇÕES*

A) *Esquemas*

Figuras 2-32(a); 2-32(b); 2-32(c); 2-32(d); 2-32(e).

B) *Materiais*

Pilar de alvenaria de tijolos — tensão admissível

. Compressão: $\sigma_A = 5$ daN/cm^2 — massa específica aparente $\gamma = 1{,}6$ tf/m^3

. Bloco de fundação — concreto simples — C-10

($f_{ck} = 10$ MPa) — Massa específica aparente: $\gamma_c = 2{,}3$ tf/m^3

$\sigma_c = 5$ MPa (50 kgf/cm^2)

Solo de fundação — argila muito dura

$\sigma_s = 4{,}5$ daN/cm^2

Estruturas em alvenaria e concreto simples

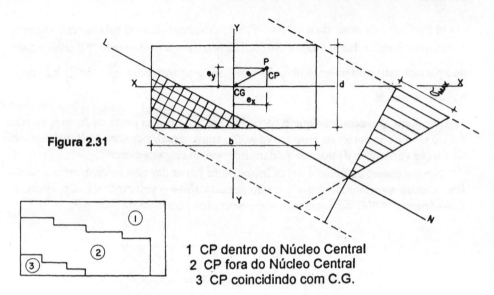

Figura 2.31

1. CP dentro do Núcleo Central
2. CP fora do Núcleo Central
3. CP coincidindo com C.G.

2) *Cargas*

. Peso do pilar sobre o bloco — junta 1 — P = 6 tf
. Peso próprio do bloco: $G = bdh\gamma_c$
$G = 1,00 \times 1,00 \times 0,90 \times 2,3 = 2,07 \sim 2,1$ tf
. *Cargas verticais*
Junta 1: $N_1 = P = 6$ tf
Junta 2: $N_2 = N_1 + G = 8,1$ tf

3) *Centro de pressão*
Junta 1: $e_1 = 0$
Junta 2: $\Sigma M_1 = 0$ $Pa + Gc_1 = N_2c_2$
$c_2 = Pa + Gc1 = 6 \times 0,28 + 2,1 \times 0,71 = 0,39$ m
$e_2 = c_1 - c_2 = 0,71 - 0,39 = 0,32$ m
$e_x = e_y = e_2 \cos 45° = 0,23$ m

4) *Posição da linha neutra:*
Junta 2:

$$y = \frac{iy^2}{e_y}, \quad x = -\frac{ix^2}{e_x} \quad e_x = e_y = 0,23 \text{ m}$$

$$i = \sqrt{\frac{J}{S}}$$

$J_y = \dfrac{db^3}{12}, \quad J_x = \dfrac{db^3}{12}, \quad S = bd \quad b = d$

$$J_x = J_y = J$$
$$i_x = i_y = i$$

$$i = \sqrt{\frac{b^3 d}{12bd}} = b\sqrt{\frac{1}{12}} = 0,29 \, b$$

TABELA 2.5 - TENSÃO MÁXIMA PARA FLEXÃO OBLÍQUA
SEÇÃO RETANGULAR - EXCLUINDO A ÁREA TRACIONADA
VALORES DE φ

$\frac{ey}{d}\downarrow$	0,00	0,02	0,04	0,06	0,08	0,10	0,12	0,14	0,16	0,18	0,20	0,22	0,24	0,26	0,28	0,30	0,32	0,34
0,34	4,17	4,42	4,69	4,98	5,28	5,62	5,97											
0,32	3,70	3,93	4,17	4,43	4,70	4,99	5,31	5,66	6,04	6,46								
0,30	3,33	3,54	3,75	3,98	4,23	4,49	4,78	5,09	5,43	5,81	6,23	6,69						
0,28	3,03	3,22	2,41	3,62	3,84	4,08	4,35	4,63	4,94	5,28	5,66	6,08	6,56					
0,26	2,78	2,95	3,13	3,32	3,52	3,74	3,98	4,24	4,53	4,84	5,19	5,57	6,01	6,51				
0,24	2,56	2,72	2,88	3,06	3,25	3,46	3,68	3,92	4,18	4,47	4,79	5,15	5,55	6,01	6,56			
0,22	2,38	2,53	2,68	2,84	3,02	3,20	3,41	3,64	3,88	4,15	4,44	4,77	5,15	5,57	6,08	6,69		
0,20	2,22	2,36	2,50	2,66	2,82	2,99	3,18	3,39	3,62	3,86	4,14	4,44	4,79	5,19	5,66	6,23		
0,18	2,08	2,21	2,35	2,49	2,64	2,80	2,98	3,17	3,38	3,61	3,86	4,15	4,47	4,84	5,28	5,81	6,46	
0,16	1,96	2,08	2,21	2,34	2,48	2,63	2,80	2,97	3,17	3,38	3,22	3,88	4,18	4,53	4,94	5,43	6,04	
0,14	1,84	1,96	2,08	2,21	2,34	2,48	2,63	2,79	2,97	3,17	3,39	3,64	3,92	4,24	4,63	5,09	5,66	
0,12	1,72	1,84	1,96	2,08	2,21	2,34	2,48	2,63	2,80	2,98	3,18	3,41	3,68	3,98	4,35	4,78	5,31	5,97
0,10	1,60	1,72	1,84	1,96	2,08	2,20	2,34	2,48	2,63	2,80	2,99	3,20	3,46	3,74	4,08	4,49	4,99	5,62
0,08	1,48	1,60	1,72	1,84	1,96	2,08	2,21	2,34	2,48	2,64	2,42	3,02	3,25	3,52	3,84	4,23	4,70	5,28
0,06	1,36	1,48	1,60	1,72	1,84	1,96	2,08	2,21	2,34	2,49	2,66	2,84	3,06	3,32	3,62	3,98	4,43	4,98
0,04	1,24	1,36	1,48	1,60	1,72	1,84	1,96	2,08	2,21	2,35	2,50	2,68	2,88	3,13	3,41	3,75	4,17	4,69
0,02	1,12	1,24	1,36	1,48	1,60	1,72	1,84	1,96	2,08	2,21	2,36	2,53	2,72	2,95	3,22	3,54	3,93	4,42
0,00	1,00	1,12	1,24	1,36	1,48	1,60	1,72	1,84	1,96	2,08	2,22	2,38	2,56	2,78	3,03	3,33	3,70	4,17
$\frac{ex}{b}\rightarrow$	0,00	0,02	0,04	0,06	0,08	0,10	0,12	0,14	0,16	0,18	0,20	0,22	0,24	0,26	0,28	0,30	0,32	0,34

$$e_x = \frac{M_x}{N} \qquad \sigma_{máx} = \varphi\,\frac{N}{S} \qquad e_y = \frac{M_y}{N} \qquad S = b;d$$

$$i_x = i_y = i = 0,29 \times 1,00 \times 0,29 \text{ m}$$

$$e_x = e_y = e = 0,23 \text{ m}$$

$$x = y = -\frac{(0,29)^2}{0,23} = -0,36$$

5) *Tensões*

Junta 1: $\sigma_1 = \dfrac{N1}{S1}$ $\qquad N_1 = 6 \text{ tf}$

$$S_1 = (0,40)^2 = 0,16$$

$$\sigma_1 < \overline{\sigma}_c = 50 \text{ kgf/cm}^2$$

$$\sigma_1 < \overline{\sigma}_A = 5 \text{ kgf/cm}^2 \quad \sigma_1 = \frac{6000}{1600} = 3,75 \text{ kgf/cm}^2$$

$\sigma_1 < \overline{\sigma}_A$ Satisfaz

Junta 2:

Cálculos auxiliares:

$$S = bd = 1m^2$$

$$N = 8,1 \text{ tf}$$

$$\frac{N_2}{S_2} = \frac{N}{S} = 8,1 \text{ tf/m}^2$$

$$\frac{e_x b}{i^2 y^2} = \frac{e_y a}{y^2 x^2} = \frac{0,23 \times 1,00}{(0,29)^2} = 1,4$$

$$\overline{\sigma}_S = 4,5 \text{ kgf/cm}^2 = 45 \text{ tf/m}^2$$

Borda 1 ... $\sigma_1 = \dfrac{N}{S}(1 + \dfrac{eb}{2\,i^2} + \dfrac{ed}{2\,i^2}) = 30,5 \text{ tf/m}^2 < \overline{\sigma}_S$

Borda 2 ... $\sigma_2 = \dfrac{N}{S}(1 - \dfrac{eb}{2\,i^2} - \dfrac{ed}{2\,i^2}) = -15 \text{ tf/m}^2 \text{ (tração)}$

Borda 3 ... $\sigma_3 = \dfrac{N}{S}(1 - \dfrac{eb}{2\,i^2} + \dfrac{ed}{2\,i^2}) = 8,1 \text{ tf/m}^2$

Borda 4 ... $\sigma_4 = \dfrac{N}{S}(1 + \dfrac{eb}{2\,i^2} - \dfrac{ed}{2\,i^2}) = 8,1 \text{ tf/m}^2$

6) *Verificação excluindo zona de tração*

Pela Tab. 2.5 — Interpolando para $\dfrac{e}{d} = \dfrac{e}{b} = 0,23$

$$b = d$$

$$\frac{e}{b} = \frac{e}{d} = 0,23 \qquad \sigma_{máx} = \varphi \frac{N_2}{S_2} \quad \varphi = 5$$

$$e_x = e_y = e$$

$$\frac{N_2}{S_2} = 8,1 \text{ tf/m}^2$$

$$\sigma_{máx} = 5 \times 8,1 = 40,5 \text{ tf/m}^2 < \overline{\sigma}_S = 45 \text{ tf/m}^2 \text{ Satisfaz}$$

Estabilidade

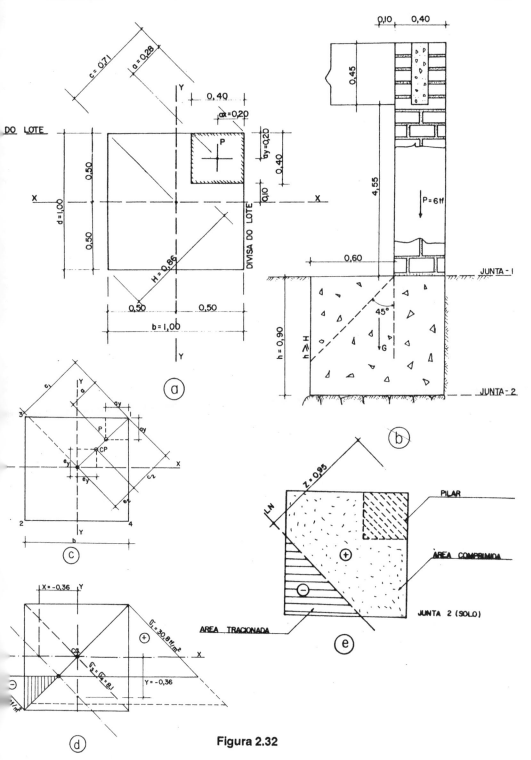

Figura 2.32

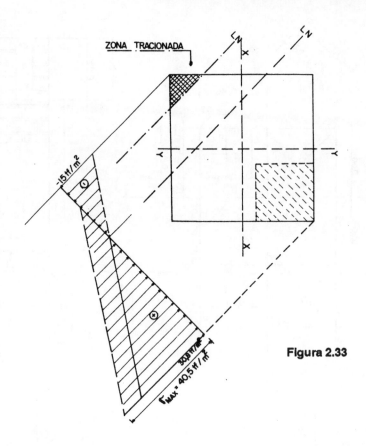

Figura 2.33

COMENTÁRIO

Esta solução de fundação com dupla excentricidade, somente se justifica em casos muito especiais, face ao elevado custo.

Os casos em que somos obrigados a optar por este tipo de projeto, são os seguintes:

1) Por impossibilidade de empregar fundação sobre estacas (no caso, argila muito dura);

2) Por impossibilidade de se empregar uma viga-alavanca de fundação.

3) Por impossibilidade de avançar com a fundação fora da divisa do lote.

Elementos resistentes

3.1 — MUROS, PILARES E COLUNAS

No estudo de elementos construídos em alvenaria solicitados por cargas verticais axiais, portanto a resultante das forças passando pelo baricentro das seções transversais, poder-se-á classificar as peças estruturais em função da esbeltez h/d, segundo a DIN-1053.

Onde h ... Altura do elemento (pé direito) ou distância entre contraventamentos.

d... espessura ou menor dimensão transversal da peça.

1) para $\frac{h}{d} \leq 4$ designa-se o elemento estrutural, classificando-o como "muro" ou "parede" (Fig. 3.1)

2) Para $4 < \frac{h}{d} < 8$ classifica-se como pilar.

3) para $8 < \frac{h}{d} \leq 15$ classifica-se como "coluna" ou "pilar esbelto" (Fig. 3.2)

Geralmente os elementos com $\frac{h}{d} < 4$ são verificados para uma largura unitária (b = 1,00 m) e espessura (d).

As tensões admissíveis neste caso, correspondem aos valores da esbeltez $\frac{h}{d} = 4$ e, respectivamente, tipo de traço e resistência da argamassa.

Os elementos estruturais classificados como pilares ou colunas são verificados pela condição de esbeltez $\frac{h}{d}$ e tipo da argamassa, no que tange à tensão admissível à compressão, objetivando a segurança contra o colapso por flambagem.

A norma DIN 1053 (construções em alvenaria) estabelece as tensões admissíveis nos elementos solicitados à compressão, considerando:

A) tipo de argamassa

B) material pétreo

C) esbeltez (relação $\frac{h}{d}$).

Quanto ao tipo de argamassa, estão especificados 3 grupos condicionados, com a resistência média à compressão, conforme Tab. 3.1.

NOTA — Deve ser lembrado que a ruptura por flambagem do elemento comprimido sem a presença do aço, como nos casos dos pilares de alvenaria de tijolos, é de ação quase que instantânea, sem qualquer aviso prévio através de deformações ou trincas que prenunciam os primeiros sinais de fraqueza. Isto torna praticamente impossível a adoção das devidas providências em tempo.

As tensões admissíveis para as diferentes relações $\frac{h}{d}$ e o tipo de alvenaria (pedra ou tijolos), acham-se fixadas nas Tabs. 3.2 e 3.3.

TENSÕES ADMISSÍVEIS À COMPRESSÃO PARA PILARES
(Tensão máxima no bordo para compressão excêntrica)

$\overline{\sigma}_c \ldots \text{daN}/\text{cm}^2$

Resistência máxima à compressão — $1.200 \text{ daN}/\text{cm}^2$

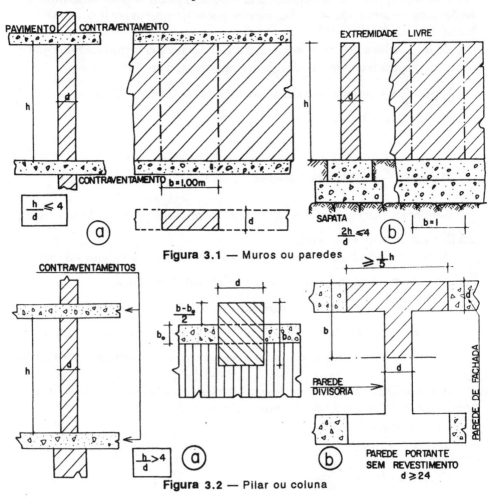

Figura 3.1 — Muros ou paredes

Figura 3.2 — Pilar ou coluna

Elementos resistentes

NOTAS

a) As normas alemãs qualificam os materiais pela resistência dos ensaios de corpos de prova, por exemplo, um tijolo M_Z 250 corresponde à resistência mínima de 250 daN/cm². Um concreto B 160 corresponde a 160 daN/cm² aos 28 dias de idade, medida em corpos prova cúbicos.

b) Tração admissível: Não deve ser levada em conta a resistência à tração no cálculo de estabilidade, a não ser em certos casos com prévia autorização da fiscalização e, mesmo assim, essa tração não deverá ultrapassar a $^1/15$ da tensão admissível à compressão.

TABELA 3.1 - RESISTÊNCIAS À COMPRESSÃO PARA ARGAMASSAS

GRUPO DE ARGAMASSA	TRAÇO			RESISTÊNCIA MÉDIA AOS 28 DIAS - MPa
	CAL	CIM.	AREIA	
I	1	—	3	não exigida
II	2	1	8	$\geq 2,5$
III		1	4	$\geq 10,0$

TABELA 3.2 - PILARES DE TIJOLOS
Alvenaria de tijolos maciços - daN/cm²

ALVENARIA DE TIJOLOS MACIÇOS - daN/cm²								
Alvenaria de tijolos	Resistência máxima à compressão daN/cm²	Argamassa	GRAU DE ESBELTEZ $\frac{h}{d}$					
			4	5	6	8	10	12
Tijolos ordinários de 2.ª classe	100	Cal e areia	7	5	3	1		
Tijolos recozidos (laminados)	250	Cal, cimento e areia	18	13	11	9	8	7
		Cimento e areia 1:4	22	14	12	10	9	8

TABELA 3.3 - ELEMENTOS ESTRUTURAIS EM GRANITO.
Resistência máxima à compressão - 1200 daN/cm²

ALVENARIA DE PEDRA — daN/cm²					
Granito, assente com argamassa de cimento e areia 1 : 3				Granito, assente com argamassa de cimento e areia 1 : 4	
Muros	Abóbadas	Pilares curtos $\frac{h}{d} < 8$	Pilares esbeltos ou colunas $8 < \frac{h}{d} < 14$	Muros, pilares e colunas	
				Pedra aparelhada	Pedra irregular (rachão)
50	40	30	10	30	20

74 Estruturas em alvenaria e concreto simples

Poderá ser feito o cálculo, excluíndo-se a zona de tração.

c) Esforços tangenciais e cortantes: Mesmo no caso de se empregar argamassa de cimento, tais esforços não deverão ultrapassar de 1/10 da tensão à compressão e, no máximo, 2,2 daN/cm^2.

3.1.1 — Comentário

Não se permite grau de esbeltez superior a 15 com carga excêntrica, para elementos portantes. Como é difícil garantir a perfeita centralização das cargas, a partir de $\dfrac{h}{d} \geq 15$, devemos executar os pilares em concreto armado ou alvenaria armada no caso de blocos vazados (blocos tipo concreto estrutural).

Para constatar esta transição entre o concreto simples e armado pode-se analisar a própria NB-1/79, aceitando para $\lambda \leq 40$ a dispensa do cálculo de verificação de flambagem.

Sabemos que o índice de esbeltez máximo para seção retangular é dado pela expressão:

$$\lambda = 3{,}46 \, \frac{h}{d} \qquad h \text{ ... comprimento de flambagem;}$$

$$d \text{ ... menor dimensão da seção do pilar ou parede.}$$

Para $\lambda = 40$

$$\frac{h}{d} = \frac{40}{3{,}46} \sim 12 \text{ como consta da Tab. 3.2}$$

Outras normas como a antiga NB-1/60, consideravam:

Para $\lambda \leq 50$ ...dispensa e verificação da flambagem na peça de concreto armado, porém recomendava o emprego de armaduras mínimas

Fazendo: $\lambda = 30 \quad \dfrac{h}{d} = 8$ pilar curto ($A_{s_{min}} = 0{,}005 \, A_c$)

Fazendo: $\lambda = 50 \quad \dfrac{h}{d} = 14$ obrigatório pilar em concreto armado

$(0{,}0008 \, A_c < A_s < 0{,}06 \, A_c)$

A_s ... Área da seção da armadura longitudinal (cm^2)

A_c ... Área da seção transversal de concreto (cm^2)

Nestas condições, constata-se que somente será permitida a construção de um pilar de alvenaria, desde que o seu índice de esbeltez não seja fator preponderante para a verificação rigorosa da flambagem, apesar da própria DIN-1053 estabelecer prescrições para alvenaria de blocos artificiais, através de um índice de esbeltez equivalente.

No pilar de concreto armado, a finalidade da armação longitudinal é antes de mais nada evitar a flambagem, contando com a colaboração dos estribos, que evitam a flambagem das barras longitudinais e ainda absorvem eventuais tensões de cisalhamento na compressão (plano de 45°).

3.2 — PILARES DE SEÇÃO CONSTANTE

Consideramos um pilar de seção constante ao longo da altura, submetido a

Elementos resistentes

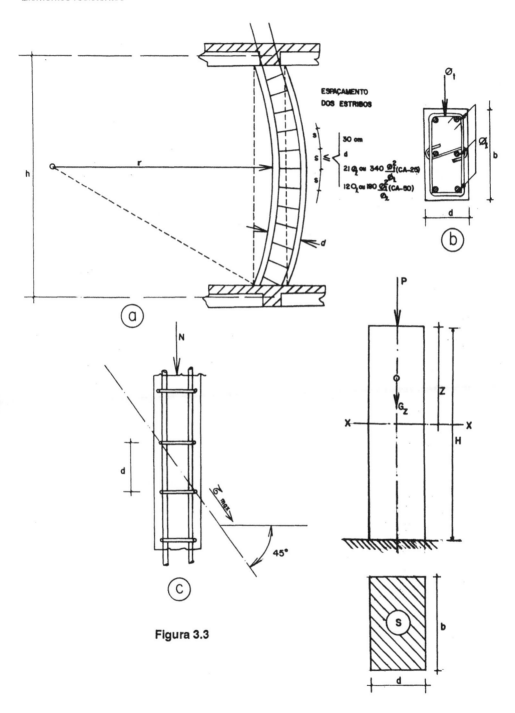

Figura 3.3

Figura 3.4

uma carga centrada, aplicada no topo.

G_z ... Peso próprio do pilar até a seção considerada, distante z a partir do topo.

S = bd ... Área da seção transversal..

O equilíbrio elástico numa seção X-X, a partir do topo, será:

$$\sigma = \frac{N}{S}$$

sendo $N = P + G_z$

Na seção X-X, temos $+ G_z = S\, z\, \gamma$

γ ... massa específica aparente da alvenaria.

Fazendo: $\sigma = \overline{\sigma}_c$ ... sendo $\overline{\sigma}_c$ tensão admissível à compressão, estabelecida de acordo com a relação $\frac{h}{d}$, sendo h = d e o tipo de alvenaria. Estimando de início a menor espessura do pilar.

$$\overline{\sigma}_c = \frac{P + S\, z\, \gamma}{S}$$

Sendo a seção constante para z = H

$$\overline{\sigma}_c = \frac{P + S\, H\, \gamma}{S}$$

$$S = \frac{P}{\overline{\sigma}_c - H\gamma} \quad \text{Como d foi adotado inicialmente,}$$

$$b = \frac{P}{d\,(\overline{\sigma}_c - H\gamma)}$$

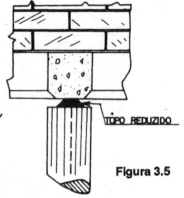

Figura 3.5

Se quiséssemos investigar até que altura a seção seria constante isto é, conhecendo-se P, $\overline{\sigma}_c$, γ, S, determinar H = h, sendo $\sigma = \frac{P}{S}$, temos:

$$H = \frac{\overline{\sigma}_c - \sigma}{\gamma}$$

Esta fórmula é válida apenas como análise acadêmica, pois se $\overline{\sigma}_c - \sigma < 0$, H = 0, para $\overline{\sigma}_c - \sigma > 0$, H será máxima quando o pilar for de seção variável e o carregamento axial.

Para se procurar centrar as cargas no topo do pilar, convém reduzir a seção, evitando-se desta forma a possibilidade de se ter cargas excêntricas.

3.2.1 — Exemplo

Determinar as dimensões de um pilar de tijolos prensados, seção quadrada, submetidos a um carregamento de 30 tf, sendo a altura 3 m. A massa específica aparente do material $\gamma = 1,8\ tf/m^3$. Primeiramente vamos estabelecer a tensão admissível.

Elementos resistentes

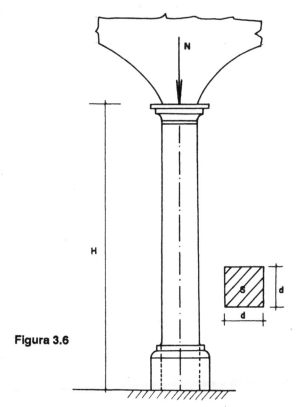

Figura 3.6

1.ª *tentativa*: Alvenaria de tijolos recozidos com 24 MPa de resistência

Para $\dfrac{H}{d} = 8$, temos $\overline{\sigma}_c = 10$ kgf/cm^2

$d = \dfrac{300}{8} = 37,5$ cm ≈ 40 cm

Vamos determinar b — condição b ≥ d pelo cálculo:

$b = \dfrac{P}{d(\overline{\sigma}_c - H\gamma)}$

$H\gamma = 3 \times 1,8 = 5,4$

$(\overline{\sigma}_c - H\gamma) = (100 - 5,4) = 94,6$

$b = \dfrac{30}{37,84} = 0,79$ m ≈ 80 cm

Como a seção deve ser quadrada, devemos ter b = d.

2.ª *tentativa*

$\dfrac{H}{d} = 5 \qquad d = \dfrac{300}{d} = 60$ cm

$\sigma_c = 14$ kgf/cm^2

$(\sigma_c - H\gamma) = (140 - 5,4) = 134,6$ $\qquad b = \dfrac{30}{80,76} = 0,37$ m

Estruturas em alvenaria e concreto simples

$(\overline{\sigma}_c - H\gamma)\,d = 143,6 \times 0,6 = 80,76$

Como a folga da 2.ª tentativa nos parece demasiada, faremos outra:

3.ª *tentativa*

$\dfrac{H}{d} = 6 \qquad d=50\ cm$

$\overline{\sigma}_c = 12\ kgf/cm^2$

$(\overline{\sigma}_c - H\gamma) = (120 - 5,4) = 114,6$ $\qquad b = \dfrac{30}{57,3} = 0,52\ m$

$(\overline{\sigma}_c - H\gamma)\,d = 114,6 \times 0,50 = 57,30$

Verificação da tensão para dimensões 50 x 50 cm

$\overline{\sigma}_c = 12\ kgf/cm^2$

$S = 0,50 \times 0,50 = 0,25\ m^2$

$S \cdot H \cdot \gamma = 0,25 \times 3 \times 1,8 = 1,35\ tf$

$N = P + S \cdot H \cdot \gamma = 30 + 1,35 = 31,35\ tf$

$\sigma = \dfrac{N}{S} \le \sigma_c = 12\ kgf/cm^2$

$\sigma = \dfrac{31.350}{2.500} = 12,6\ kgf/cm^2 \qquad (Aceito)$

Adotamos seção de 50 x 50

O exemplo justifica a vantagem de estimarmos previamente as dimensões e, em seguida, passarmos à verificação.

3.2.2 - Exemplo

Vierendeel |1| cita o caso de dois pilares da Igreja de Todos os Santos em Angers, que são resultados como os mais ousados do mundo. Suportam abóbadas ogivais que dão uma resultante de 31,3 tf; o diâmetro é de 0,30 m e o comprimento é de 7,80 m (altura). Construídos de pedras da região de Saumur, cuja carga de ruptura instantânea é de 437 daN/cm^2 e cujo $\gamma = 2,571\ tf/m^3$.

Vamos verificar o fator de esbeltez e o coeficiente de segurança.

$P = 31,3\ tf;\quad d = 0,30\ m;\quad \gamma = 2,571\ tf/m^3;\qquad H = 7,80\ m$

$S = 0,7854 \times 0,30^2 = 0,0707\ m^2$

$G = S \cdot H \cdot \gamma = 0,0707 \times 7,80 \times 2,571 = 1,42\ tf$

$N = P + G = 31,3 + 1,42 = 32,72\ tf$

Tensão:

$\sigma = \dfrac{N}{S} = \dfrac{32,72}{0,0707} = 463\ tf/m^2 \quad \therefore \qquad \sigma = 46,3\ daN/cm2$

Coeficiente de segurança $= \dfrac{\sigma\,i}{\sigma} = \dfrac{437}{46,3} = 9,5$

Portanto, 9,5 ~ 10: valor aceitável.

Grau de esbeltez:

$$\frac{H}{d} = \frac{780}{30} = 26 \quad \therefore \quad 26 > 15$$

Vamos comparar com o índice de esbeltez das normas de concreto armado.

$$\lambda = \frac{1fl}{i} = \frac{H}{0,25\,d} = \frac{780}{0,25 \times 30} = \frac{780}{7,5} = 104$$

As especificações técnicas de concreto exigem para $40 < \lambda < 80$ majoração de carga, tendo em conta o efeito da flambagem (NB-1/60).

No caso λ atinge praticamente um valor elevado, como recomendado pela maioria das normas, cuja verificação deveria ser pela teoria de 2.ª ordem, e que não se enquadra no caso da alvenaria.

CONCLUSÃO

Justifica-se a estabilidade como obra do acaso, devido à perfeita execução e a centralização da carga no topo.

3.3 — EQUILÍBRIO DE SEÇÕES INCLINADAS

A fórmula $\sigma = \frac{N}{S}$ examinada representa a resistência de uma seção normal ao eixo do pilar. O comportamento de uma seção inclinada no estado simples de tensão é objeto de estudo da Resistência dos Materiais.

Vamos analisar separadamente as resistências que colaboram no equilíbrio de uma seção oblíqua S', que faz um ângulo β com a horizontal.

A carga vertical total sobre a seção S será $R = P + G_Z$.

G_Z ... peso próprio do topo até a seção considerada.

P ... Carga aplicada no topo.

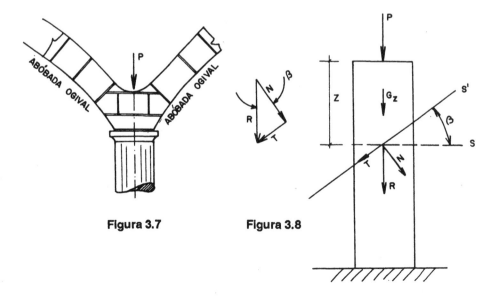

Figura 3.7   Figura 3.8

Decompondo R, em relação a seção oblíqua, temos:

N = R cos β

T = R sen β

N ... provoca compressão em S'

T ... provoca esforço cortante em S'

Vejamos como a componente T poderá ser resistida.

3.3.1 — Equilíbrio pela resistência de atrito

T = μ · N

$$\mu = \frac{T}{N} = \frac{R \operatorname{sen} \beta}{R \cos \beta} = \operatorname{tg} \beta$$

No caso de alvenaria sobre alvenaria μ = 0,70 a 0,75, sendo:

μ = tg φ = 0,70   ∴   φ = 35°

Portanto β = 35°

Vemos pois, que para qualquer plano, cuja inclinação é maior que 35°, não haverá mais equilíbrio se contarmos exclusivamente com a força de atrito.

Devemos pois fazer intervir a coesão para assegurar o equilíbrio.

3.3.2 — Equilíbrio pela resistência a cisalhamento

Condição T = Q   ∴   Q = τ · S'

$$S' = \frac{S}{\cos \beta}$$

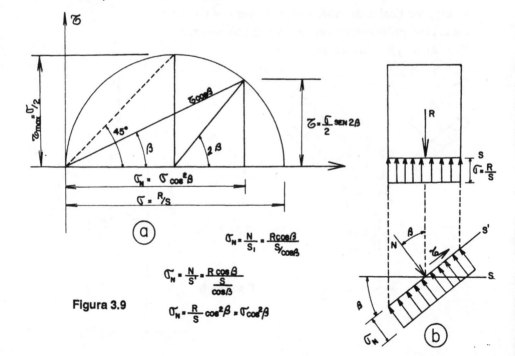

Figura 3.9

Elementos resistentes

$$T = \frac{\tau S}{\cos \beta}$$

$$T = R \operatorname{sen} \beta$$

$$R \operatorname{sen} \beta = \frac{\tau S}{\cos \beta} \qquad \therefore \qquad \tau = \frac{R}{S} \operatorname{sen} \beta \cdot \cos \beta \qquad\qquad \frac{R}{S} = \sigma$$

Multiplicando e dividindo por 2 ... $\tau = \dfrac{2}{2} \sigma \operatorname{sen} \beta \cos \beta$

$$\tau = \frac{\sigma}{2} \operatorname{sen} 2\beta$$

Quando $\beta = 0 \quad \operatorname{sen} 2\beta = 0 \quad \tau = 0$

Quando $\beta = 45° \operatorname{sen} 2\beta = 1 \quad \tau = \dfrac{\sigma}{2} = \tau_{máx}$

Quando $\beta = 90° \operatorname{sen} 2\beta = 0 \quad \tau = 0$

Portanto $\beta = 45°$

ou $\beta = 135°$

$$\tau_{máx} = \frac{\sigma}{2}$$

Representando no círculo de Mohr, temos:

Pelo exposto, concluímos:

1) Para um valor de β até 35°, o atrito somente é suficiente para impedir a ruptura.

2) Para um valor de β de 35° a 45°, a coesão tangencial somente é suficiente para impedir a ruptura.

3.3.3 — Equilíbrio pelas resistências de atrito e cisalhamento (critério de resistência de Coulomb)

Condição $T = Q + \mu \cdot N \quad$ (a)

$$\left. \begin{array}{l} Q = \tau S' \\ S' = \dfrac{S}{\cos \beta} \\ T = R \operatorname{sen} \beta \\ N = R \cos \beta \end{array} \right\} \quad \text{(b)}$$

Substituindo-se (b) em (a) e desenvolvendo, temos:

$$\tau = \frac{\sigma}{2 \cos \varphi} \operatorname{sen} (2\beta - \varphi) - \frac{\sigma}{2} \cdot \mu$$

$$\tau = \frac{\sigma}{2} [\operatorname{sen} \frac{(2\beta - \varphi)}{\cos \varphi} - \operatorname{tg} \varphi]$$

O valor máximo de τ será obtido quando $2\beta - \varphi = 90°$

$$\beta = 45° + \frac{\varphi}{2}$$

Sendo $\varphi = 35°$ $\text{tg } \varphi = 0,7$

$$\beta = 45 + \frac{35°}{2} = 62°30'$$

$$2\beta = 125°$$

$\cos \varphi = \cos 35° = 0,82$ Subst.

$$\tau = \frac{\sigma}{2}[\frac{\text{sen}(125° - 35°)}{\cos 35°} - \text{tg } 35°] = \frac{\sigma}{2}[\frac{1}{0,82} - 0,7]$$

$$\tau = \frac{\sigma}{2}(1,2 - 0,7) = \frac{0,5\,\sigma}{2} \qquad \therefore \qquad \tau_{máx} = \frac{\sigma}{4}$$

No caso onde o cisalhamento e o atrito se ajudam reciprocamente, o plano de escorregamento pode tomar inclinações de 62°30' com a horizontal e a tensão de cisalhamento atinge 1/4 da tensão de compressão normal (plano de ruptura observado nos corpos de prova cilíndricos nos ensaios à compressão de concreto).

Nós achamos que o cisalhamento e o atrito nunca atuam simultaneamente.

Para β até 35°, o atrito impede a coesão de intervir.

Para $\beta > 35°$, a coesão é que governa, e o atrito só volta a intervir quando aquela for vencida, e neste caso, a sua intervenção já não é mais eficaz.

Pelo que se passa, a tensão de ruptura é a da resistência a cisalhamento:

$\tau_{máx} = \frac{\sigma}{2}$; seção perigosa será a de inclinação de 45°.

Temos assim uma maneira indireta, para a determinação da resistência de cisalhamento das alvenarias e pedras, onde a verificação experimental através de ensaios é difícil.

Nas construções de alvenaria, constituídas por elementos travados de forma a não termos juntas verticais ou inclinadas não sobrepostas, a resistência a cisalhamento é satisfatória.

Nos pilares de concreto simples, ou nas barragens, a ruptura poderia ocorrer se, por uma infeliz coincidência, tivermos o plano de cisalhamento coincidindo com o plano onde os pedregulhos (seixos rolados) estão mais ou menos alinhados, formando assim um plano de menor resistência, sendo uma das razões que obriga a NB-1 a estabelecer, nas disposições construtivas os espaçamentos para estribos.

3.4 — PILARES DE SEÇÃO VARIÁVEL

3.4.1 — Pilares de igual resistência

Vimos no caso anterior que as tensões aumentam com a altura, z sendo mínima para $z = 0$ e máxima para $z = H$, o que vem provocar ao longo do pilar um maior consumo de material.

Podemos estabelecer um perfil de pilar de modo que as tensões sejam constantes em todas as seções.

Na seção x: $\sigma = \dfrac{P + G}{S_x}$

Elementos resistentes

Na seção $z + dz$:

$$\sigma = \frac{P + G + G_z}{S_x}$$

$$\frac{P+G}{S_x} = \frac{P+G+G_z}{S'_x} = \sigma \quad \therefore \quad \frac{G_z}{S'_x - S_x} = \sigma$$

$$dS_x = S'_x - S_x \quad \therefore \quad \frac{G_z}{dS_x} = \sigma$$

Como: $G_z = -S_x \cdot d_z \cdot \gamma$

$$\frac{S_x \cdot d_z \cdot \gamma}{dS_x} = \sigma \quad \therefore \quad S_x \cdot d_z \cdot \gamma = \sigma \cdot dS_x$$

$$\therefore \quad \frac{dS_x}{S_x} = \frac{\gamma \, dz}{\sigma}$$

Integrando: $\log S_x + C = \dfrac{\gamma}{\sigma} z$

quando $z = 0$ temos $\log S_x + C = 0$

neste caso $S_x = S_0$; sendo $S_0 = \dfrac{P}{\sigma}$ $\quad C = -\log S_0$

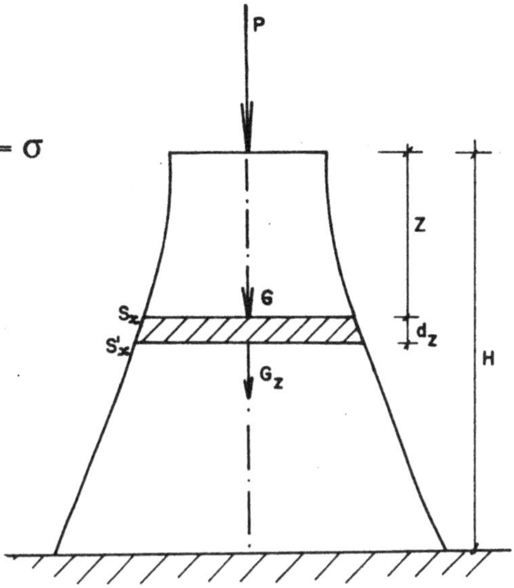

Figura 3.10

voltando, temos: $\log S_x - \log S_0 = \dfrac{\gamma}{\sigma} z$

$$\log S_x = \log S_0 + \frac{\gamma}{\sigma} z \qquad \log S_x = \log S_0 + \log e^{\frac{\gamma z}{\sigma}}$$

$$\log S_x = \log S_0 \cdot e^{\frac{\gamma z}{\sigma}}$$

$$\therefore \quad S_x = S_0 \cdot e^{\frac{\gamma z}{\sigma}}$$

Considerações : O perfil de igual resistência tem as áreas estabelecidas pela fórmula acima. Para a aplicação dessa fórmula, é preciso que P e G sejam centradas em todas as seções transversais e que todas as seções sejam semelhantes e simetricamente dispostas em relação ao eixo vertical.

Como as áreas das seções semelhantes são proporcionais ao quadrado dos lados homólogos, podemos transformar a relação acima numa relação entre lados. Temos as seguintes expressões para seções particulares:

1.º) *Círculo ou quadrado*

Seja d o diâmetro ou lado do quadrado:

$$\frac{S_n}{S_0} = \frac{dx^2}{d_0^2} \quad \therefore \quad dx^2 = d_0^2 \, e^{\frac{\gamma z}{\sigma}}$$

2.º) *Retângulo*

Dimensões b, d, sendo b constante

$$\frac{S_x}{S_0} = \frac{b \, d_x}{b \, d_0} \quad \therefore \quad d_x = d_0 \, e^{\frac{\gamma z}{\sigma}}$$

84   Estruturas em alvenaria e concreto simples

3.º) *Coroa circular*

$$S_x = \frac{\emptyset_{ex}^2 - \emptyset_{ix}^2}{\emptyset_{e0}^2 - \emptyset_{i0}^2} \qquad \emptyset_{ex}^2 - \emptyset_{ix}^2 = (\emptyset_{e0}^2 - \emptyset_{i0}^2)\, e\, \frac{\gamma z}{\sigma}$$

$\emptyset_{e0}$, $\emptyset_{ex}$ ... Diâmetros externos
$\emptyset_{i0}$, $\emptyset_{ix}$ ... Diâmetros internos

Determinação do volume

O volume $A_0\, B_0\, A\, B$, para o cálculo das quantidades materiais e para a verificação das tensões constante, pode ser determinado pela fórmula:

$G = V \cdot \gamma \quad \therefore \quad G = \sigma dS_x \quad \therefore \quad dS_x = (S_x - S_0)$

$\therefore V\gamma = \sigma(S_x - S_0)$

$V = \dfrac{\sigma}{\gamma}(S_x - S_0)$

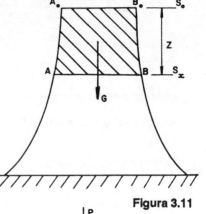

3.4.2 — Exemplo

Uma coluna de 10 m de altura de seção circular suporta uma carga de 315 tf.

A alvenaria pode sustentar uma tensão de segurança $\sigma_c = 10$ daN/cm², sendo $\gamma = 2.000$ kgf/m³. Calcular o diâmetro para cada seção de 2,5 m a partir do topo.

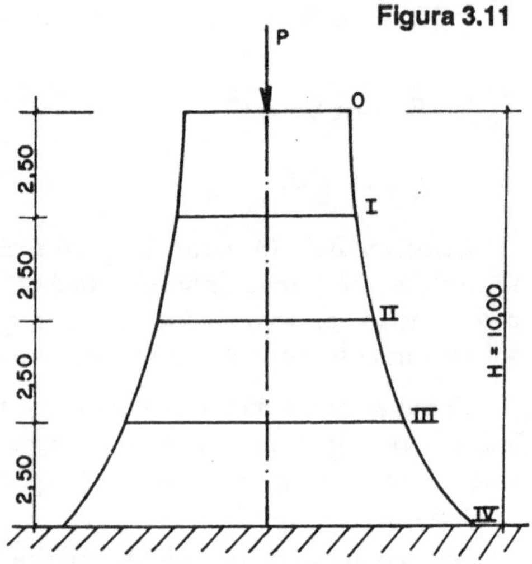

Figura 3.11

Seção 0

$\sigma_t = 100$ tf/m²

$S_0 = \dfrac{P}{\sigma} = \dfrac{315}{100} = 3{,}15\text{ m}^2$

$S_0 = \dfrac{\pi}{4} d_0^2 = 0{,}8\, d_0^2$

$d = \sqrt{\dfrac{3{,}15}{0{,}8}} = 2{,}00$ m

Aplicando a fórmula: $d^2 = d_0^2\, e^{\frac{\gamma z}{\sigma}}$

$e = 2{,}718$ (constante)

Seção I
$z = 2{,}50$ m
$d_I^2 = 2{,}00^2 \times 2{,}718^2 \times 2{,}50/100 = 2^2 \times 2{,}718^{0{,}05} = 4{,}20$ m²
$\therefore\ d_I = 2{,}05$ m

Seção II
$z = 5{,}00$ m
$d_{II}^2 = 2{,}00^2 \times 2{,}718^2 \times 5/100 = 4{,}40 \quad \therefore \quad d_{II} = 2{,}10$ m

Figura 3.12

Elementos resistentes

Seção III
z = 7,50m
$d_{III}^2 = 2,00^2 \times 2,718^2 \times 7,5/100 = 4,66$ ∴ $d_{III} = 2,16$ m
Seção IV
z = 10,00m
$d_{IV}^2 = 2,00^2 \times 2,718^2 \times 10/100 = 4,90$ ∴ $d_{IV} = 2,21$ m
Vemos que a variação é quase retilínea
Verificação
Seção II $V = \dfrac{\sigma}{\gamma}(S_{II} - S_0)$ $P + G = P + V\gamma = N$ $\sigma = \dfrac{N}{S} = \overline{\sigma}_c$

$V = \dfrac{100 \times 0,8}{2}(4,40 - 4,00) = 15,5$ m³

$P + G = 3,15 + 16,5 \times 2 = 348$

$S_{II} = 0,8 \times 2,10^2 = 348$ m²

$\sigma = \dfrac{348}{3,48} = 100$

Seção IV

$V = \dfrac{100}{2} \times 0,8\,(4,90 - 4,00) = 36$ m²

$P + G = 315 \times 36 \times 2 = 387$ t

$S_{IV} = 0,8 \times 4,90 = 3,87$ m²

$\sigma = \dfrac{348}{3,48} = 100$ tf/m²   Vemos que a tensão se mantém constante em todo o pilar.

3.4.3 — Pilares com mudança brusca de seção

Em muitos casos práticos, usa-se um pilar de igual resistência, composto de vários blocos parciais. Dividimos a altura H em alturas parciais h_1, h_2, h_3 ... e temos as respectivas áreas S_1, S_2, S_3 ... etc.

Começando pelo 1.º bloco, temos: $S_1 = \dfrac{P}{\overline{\sigma}_c - h_1\gamma}$

O 2.º bloco suportando o peso do 1.º, temos:

$S_2\overline{\sigma}_c = P + S_1 \times h_1\gamma + S_2h_2\gamma$

$S_2\overline{\sigma}_c = P + \dfrac{P}{\sigma_c - h_1\gamma} \times h_1\gamma + S_2h_2\gamma$

Resulta:

$S_2 = \dfrac{P\,\overline{\sigma}_c}{(\sigma_c - h_1\gamma)(\overline{\sigma}_c - h_2\gamma)}$

Para o 3.º bloco, obtemos:

$S_3 = \dfrac{P\,\overline{\sigma}_c^2}{(\overline{\sigma}_c - h_1\gamma)(\overline{\sigma}_c - h_2\gamma)(\overline{\sigma}_c - h_3\gamma)}$

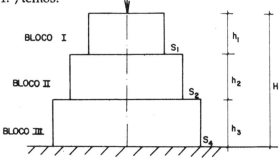

Figura 3.13

Para n blocos de alturas iguais: $h_1 = h_2 = h_3 = h \ldots$, temos:

$$S_n = \frac{P(\overline{\sigma}_c)^{n-1}}{(\overline{\sigma}_c - h\gamma)^n}$$

3.4.4 — Exemplo

Projetar um pilar de seção quadrada, solicitado por uma carga axial de 18 tf. O material poderá resistir com segurança $\overline{\sigma}_c = 100$ tf/m², sendo $\gamma = 1,6$ tf/m³. As condições da construção permitem dividir a altura em blocos de 6 m, 4 m e 2 m.

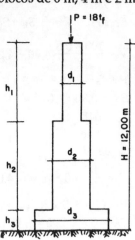

Figura 3.14

$P = 18$ tf $\quad S_1 = \dfrac{P}{(\sigma_c - h_1\gamma)}$

$\gamma = 1,6$ tf/m³ $\quad S_1 = \dfrac{18}{(100 - 6 \times 1,6)} = 0,20$ m²

$\overline{\sigma}_c = 100$ tf/m² $\quad d_1 = \sqrt{0,20} = 0,447$ m

$h_1 = 6,00$ m $\quad$ Fazemos $d_1 = 45$ cm

$h_2 = 4,00$ m

$h_3 = 2,00$ m

$S_2 = \dfrac{18 \times 100}{(100 - 6 \times 1,6)(100 - 4 \times 1,6)} = 0,21$ m²

$d_2 = \sqrt{0,21} = 0,458$ $\quad$ Fazemos $d_2 = 50$ cm

$S_3 = \dfrac{P \cdot \overline{\sigma}_c^2}{(\overline{\sigma}_c - h_1\gamma)(\overline{\sigma}_c - h_2\gamma)(\overline{\sigma}_c - h_3\gamma)} = 0,21$ m²

$d_3 = \sqrt{0,21} = 0,458$ $\quad$ Fazemos $d_3 = 55$ cm.

3.4.5 — Flambagem nos pilares de seção variável

As fórmulas deduzidas para os pilares de seção variável aplicam-se para o dimensionamento peças, desde que não haja possibilidade de flambagem.

Para o estudo da flambagem em pilares de seção variável, consultar Timoschenko - Teoria da Estabilidade Elástica e Concreto Armado do Prof. Telemaco Van Langendonck (Tabelas Volume I) [14].

3.5 — VIGAS APOIADAS EM PAREDES DE ALVENARIA

O problemas de apoios de vigas em paredes de alvenaria ocorre freqüentemente no projeto de pequenas estruturas residenciais, nos pontos onde temos concentrações de carga que possam afetar a resistência da parede (esmagamento).

Deve ser esclarecido que as paredes de 1/2 tijolo não se prestam para receber concentrações de vigas, pois haverá o risco de flambagem, pelo plano de pouca rigidez flexional. É comum lançarmos mão dessa solução também nas obras de reforma de edifícios velhos, quando se deseja aumentar ou abrir vãos de portas, janelas, ou mesmo retirar paredes divisórias.

Elementos resistentes

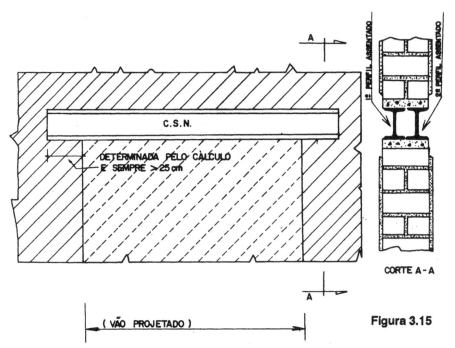

Figura 3.15

Neste caso, é preferível empregar-se dois perfis de aço duplo T, colocando um em cada face da parede. Abre-se aproximadamente 1/4 da espessura da parede em uma das faces, assenta-se o perfil com argamassa de cimento e areia 1:3 e aguarda-se o tempo necessário para a cura completa dessa argamassa.

Já no terceiro dia, podemos abrir a outra face e assentar o segundo perfil.

Após a cura completa da argamassa do 2º perfil, e estando o conjunto perfeitamente calçado, abre-se o vão desejado. É recomendável abrir simetricamente do centro para os apoios, afim de permitir acomodação da carga sobre os perfis, à medida que eles passam a trabalhar.

Para pequenos vãos, às vezes a própria largura da aba do perfil é suficiente para distribuir a concentração na alvenaria, desde que seja dada uma suficiente penetração do perfil no sentido do vão; com isto, podemos dispensar a chapa de apoio.

Vejamos alguns casos de apoios:

1.º *Caso*: Vigas metálicas simplesmente apoiadas sobre paredes — cálculo da chapa de apoio.

2.º *Caso*: Vigas de concreto armado simplesmente apoiadas sobre paredes — cálculo do bloco de apoio.

3.º *Caso*: Vigas metálicas engastadas nas paredes de alvenaria.

4.º *Caso*: Vigas de concreto armado engastadas nas paredes de alvenaria.

1.º *caso: Vigas metálicas simplesmente apoiadas*

Chapas de apoio : Durante muito tempo, empregaram-se placas de ferro fundido, com superfície de contato convexa. Atualmente, prefere-se empregar chapa de aço soldada, que permite uma tensão mais elevada à flexão.

Estruturas em alvenaria e concreto simples

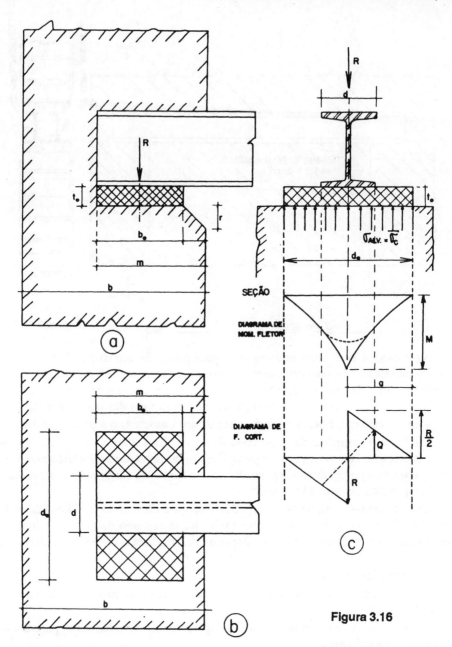

Figura 3.16

A) *Dados*

R... Reação da viga

b ... Largura da parede

$\bar{\sigma}_c$ ... Tensão da compressão admissível na alvenaria

$\bar{\sigma}_f$ ... Tensão da flexão admissível do aço.

Elementos resistentes

B) *Valores escolhidos*

b_0 ... Largura da chapa

r ... Chanfro na alvenaria r = 3 a 5 cm

m ... $b_0 + r$

C) *Valores calculados*

Comprimento da chapa $d_0 = \dfrac{R}{b_0\, \overline{\sigma}_c}$

Espessura da chapa

$$M = \overline{\sigma}_c \frac{a^2}{2} \qquad a = \frac{1}{2}(d_0 - d)$$

Momento resistente da chapa

$$\overline{\sigma}f\, W = \overline{M}$$

Sendo $W = \dfrac{b_0\, t_0^2}{6}$ Para $b_0 = 1$ cm $W = \dfrac{t_0^2}{6}$

Fazendo $M = \overline{M}$

$$\frac{t_0^2}{2}\overline{\sigma}f = \overline{\sigma}_c \frac{a^2}{2} \qquad t_0 = a\sqrt{3\,\frac{\overline{\sigma}_c}{\overline{\sigma}f}}$$

$$t_0 = \frac{(d_0 - d)}{2} \qquad \sqrt{3\,\frac{\overline{\sigma}_c}{\overline{\sigma}f}}$$

Para alvenaria ordinária $\overline{\sigma}_c = 5$ daN/cm^2

Para alvenaria de tijolos laminados $\overline{\sigma}_c = 10$ daN/cm^2

Para chapa de aço flexão $\overline{\sigma}_f = 1400$ daN/cm^2

Cisalhamento: $\overline{\tau}_f = 900$ daN/cm^2

Força cortante: $Q = a\, \overline{\sigma}_c$ kgf/cm^2

$$\tau = \frac{Q}{t_0} \le \overline{\tau}_f$$

2.º *caso*: Vigas de concreto armado, simplesmente apoiadas.

Na linguagem do pessoal de obras, denomina-se coxim ou travesseiro o bloco de apoio que serve para transmitir a reação de uma viga sobre a parede de alvenaria de tijolos.

A) *Dados*

R ... Reação da viga

b_0 ... Largura da parede igual a largura do bloco.

$\overline{\sigma}_c$ ... Tensão admissível à compressão na alvenaria.

B) *Valores calculados*

$$d_0 = \frac{R}{\overline{\sigma}_c\, b_0}$$

Altura do bloco t_0

Estruturas em alvenaria e concreto simples

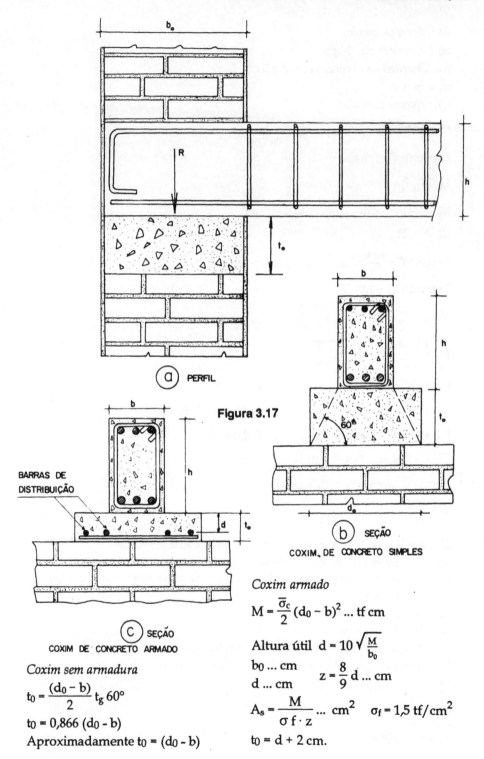

Figura 3.17

Coxim armado

$$M = \frac{\overline{\sigma}_c}{2}(d_0 - b)^2 \ldots \text{tf cm}$$

Altura útil $d = 10\sqrt{\frac{M}{b_0}}$

$b_0 \ldots$ cm
$d \ldots$ cm $z = \frac{8}{9}d \ldots$ cm

$A_s = \dfrac{M}{\sigma f \cdot z} \ldots$ cm^2 $\sigma_f = 1{,}5$ tf/cm^2

$t_0 = d + 2$ cm.

Coxim sem armadura

$t_0 = \dfrac{(d_0 - b)}{2} \operatorname{tg} 60°$

$t_0 = 0{,}866 \, (d_0 - b)$

Aproximadamente $t_0 = (d_0 - b)$

Elementos resistentes

3.º *caso*: Consolos metálicos engastados nas paredes de alvenaria, por meio de chapas de apoio ou perfis laminados.

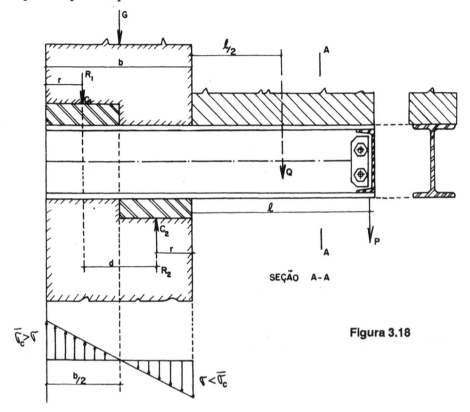

Figura 3.18

R_1, R_2 ... Reações da parede provocadas pela ação do consolo.
C_1, C_2 ... Pontos de aplicação de R_1, R_2.
P, Q ... Cargas do consolo
G ... Peso da parede acima do consolo.

Conhecidas as reações R_1 e R_2, procede-se ao cálculo das chapas de apoio, como no 1.º caso de vigas simples apoiadas. Como condição de equilíbrio estático, devemos ter: $G \geq 1{,}5\ R_1$.

Fazendo a somatória de momentos nula em torno de C_1 e C_2, determinamos as reações.

Escolhemos $r = \dfrac{b}{4}$, assim $d = \dfrac{b}{2}$

Nestas condições, podemos escrever:
Somatória dos momentos de cargas e reações em torno de C_1.
$\Sigma M_{C_1} = 0$

$$- R_2 d + Q\left(\frac{l}{2} + r + d\right) + P(l + r + d) = 0$$

Sendo $d = \dfrac{b}{2}$ $r = \dfrac{b}{4}$

$$+ R_2 \frac{b}{2} = Q\left(\frac{l}{2} + \frac{b}{4} + \frac{b}{2}\right) + P\left(l + \frac{b}{4} + \frac{b}{2}\right)$$

$$R_2 = \frac{2}{b}\left[Q\left(\frac{l}{2} + \frac{3}{4}b\right) + P\left(l + \frac{3}{4}b\right)\right]$$

$\Sigma M_{C_2} = 0$

$$- R_1 d + Q\left(\frac{l}{2} + r\right) + P(l + r) = 0$$

$$R_1 = \frac{2}{b}\left[Q\left(\frac{l}{2} + \frac{b}{4}\right) + P\left(l + \frac{b}{4}\right)\right]$$

Condição $R_1 \leq 1,5\,G$

$$R_1 d = R_2 d = Q\left(\frac{l}{2} + \frac{b}{2}\right) + P\left(l + \frac{b}{2}\right)$$

$$R_1 b = R_2 b = 2\left[Q\left(\frac{l}{2} + \frac{b}{2}\right) + P\left(l + \frac{b}{2}\right)\right]$$

4.º caso: Consolos de concreto armado engastados em paredes de alvenaria

O nosso estudo será orientado no sentido da investigação aproximada das tensões na alvenaria, tendo em conta a ação do momento de engastamento. Vamos distinguir os seguintes casos:

Consolos atravessando parede com amarração

Pela representação no plano das forças teremos, devido ao momento $M = \left(Q\dfrac{l}{2} + Q\dfrac{b}{2}\right)$, o diagrama de tensões de dois triângulos iguais e com valor nulo no centro da parede.

O momento M em relação ao centro da parede dá lugar às forças de compressão D e T, respectivamente dirigidas para baixo e para cima da parede. Os valores D e T, resultante das tensões representam o equilíbrio do momento M.

Portanto:

$$T \cdot \frac{2}{3}b = D \cdot \frac{2}{3}b = M$$

$$T = D = \frac{3\,M}{2\,b}$$

Do prisma de tensões obtemos a reação da parede nas faces inferior e superior do consolo.

Elementos resistentes

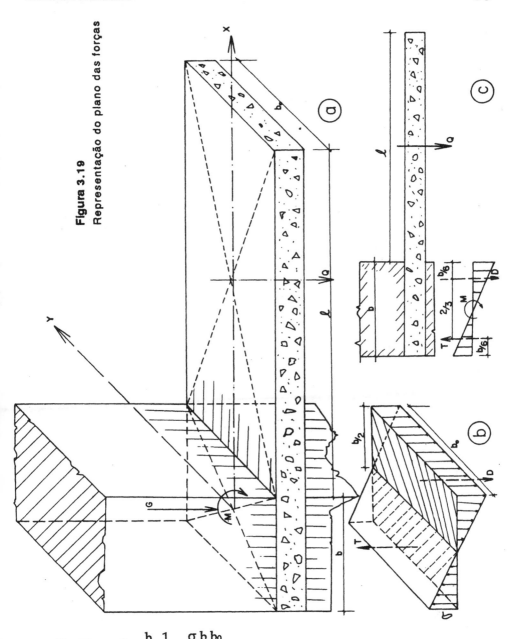

Figura 3.19
Representação do plano das forças

$$D = T = \sigma \cdot b_0 \cdot \frac{b}{2} \cdot \frac{1}{2} = \frac{\sigma \, b \, b_0}{4}$$

$$4\,D = \sigma \cdot b \cdot b_0 \quad \therefore \quad \sigma = \frac{4\,D}{b\,b_0} = \frac{4}{b\,b_0} \cdot \frac{3}{2} \cdot \frac{M}{b} \qquad \sigma = \frac{6\,M}{b_0\,b^2}$$

Sendo o módulo de resistência da seção transversal da parede no trecho do consolo.

$$W_y = \frac{b_0 b^2}{6}, \text{ isto é, } = \frac{M}{W_y}$$

Estruturas em alvenaria e concreto simples

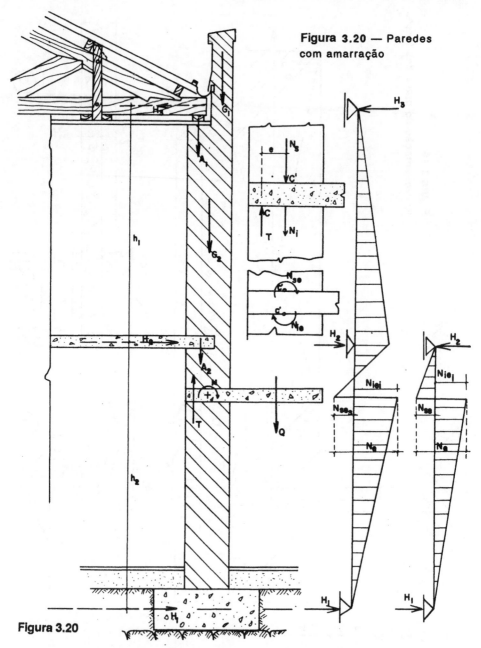

Figura 3.20 — Paredes com amarração

Figura 3.20

Como condição de equilíbrio estático, é necessário que o peso da construção, acima do consolo G, seja maior do que a resultante T.

Para isto poderemos contar também com outras cargas transmitidas à parede, além do seu peso próprio.

Seja por exemplo o caso de um edifício de dois pavimentos, com uma marquise engastada na parede.

Elementos resistentes 95

Chamamos de N a resultante das cargas verticais.
$N_i = G_1 + A_1 + G_2 + A_2 + Q$
$N_s = G_1 + A_1 + G_2 + A_2$

Se a resultante N_s das cargas da construção não coincidir com T, temos um momento N_i^e cuja tendência é exercer ação de derrubamento da parede. Esta ação de derrubamento poderá ser equilibrada pelas reações H_1, H_2 e H_3, que se originam na ligação dos pisos e até mesmo no telhado com a parede (amarração). Segundo Mörsch, o momento N_e pode ser concebido propagando-se como no caso de uma viga contínua ao longo da parede, tendo como apoios as amarrações (pisos e telhado).

Concluímos que havendo amarração da parede com os pisos e telhado, podemos equilibrar o binário M, utilizando-se o peso da construção e as reações dos pisos e telhado.

Para segurança, é necessário ter $N_s \geq 1{,}5T$.

Por outro lado, N_s sendo elevado, haverá também um acréscimo nas tensões:

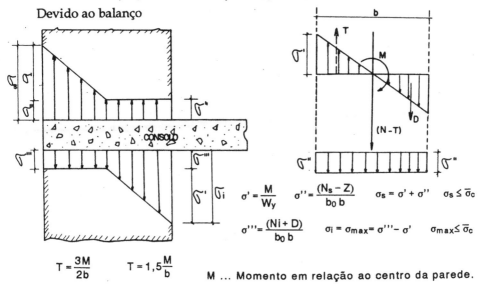

Figura 3.21

3.5.1 — Exemplo

Vamos determinar as tensões na alvenaria para o caso de uma marquise, com consolos engastados em uma parede de um edifício de dois pavimentos:

Massa específica aparente da alvenaria $\gamma = 1{,}6$ tf/m^3
Massa específica aparente do concreto aramado $\gamma_c = 2{,}4$ tf/m^3
Sobrecarga na marquise = 100 kgf/m^2
Impermeabilização mais revestimento = 60 kgf/m^2

A verificação será feita considerando a extensão de 1,00 m de parede trabalhando como pilar.

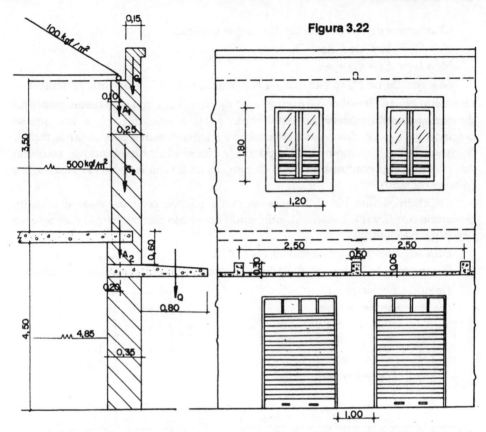

Figura 3.22

A marquise será engastada na parede por intermédio de consolos, cada com 2,50 m, apoiado na extensão de 1,00 m na parede de 0,35 m de espessura.

No referido trecho, temos também tesouras e vigas do pavimento superior, espaçadas de 2,50 m.

A) *Cálculo das cargas verticais*

Telhado $\dfrac{5,25}{2} \times 2,50 \times 0,100$ = 0,65 ... A_1

Platibanda $1,00 \times 0,15 \times 2,50 \times 1,6$ = 0,60 ... G_1

Parede $[3,50 \times 2,50 - 1,20 \times 1,80] \times 0,25 \times 1,6$ = 2,60 ... G_2
     janela

Pav. superior $\dfrac{5,00}{2} \times 2,50 \times 0,500$ = 3,10 ... A_2

= $A_1 + G_1 + G_2 + A_2$ = 6,95 tf

Marquise
Laje $0,06 \times 0,80 \times 2,50 \times 2,4$ = 0,29
Sobrecarga $0,80 \times 2,50 \times 0,100$ = 0,20
Consolos $0,30 \times 0,50 \times 0,80 \times 2,4$ = 0,29
Revest./ impermeab. $0,06 \times 0,8 \times 2,5$ = 0,12
                                            0,90 tf = Q

B) *Cálculo do momento no meio da parede*

$$M = Q\left(\frac{l}{2} \cdot \frac{b}{2}\right) = 0,9 \cdot \left[\frac{0,80}{2} \cdot \frac{0,35}{2}\right] = 0,90 \times 0,575 = 0,520 \text{ tfm}$$

Para efeito de verificação, **admitimos b = 32 cm**, isto é, devemos descontar o revestimento de reboco.

C) *Resultante de tração*

$$T = 1,5 \frac{M}{b} = 1,5 \frac{0,52}{0,32} = 2,45 \text{ tf}$$

D) *Coeficiente de segurança contra derrubamento*

$$S = \frac{A_1 + G_1 + G_2 + A_2}{T} = \frac{6,95}{2,45} = 2,8 > 1,5 \text{ Aceito}$$

E) *Tensão na alvenaria*

$$\sigma = \frac{(N-T)}{b_0 b} + \frac{6M}{b_0 b^2}$$

$N = A_1 + G_1 + G_2 + A_2 + Q = 7,85 \text{ tf} = 7.850 \text{ kgf}$
$b_0 = 50 \text{ cm} \qquad b = 32 \text{ cm}$
$M = 0,52 \text{ tfm} = 52.000 \text{ kgf/cm}$

$$\sigma_i = \frac{7.850}{50 \times 32} + \frac{6 \times 52.000}{50 \times 1.024} = \frac{7.850}{1.600} + \frac{312.000}{51.200} = 4,9 + 6,1 = 11$$

$\sigma_{máx} = 11 \text{ kgf/cm}^2 > \overline{\sigma}_c = 8 \text{ kgf/cm}^2$

NOTA: Deverá ser alargada a superfície de penetração do consolo na parede.
Fazendo $b_0 = 80$ cm

$$\sigma_i = \frac{7.850}{80 \times 32} + \frac{312.000}{80 \times 1.020} = \frac{7.850}{2.560} + \frac{312.000}{82.000} = 3,1 + 3,8 = 6,9 \text{ (Aceito)}$$

$\sigma_S = 6.950 + 312.000 = 2,7 + 3,8 = 6,5$

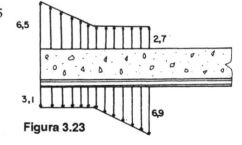

Figura 3.23

Ponto de aplicação de N_S
com relação ao parâmetro externo:

$G_1 \times 0,075 = 0,60 \times 0,075 \quad = 0,045$
$A_1 \times 0,15 = 0,65 \times 0,15 \quad = 0,097$
$G_2 \times 0,125 = 2,60 \times 0,125 \quad = 0,325$
$A_2 \times 0,15 = 3,10 \times 0,15 \quad \underline{= 0,465}$
$-0,932$

$Q \times 0,40 = 0,90 \times 0,4 \quad = \underline{0,360}$
$0,572 \text{ tfm}$

$e_s = \dfrac{0,572}{N_s} = \dfrac{0,572}{6,95} = 0,08 \text{ m}$

$e_i = \dfrac{-0,932}{N} = \dfrac{-0,932}{7,85} = 0,12$

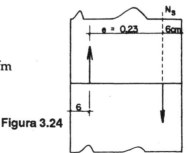

Figura 3.24

$$Ne_s = 6.95\left(\frac{0.35}{2} - 0.08\right) = 0.62 \text{ tfm} \qquad N_i e_i = 7.85\left(\frac{0.35}{2} - 0.12\right) = 0.39 \text{ tfm}$$

Reações nos pisos
$M = N_s e_s + N_i e_i = 1.01$ tfm
$H_1 = -H_2 = \dfrac{1.01}{4.60} = 0.22$ tf
H_2 ... Absorvida pelo atrito
$F = \mu \cdot A_2 = 0.75 \times 3.1 = 2.3 > 0.22$

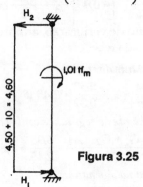

Figura 3.25

2) *Consolos atravessando parede sem amarração*

Neste caso o consolo estará engastado numa parede sem ligação com pisos ou telhados, sendo a situação mais precária, porque não temos a possibilidade de equilibrar o momento $N \cdot e$, e portanto não haverá a coincidência das forças N e T.

Neste caso, para o equilíbrio do momento M, só contamos com o peso próprio da parede acima do consolo.

$G > T$

O valor de T já foi calculado

$$T = \frac{3M}{2b} \therefore M = \frac{2Tb}{3}$$

O momento M começará a provocar o derrubamento da parede para o valor

$$M_R = N\left(\frac{b}{2} - \frac{b}{6}\right) = N\frac{b}{3}$$

No limite $M = M_R$

$N\dfrac{b}{3} = 2T\dfrac{b}{3} \therefore N = 2T$

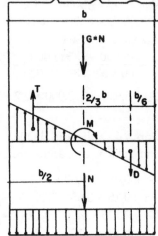

Figura 3.26

Portanto, no caso, a situação crítica será para $N = 2T$, sendo obrigatório um coeficiente de segurança; assim devemos ter no mínimo $N = 3T$.

Para a investigação das tensões, procedemos da mesma forma que no caso anterior.

$$\sigma_{máx} = \frac{(N-T)}{b_0 b} + \frac{6M}{b_0 b^2}$$

Elementos resistentes

3) *Consolos não atravessando parede*

Deverá ser considerada somente a carga do muro que comprime o trecho de penetração do consolo.

Recaímos aqui no caso anterior, de parede sem amarração [13].

3.5.2 — Exemplo

Determinar a altura da platibanda, para equilibrar a moldura da fachada.

Peso específico aparente da alvenaria de tijolos maciços $\gamma = 1{,}6$ tf/m^3

Peso específico aparente do concreto $\gamma_c = 2{,}5$ tf/m^3

Revestimento + impermeabilização = 50 kgf/m^2

Sobrecarga = 100 kgf/m^2

Cálculo das cargas

Laje: $0{,}07 \times 0{,}22 \times 2.500 = 38$ kgf/m

Alvenaria: $\dfrac{(0{,}15)^2}{2} \times 1.600 = 18$ kgf/m

Revestimento: $50 \times 0{,}60 = 30$ kgf/m

Sobrecarga: $1{,}00 \times 0{,}22 = 22$ kgf/m

$Q = 108 \approx 110$ kgf/m

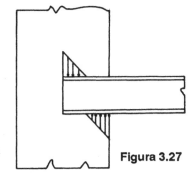

Figura 3.27

Ponto de aplicação indicado no desenho:

Condição $G = 3T$

$T = \dfrac{3}{2} \dfrac{M}{b}$

$M = Q\left(0{,}10 + \dfrac{0{,}25}{2}\right) = 25$ kgf/m

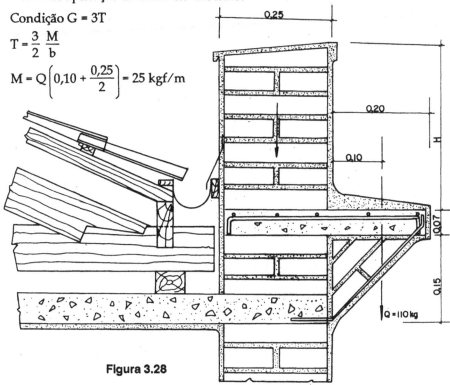

Figura 3.28

100 Estruturas em alvenaria e concreto simples

$$T = \frac{3}{2} \cdot \frac{25}{0,25} = 150 \text{ kgf/m}$$

$$G = 3 \times T = 3 \times 150 = 450 \text{ kgf/m}$$

$$G = H \gamma \, 0,25 = 0,25 \times 1.600 \times H = 400 \, H$$

$$400H = 450 \quad \therefore \quad H = \frac{450}{400} = 1,125 \text{ m}$$

Adotamos platibanda de 1 tijolo, com 1,20 ṁ de altura mínima.

Tensão na alvenaria :

$G = 4,00 \times 1,20 = 480 \text{ kgf} \qquad N_i = G + Q = 590$

$N - T = 480 - 450 = 30 \text{ kgf} \qquad \sigma_{máx} = \dfrac{N_i}{b_0 \, b} + \dfrac{6 \, M}{b_0 \, b^2}$

$b_0 \, b = 100 \times 22 = 2.200$

$b \cdot b^2 = 100 \times 484 = 48.400$

$M = 2.500 \text{ kgf/cm} \qquad\qquad \sigma_{máx} = \dfrac{590}{2.200} + \dfrac{15.000}{48.400}$

$6M = 15.000$

$$\sigma_{máx} = 0,268 + 0,312 = 0,58 \text{ kgf/cm}^2$$

$$\sigma_{máx} < \overline{\sigma}_c = 5 \text{ kgf/cm}^2$$

5.º *caso* : Apoios de neoprene

Nesses últimos anos, temos empregado nas vigas de pontes os aparelhos de apoio de neoprene. Vejamos o cálculo simplificado para pequenas cargas, no caso de vigas de edifícios.

Não se trata de um aparelho totalmente móvel ou totalmente fixo e sim um dispositivo intermediário entre a viga e o pilar, cuja mobilidade depende da maneira como é constituído.

Funcionam como apoios fixos com relação aos esforços horizontais aplicados e móveis com relação às deformações a que estão submetidos. A taxa de compressão admissível nos aparelhos é:

$\sigma_{adm} = 130 \text{ daN/cm}^2$, a massa específica aparente de 1,4 daN/dm³

Dimensionamento:

1) *Valores dados:*

Reação: $V_{máx}$, $V_{mín}$, H

Deslocamento máximo : Δ

Rotação máxima de apoio $\Theta \left(\dfrac{1}{1.000} \text{ rd} \right)$

2) *Valor escolhido:*

e ... Espessura da placa de neoprene. As espessuras de fabricação mais comuns são de : 5, 8, 10, 12 e 20 mm.

n ... n.º de placas de espessura *e*, para formar um conjunto monolítico.

Elementos resistentes

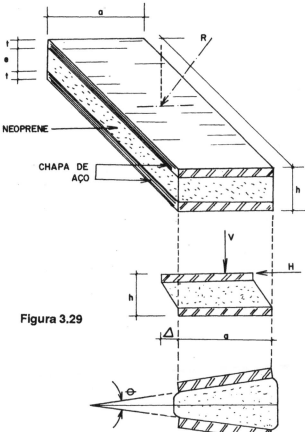

Figura 3.29

Condições:

$n_e \geq \dfrac{\Delta}{0,7}$ ... Para influência sob esforços permanentes

$n_e \geq \dfrac{\Delta}{1,2}$ ... Para influência sob esforços instantâneos

3) *Valores calculados:*

A) Dimensões da placa, a, b

$S = \dfrac{V_{máx}}{\overline{\sigma}_{adm}}$ $\overline{\sigma}_{adm} = 130 \text{ daN/cm}^2$

Quando for desejado um dimensionamento condizente com as condições peculiares da estrutura, convém solicitar o dimensionamento do próprio fabricante.

$S = a\,b$ $a \geq 10\,\Delta$

$b \geq 5\,n_e$ $V_{mín} \geq 2 \times 10^{-6}\,(ab)$

b ... depende da largura da viga

B) Espessura das placas metálicas

$t \geq \dfrac{1,5\,\overline{\sigma}_{adm}\,e}{f}$ $\sigma_f = 1.500 \text{ daN/cm}^2$

C) altura do aparelho
h = n (e + 2t)
D) Distorção do aparelho

$\xi = \dfrac{\Delta}{n_e}$ $\xi = \dfrac{H}{SG}$ S = 2b   G = 8 a 10 daN/cm^2

3.6 — FUNDAÇÕES EM CONCRETO SIMPLES

3.6.1 — Considerações preliminares

Na terminologia estrutural, designa-se genericamente por "fundação" o elemento destinado a transferir cargas concentradas dos pilares ou cargas parcialmente uniformes das paredes à camada de solo resistente.

As fundações das pontes e viadutos constituem a "infra-estrutura" da obra.

As fundações dos pequenos edifícios, quando construídos em alvenaria sob paredes, são designadas nos códigos de obras das prefeituras como "alicerce".

A carga isolada de um pilar pode ser transferida ao solo, através de um bloco de concreto simples (Fig.3.30) ou por meio de um tubulão de base alargada (Fig. 3.31).

Figura 3.30 — Tipos de blocos para pilares isolados (fundações rasas)

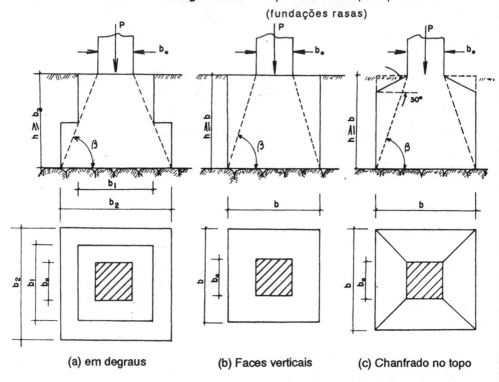

(a) em degraus   (b) Faces verticais   (c) Chanfrado no topo

Elementos resistentes

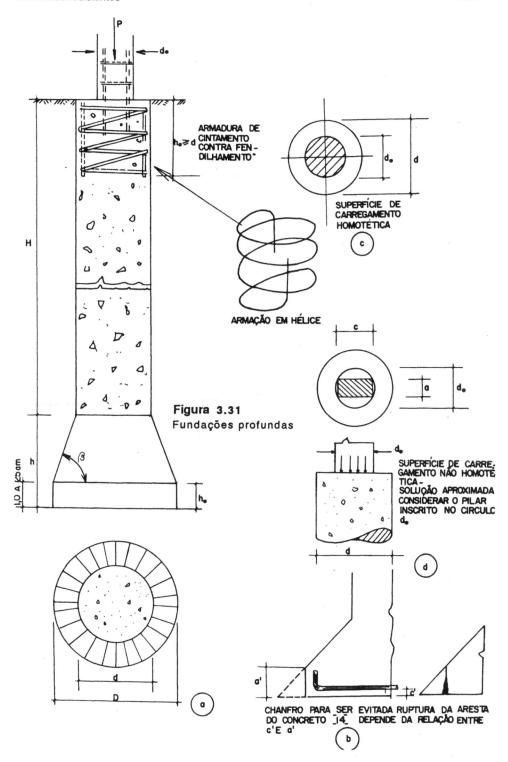

Figura 3.31
Fundações profundas

3.6.2 — Considerações sobre armação dos blocos e tubulões

1) No topo dos tubulões deve ser colocado um cintamento contra fendilhamento.

2) Embora teoricamente muitas vezes desnecessária, convém colocar uma armação de fretagem no trecho de transição do pilar com o bloco, face às concentrações das tensões.

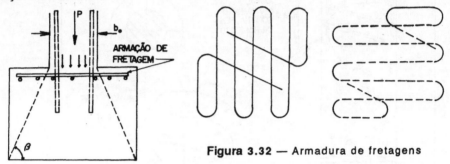

Figura 3.32 — Armadura de fretagens

3) O diâmetro do fuste dos tubulões "d" pode variar de no mínimo 0,90m (embora com escavação mecânica possa-se chegar a 0,70 m) ao máximo 1,50 m, medidas estas ditadas pela experiência prática.

4) A altura H do fuste deve garantir a segurança na escavação da base alargada contra desmoronamento. Disto se conclui que o tubulão a céu aberto, sem revestimento com camisa de aço ou aduelas de concreto, somente pode ser executado em terreno argiloso e sem interferência do nível freático do subsolo.

Zs ... Garantia contra subpressão na base (comparar com outras sondagens do local e traçar o perfil do lençol freático).

C ... Coesão do solo, de acordo com a sondagem n.º de golpes SPT

$$G_T = \frac{\pi}{4}(D^2 - d^2) H \delta_t$$

δ_t ... Massa específica aparente do solo

Π DHC $>$ vG_T

Condição: a resistência a cisalhamento deve ser maior que o peso da coroa do solo acima do trecho da base alargada.

$v \geq 2$ ... Coeficiente de segurança

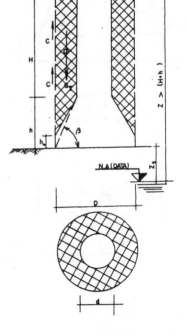

Figura 3.33

3.6.3 — Esforços de tração no concreto

O escopo deste trabalho é tratar dos problemas das fundações, dispensando o emprego das armaduras, desde que seja possível contar com a resistência do concreto à tração.

Estas condições são válidas para cargas verticais centradas nos blocos e tubulões até um valor econômico na ordem de grandeza em torno de 1,000 kN (100 tf), caso contrário, somente por imposições locais e construtivas pode-se competir com outros tipos de estaqueamentos.

A resistência à tração depende de uma série de fatores, tais como aderência dos agregados com a argamassa de cimento; daí os valores muito dispersos.

De acordo com o método de ensaio, distinguem-se (15):

1) Resistência à tração axial — ensaio com corpo de prova solicitado axialmente, correspondendo à menor resistência;

2) Resistência à tração por fendilhamento — Ensaio do cilindro carregado diametralmente — C.E.B., idealizado pelo eng.º brasileiro Fernando Lobo Carneiro;

3) Resistência à tração na flexão — ensaio de flexão num corpo de prova especificado por norma, correspondendo à maior resistência.

É justamente a tração por fendilhamento a condição mais desfavorável nos blocos parcialmente carregados (Fig. 3.34).

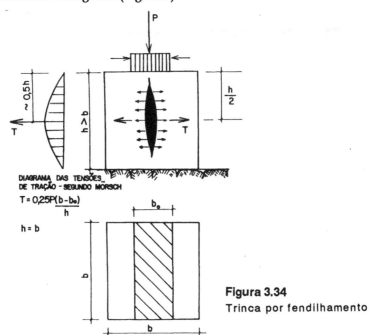

Figura 3.34
Trinca por fendilhamento

Comentário: Critério de ensaios mais exatos indicam $T = \dfrac{0{,}30P}{h}(b - b_0)$ |15|.

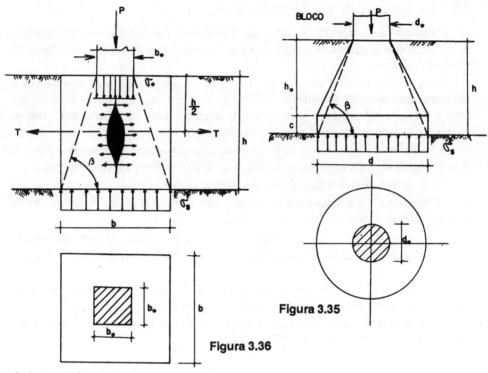

Figura 3.35

Figura 3.36

3.6.4 — Bloco de fundação sem armar

f_{ck} ... Resistência característica de compressão do concreto.

$T = 0{,}25\, P\, \dfrac{(b - b_0)}{h}$ esforço de tração

$f_{t_{máx}} = \dfrac{\gamma_f\, T}{b\, h} \leq f_{td}$

$f_{td} = \dfrac{f_{tk}}{\gamma_c}$ ... Resistência admissível à tração do concreto

f_{tk} ... Resistência característica da tração do concreto

$\gamma_c = 1{,}6$ ... Coeficiente de minoração de resistência.

$\gamma_f = 1{,}5$ ... Coeficiente de majoração do esforço.

0,85 ... Coeficiente de permanência do carregamento. Embutido os coeficientes γ_c e γ_f, na falta de ensaios, de acordo com a NBR - 6118 para Fck ≤ 18 MPa.

$f_{td} = \dfrac{f_{ck}}{10\, \gamma_f\, \gamma_c} = \dfrac{0{,}85\, f_{ck}}{10\gamma_f\,\gamma_c} = \dfrac{f_{ck}}{\dfrac{10 \cdot 1{,}5 \cdot 1{,}6}{0{,}85}} = \dfrac{f_{ck}}{28}$

Aproximadamente, a tensão admissível à tração: $F_{td} = \dfrac{f_{ck}}{30}$

Pela teoria da elasticidade [14], determina-se o valor do ângulo "β", para que uma das tensões principais (maior tração) seja nula. O valor de "β" é dado pela

Elementos resistentes

equação:

$$\frac{tg\,\beta}{\beta} = \frac{\sigma_s}{f_{td}} + 1$$

Na prática, valor do ângulo $\beta = 60°$ para o concreto, com dosagem para o consumo de cimento de 300 kg/m³ de concreto ($f_{c28} = 20$ MPa), satisfazem a condição de tensão admissível à tração.

Conhecido f_{td}, σ_s, determinamos o ângulo "β".

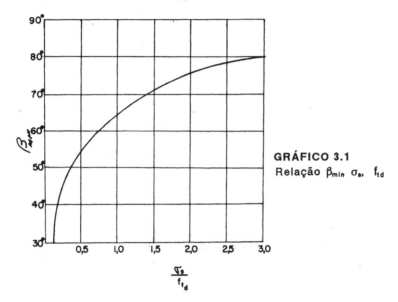

GRÁFICO 3.1
Relação β_{min}, σ_s, f_{td}

Este valor de "β" obedece à curva, segundo o gráfico 3-1 a seguir [14], construído em função da equação:

$$\frac{tg\,\beta}{\beta} = \frac{\sigma_s}{f_{td}} + 1$$

3.6.5 — Esforços de compressão em seções reduzidas:

A ocorrência de concentrações de tensões na superfície do bloco de concreto provocadas pelo carregamento parcial, é assunto ainda muito discutido, face à necessidade de quantificar os esforços de fendilhamento (tração normal à força compressora).

Pode-se investigar o assunto através das bibliografias de [13] a [18], que, em resumo, desenvolvem critérios de cálculos contando os seguintes recursos:

1) Solução aproximada partindo do equilíbrio de força, apresentado por E. Mörsch [13];

2) Medições em protótipos [15];

3) Estudos em modelos através da fotoelasticidade, trabalhos realizados em Estocolmo e Stuttgartt [30];

4) Resolução através de elementos finitos.

Para os problemas ususais de blocos de fundação com cargas pouco elevadas, respeitada a homotetia e coincidência da linha de ação que une os baricentros das seções, vamos procurar resolver tais casos, recorrendo à solução aproximada, aceitando a imprecisão do Método de Mörsch [20] e lembrando que em relação à comparação com medições realizadas em protótipos [15] esta solução é contrária à segurança somente para áreas de carga muito estreitas $\frac{b}{b_o} > 5$.

Para verificação nestas condições, a DIN-1045 baseia-se nos estudos de Bauschinger e Bach, para a determinação da tensão de compressão sob a seçãç transversal parcialmente carregada, no caso de carregamento centrado e seções transversais homotéticas entre o elemento de carregamento e o bloco de concreto.

Fórmulas da DIN-1045

$h \geq b - b_0$ $h \geq d - d_0$

A) *Tensão de compressão na área carregada*

$$\sigma_0 = \frac{f_{ck}}{2,1} \sqrt{\frac{A_c}{A_0}} \leq 1,4 \, f_{ck}$$

$\gamma c \, \gamma f = 1,4 \times 1,5 = 2,1$
$A_0 = b_0 \, d_0 =$ Área reduzida do topo
$A_c = b \, d =$ Área da seção transversal do bloco.

B) *Carga de compressão admissível*
$P \leq P_0$

$$P_0 = \frac{f_{ck}}{2,1} \sqrt{A_0 \, A_c} \leq 1,4 \, f_{ck} \cdot A_0$$

C) *Esforço de tração* $\Sigma M = 0$

$Te = \frac{P}{2} \frac{(b}{4} - \frac{b_0)}{4}$ e $\approx \frac{h}{2}$

$T = \frac{P}{4h} (b - b_0)$ ou

$T = \frac{P}{4h} (d - d_0)$

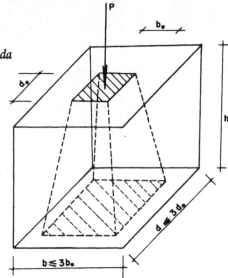

Figura 3.37

Figura 3.38

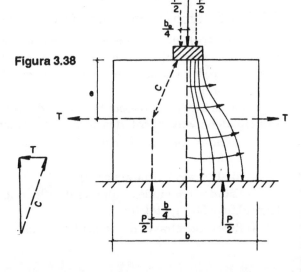

Elementos resistentes

Exemplo 1: Projetar um bloco de fundação, em concreto simples, para receber uma articulação metálica.

1) *DADOS E ESPECIFICAÇÕES*
A) Carga na área carregada ... P = 100 tf
B) Dimensões da placa de apoio da articulação $b_0 = d_0 = 60$ cm
C) Tensão admissível no terreno de fundação $\overline{\sigma}_s = 20$ tf/m² a 25 tf/m²
D) Concreto: $f_{ck} = 15$ MPa
E) Massa específica do concreto: $\delta_c = 2{,}3$ tf/m3

2) *PRÉ-DIMENSIONAMENTO DO BLOCO*
N = P + G
P = 100 tf
G = 5%P : 5 tf (estimado)
N = 105 tf
$A_0 = b_0^2 = 0{,}60^{-2} = 0{,}36$ m²

$A = \dfrac{N}{\overline{\sigma}_s} = \dfrac{105}{20} = 5{,}25$

$b = \sqrt{A} = 2{,}29 \approx 2{,}30$ m²

$A = 2{,}30^{-2} = 5{,}29$ m²

Tensão de tração:

$f_{ck} = 150$ kgf/cm²

$f_{td} = \dfrac{f_{ck}}{30} = 5$ kgf/cm²

Determinação do ângulo β

$\dfrac{\sigma_s}{f_{td}} = \dfrac{2}{5} = 0{,}4 \rightarrow \beta_{mín} = 53°$

β = 64° 42'

Figura 3.39   Peso próprio do bloco:

$G = 0{,}60\,\delta\,(1{,}30^2 + 1{,}80^2 + 2{,}30^2)$

G = 14,10 tf ~ 14 tf

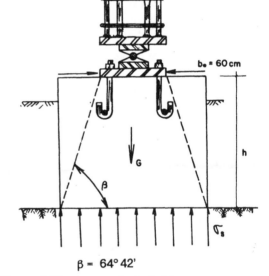
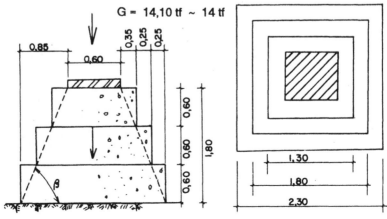

Adotamos $\beta > \beta_{min}$ $\beta = 60°$ ... usualmente empregado na prática
$h = 0,866 (b - b_0)$

$\begin{cases} tg\ 60° = 1,732 \\ tg\ \beta = \dfrac{h}{\dfrac{(b-b_0)}{2}} \end{cases}$ $\begin{array}{l} b = 2,50 \\ b_0 = 0,60 \\ b - b_0 = 1,90 \end{array}$ $h = 0,866 \times 1,90 = 1,645$
Adotamos $h = 1,80$ m

3) VERIFICAÇÃO
A) *Tensão admissível à tração*

$f_{td} = \dfrac{f_{ck}}{30} = 5\ kgf/cm^2$

B) *Área resistente à tração*

$A_t = \dfrac{(b_0 + b)}{2} h$

C) *Esforço de tração*

$T = \dfrac{P}{4h}(b - b_0) = \dfrac{100(230 - 60)}{4 \times 180} = 23,61\ tf = 23.610\ kgf$

Figura 3.40

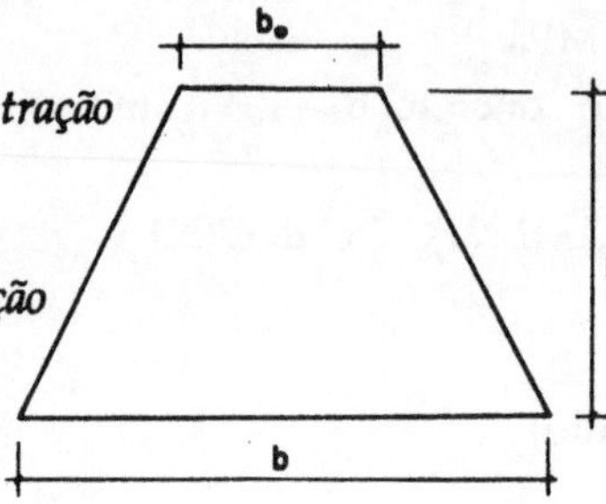

$A_t = \left(\dfrac{60 + 230}{2}\right) 180$

$A_t = 26.100\ cm^2$

D) *Tensão solicitantes à tração*

$\sigma_t = \dfrac{T}{A_t} = \dfrac{23.610}{26.100} = 0,90 \approx 1\ kgf/cm^2 < f_{td} = 5\ kgf/cm^2$

E) *Tensão no solo de fundação*

$\sigma_s = \dfrac{N}{b^2} = \dfrac{114}{(2,30)^2} = 21,5\ tf/m^2 \approx 2,15\ kgf/cm^2$ (Aceito)

$\overline{\sigma}_s = 20\ a\ 25\ tf/m^2$

F) *Compressão na área carregada*

$A_0 = b_0^2 = 60^{-2} = 3.600\ cm^2$ $\sqrt{\dfrac{A_c}{A_0}} = 2,17$
$A_c = 130^{-2} = 16.900\ cm^2$

$\sigma_d = \dfrac{f_{ck}}{2,1}\sqrt{\dfrac{A_c}{A_0}} \leq 1,4 f_{ck}$ $1,4 \times f_{ck} = 210\ kgf/cm^2$

$\sigma_d = \dfrac{150}{2,1} \times 2,17 = 155\ kgf/cm^2$ $\sigma_0 = \dfrac{\gamma P}{A_0} = 1,4 \times \dfrac{100.000}{16.900} = 39\ kgf/cm^2$

Temos $\sigma_0 < \sigma_d$ (Satisfaz)

4) ARMAÇÃO DE FRETAGEM

$F_d = 1,5\%\ P_d$ $P_d = P \gamma_f = 100 \times 1,4 = 140\ tf$

$F_d = 0,015 \times 140 = 2,1\ tf$

$f_s = \dfrac{f_y}{\gamma_s} = \dfrac{6.000}{1,15} = 5.200$

$A_t = \dfrac{F_d}{f_s} = \dfrac{2,1}{5,2} = 0,40\ cm^2$ CA - 60

$4 \varnothing 4\ mm = 0,50\ cm^2$ $\gamma_s = 1,15$

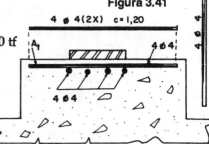

Figura 3.41

Pode-se dispensar a armadura A_t, quando a maior tensão de tração não ultrapassar $0.5\, f_{tk}$, sendo $f_{tk} = \dfrac{f_{ck}}{10}$ para $f_{ck} \leq 18\, MPa$

No caso $0.5\, f_{ck} = \dfrac{1}{2} \cdot \dfrac{150}{10} = 7.5\, kgf/cm^2$

As tensões de tração dependem da relação b_0/b, conforme o gráfico a seguir:

$\sigma_0 = \dfrac{\gamma_f P}{A_0} = \dfrac{1.4 \times 100.000}{3.600} = 38.9\, kgf/cm^2$

$\dfrac{b_0}{b} = \dfrac{60}{130} = 0.46 \approx 0.50 \qquad \sigma_{ct} = 0.20 \times 38.9 = 7.8\, kgf/cm^2$

$\qquad\qquad\qquad \sigma_{ct} = 1 \qquad \sigma_{ct} \approx 0.5\, f_{tk}$

Praticamente dispensável

Gráfico para verificação da fretagem

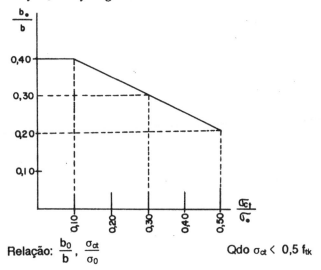

GRÁFICO 3.2 — Fretagem

112   Estruturas em alvenaria e concreto simples

Exemplo 2: Verificar as condições de estabilidade elástica de um tubulão sem armação.

1) *DADOS E ESPECIFICAÇÕES*

A) *Esquema e dimensões*

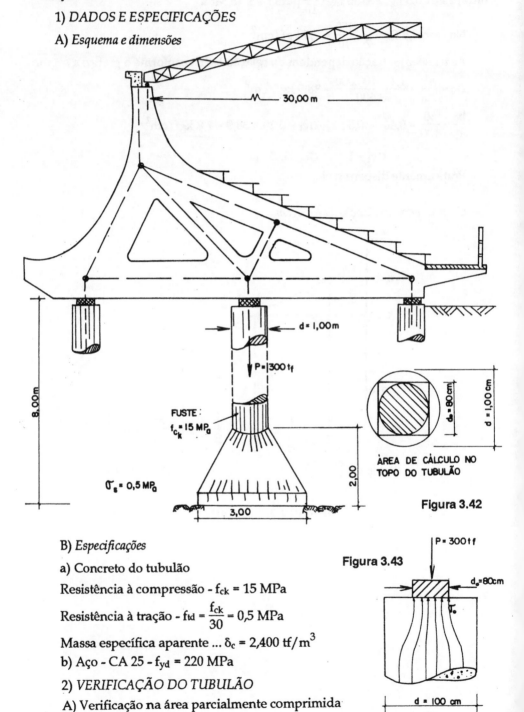

Figura 3.42

Figura 3.43

B) *Especificações*

a) Concreto do tubulão

Resistência à compressão - f_{ck} = 15 MPa

Resistência à tração - $f_{td} = \dfrac{f_{ck}}{30} = 0{,}5$ MPa

Massa específica aparente ... δ_c = 2,400 tf/m³

b) Aço - CA 25 - f_{yd} = 220 MPa

2) *VERIFICAÇÃO DO TUBULÃO*

A) Verificação na área parcialmente comprimida

Elementos resistentes

Conforme DIN-1045

$$\sigma_d = \frac{f_{ck}}{2,1}\sqrt{\frac{A_c}{A_0}} \leq 1,4\, f_{ck}$$

$$G_s = \left\{\frac{3,14}{3} \times 1,85[0,25 + 0,375 + 2,25] + 3,14 \times 2,25 \times 0,15\right\} 2,4 = 16\ tf$$

$N = P + G + G_s = 300 + 16 + 16 = 332\ tf$

$\sigma_s = \dfrac{N}{A} = \dfrac{332}{7,07} = 47\ tf/m^2 < \overline{\sigma}_s = 50\ tf/m^2$ (Satisfaz)

Área carregada ... $A_0 = \dfrac{\pi}{4} d_0^2 = 5.027\ cm^2$

Área do fuste ... $A_c = \dfrac{\pi}{4} d^2 = 7.854\ cm^2$

$\dfrac{f_{ck}}{2,1} = \dfrac{150}{2,1} = 71,43\ kgf/cm^2 \qquad 1,4\, f_{ck} = 1,4 \times 150 = 210\ kgf/cm^2$

$\sigma_d = 71,43\sqrt{\dfrac{7.854}{5.027}} = 89 < 210\ kgf/cm^2$

$\sigma_0 = \gamma \dfrac{f^P}{A_0} = \dfrac{1,4 \times 300.000}{5.027} = 83,5\ kgf/cm^2$

Temos $\sigma_0 < \sigma_d$ (Satisfaz)

B) *Verificação do fuste*

$H = (8,00 - 2,00) = 6,00\ m$

Peso do fuste: $G = 0,7854 \times (1,20)^2 \times 6,00 \times 2,4 = 16,3\ tf$

$P + G \approx 320\ tf \qquad A_c = 7.854\ cm^2$

$\sigma_c = \dfrac{f(P+G)}{A_c} \leq f_{cd} \qquad f_{cd} = \dfrac{f_{ck}}{\gamma_c} \leq 50\ kgf/cm^2$

$\sigma_c = \dfrac{1,4 \times 320.000}{7.854} = 57\ kgf/cm^2 \approx f_{cd} \qquad \gamma_c = 1,6$ (ver NBR-6118/82)

$f_{cd} = \dfrac{150}{1,6} = 94\ kgf/cm^2$ (Aceito)

C) *Verificação da base*:

$\sigma_{td} = 0 \qquad \beta_{mín} \geq 60° \qquad d = 100 \qquad D = 300$

$G_s = \left\{\dfrac{\pi h_1}{3}[R^2 + Rr + r^2] + \pi R^2 h_2\right\} \delta_c$

Pelo Gráfico 1:

$f_{td} = \dfrac{f_{ck}}{30} = \dfrac{150}{30} = 5\ kgf/cm^2$

$\dfrac{\sigma_s}{f_{td}} = \dfrac{4,7}{5} = 0,94 \rightarrow \beta_{mín}$

$\sigma_s = 4,7\ kgf/cm^2$

$\beta_{mín} = 62°$ (ausência de tração)

Temos $\beta = 63 > \beta_{mín} = 62$ (Satisfaz)

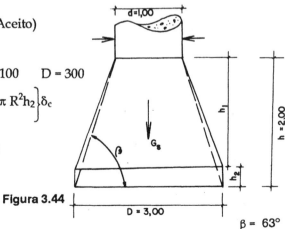

Figura 3.44

$\tan \beta = \dfrac{h}{0,5(D-d)} = \dfrac{2,00}{1,00} = 2,00$

$\beta = 63°$

3) *VERIFICAÇÃO DA TRAÇÃO NO TOPO DO FUSTE — FENDILHAMENTO*
Esforço de tração por fendilhamento [15]:

$F_x = F_y = 0.25P \left[1 - \dfrac{d_0}{d}\right]$ $P = 300$ tf

$F_x = F_y = 0.25 \times 300 \left[1 - \dfrac{80}{100}\right]$

$F = F_x = F_y = {\sim}15$ tf

Tensão de tração:

$\sigma_t = \dfrac{1.4F}{hd} \le f_{td}$

$f_{td} = \dfrac{f_{ck}}{30} = 5 \text{ kfg/cm}^2$ $h = 1.00$ m

$\sigma_t = \dfrac{1.4 \times 15.000}{100 \times 100} = 2.1 \text{ kgf/cm}^2 < f_{td}$ **Figura 3.45**

Não há necessidade de armadura contra fendilhamento.

$\sigma_t < f_{td}$

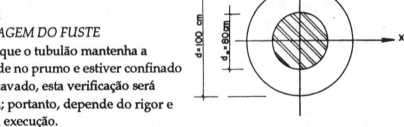

4) *FLAMBAGEM DO FUSTE*

Desde que o tubulão mantenha a verticalidade no prumo e estiver confinado no solo escavado, esta verificação será dispensada; portanto, depende do rigor e controle da execução.

A título de ilustração, vamos mostrar a verificação:
Comprimento de flambagem : $L = 600$ cm
Raio de giração: $i = 0.25\,d = 25$ cm

Índice de esbeltez: $\lambda = \dfrac{L}{i} = 24$

Tensão de flambagem: $\sigma_{fl} = \dfrac{\pi^2 E_c}{\lambda^2}$

Módulo de deformação longitudinal - NBR-6118
$E_c = 21.000\sqrt{f_{cj}} \dots \text{kgf/cm}^2$ $f_{cj} = f_{ck} = 150$
$E_c = 250.000 \text{ kgf/cm}^2$

$\sigma_{fl} = \dfrac{10 \times 250.000}{(24)^2} = 434 \text{ kgf/cm}^2$ $\sigma_c = 57 \text{ kgf/cm}^2$

Coeficiente de segurança $= \dfrac{\sigma fl}{\sigma_c} = \dfrac{434}{57} = 7.6 > 3$

Pela NBR-6118, coeficiente de segurança ≥ 3

(Satisfaz)

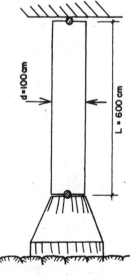

Figura 3.46

Elementos resistentes

115

Exemplo 3: Cálculo do cintamento contra fendilhamento:

Seja o caso de um tubulão solicitado no topo por uma carga concentrada P = 250 tf, atuando sobre uma placa rígida de aço, com diâmetro d_0 = 50 cm, sendo o diâmetro do fuste do tubulão d = 100 cm.

f_{ck} = 13,5 MPa

1) *COMPRESSÃO NA SUPERFÍCIE DE CONTATO*

$$A_0 = 1.963 \text{ cm}^2 \quad A_c = 7.854 \text{ cm}^2 \quad T_0 = \frac{\gamma f^P}{A_0} \quad \gamma f = 1,4$$

$$\sigma_d = \frac{f_{ck}}{2,1} \sqrt{\frac{A_c}{A_0}} \leq 1,4 \, f_{ck} \quad \sigma_d = 128 < 1,4 \, f_{ck} = 190$$

$$\sigma_0 = \frac{1,4P}{A_0} = \frac{1,4 \times 250.000}{1.963} = 178 \text{ kgf/cm}^2$$

$$\sigma_0 > \sigma_d$$

2) *TRAÇÃO NO TOPO DO TUBULÃO*

$$F_t = \frac{P}{4h}(d - d0) = \frac{250}{4 \cdot 1,00}(0,50) = 31,25 \text{ tf}$$

3) *TENSÃO SOLICITANTE*

$$\sigma_t = \frac{\gamma f \, F_t}{h \, d} \leq f_{td} \quad \gamma_f = 1,4 \quad \sigma_t = \frac{1,4 \cdot 31.250}{10.000} = 4,4$$

$$f_{td} = \frac{f_{ck}}{30} = \frac{135}{30} = 4,5 \text{ kgf/cm}^2 \quad \sigma_t = 4,4 \text{ kgf/cm}^2$$

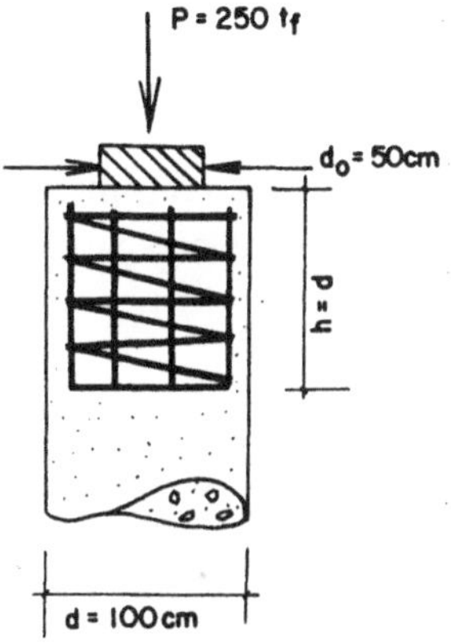

Figura 3.47

Cálculo do cintamento

Sendo $f_{td} > \sigma_t$, não deverá ocorrer teoricamente fendilhamento, mas por outro lado, sendo $\sigma_0 > \sigma_d$, convém aumentar a capacidade resistente do concreto, através de uma armadura de cintamento.

O efeito do cintamento é impedir a dilatação transversal do concreto, devido à compressão longitudinal, produzindo desse modo um estado triaxial de tensões de compressão [15].

A capacidade do trecho de concreto cintado de seção circular, pode ser determinado de acordo com a expressão:

$$Pu = 0,85 \frac{\pi Di^2}{4} f_{ck} + A'_s \, f_{yk} + \frac{1}{2\mu} A_t \, f_{yk}$$

Condição : Coeficiente de segurança $v \geq 3$

$$v = \frac{Pu}{P} \geq 3$$

P_u ... Carga última resistente

P ... Carga solicitante

Atendendo às disposições construtivas da NBR-6118, temos:

A'_s ... Área das barras longitudinais

A_s ... Área da barra de cintamento

A_t ... Área da seção fictícia da armadura $A_t = \dfrac{\pi D_i}{S} A_s$ de cintamento

A_{ci}... Área da seção de concreto do núcleo

S ... Passo da hélice

e ... Recobrimento

$\varnothing_t$ ... Diâmetro da barra de espiral

D_i ... Diâmetro do núcleo de concreto

$\dfrac{h}{D_i} \leq 10$

$\varnothing_t + 3\text{ cm} \leq S \leq \begin{cases} \dfrac{D_i}{5} \\ 8\text{ cm} \end{cases} \quad \varnothing_t \geq 5\text{ mm}$

A'_s ... No mínimo, 6 barras, dispostas uniformemente no contorno do núcleo.
Para $\lambda < 40$ \qquad $A'_s = 0{,}5\%\ A_{ci}$ \qquad $A_{ci} = \dfrac{\pi}{4} D_i^2$

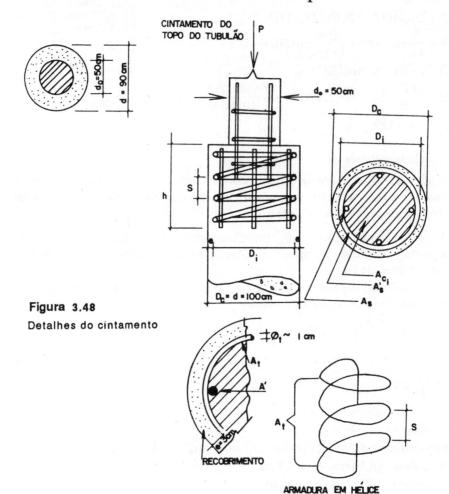

Figura 3.48
Detalhes do cintamento

Elementos resistentes

Determinação da capacidade do trecho do concreto com cintamento:

$D_i = D - 2e = 100 - 2 \times 3{,}5 = 93$ cm $\qquad e = 3{,}5$ cm

$A_{ci} = \dfrac{\pi}{4} D_i^2 = 0{,}7854 \times 93^{-2} = 6.793$ cm^2

$f_{ck} = 135$ kgf/cm$^2 \approx 0{,}135$ tf/cm^2

$0{,}85\ f_{ck} = 0{,}115$ tf/cm^2 (Devido à permanência do carregamento $\times 0{,}85$)

$A'_s = 0{,}5\%$ $A_{c0} = 0{,}005 \times 6.793 = 34$ cm^2 $\qquad \varnothing_l \leq 10$

Adotamos $6\ \varnothing\ 10$ mm $= 4{,}8$ cm^2 - CA 50

$f_{yk} = 5$ tf/cm^2

$A_s = 0{,}32$ cm^2 ($\varnothing_t = 6{,}3$ mm) - Aço CA-50 $\quad \varnothing_t \geq 5$mm $\quad f_{yk} = 5$ tf/cm^2

$A_t = \pi\ D_i\ \dfrac{A_s}{S}$ Adotamos $s = 8$ cm, $\quad \varnothing_t = 6{,}3$ mm, $\quad A_s = 0{,}32$ cm^2

$A_t = 3{,}14 \times 93 \times \dfrac{0{,}32}{8} = 11{,}7$ cm^2/cm

$\mu = 0{,}15$ a $0{,}2\ ...$ Coeficiente de Poisson $\qquad \mu = 0{,}2$

$Pu = 0{,}85\ \dfrac{\pi\ Di^2}{4}\ f_{ck} + A'_s\ f_{yk} + \dfrac{1}{2\ \mu}\ A_t\ f_{yk}$

$Pu = 0{,}115 \times 6.793 + 4{,}8 \times 5 + \dfrac{1}{0{,}4}\ 11{,}7 \times 5 = 781{,}2 + 24{,}0 + 146{,}2$

$Pu = 951{,}4$ tf $\qquad P = 250$ tf

Coeficiente de segurança $v = \dfrac{Pu}{P} \geq 3 \qquad v = \dfrac{951{,}4}{250{,}0} = 3{,}8 > 3$ (Satisfaz)

Exemplo 4: Projeto de uma sapata corrida:

Verificar o alicerce (sapata corrida) da parede externa de uma residência.

1) *DADOS E ESPECIFICAÇÕES*

A) *Esquema*

$A_1 = 800$ kgf/m $\quad G_1 = 1.300$ kgf/m $\quad G_2 = 700$ kgf/m

$G_3 = 400$ kgf/m $\quad N = A_1 + G_1 + G_2 + G_3 = 3.200$ kgf/m

B) *Carga vertical*

Carga por metro linear de parede $N = 3.200$ kgf/m

C) *Tensão admissível no terreno* $\sigma_s = 1$ kgf/cm^2

2) *PROJETO DA SAPATA*

A sapata em concreto simples, sem armar, com resistência mínima $f_{ck} = 90$

kgf/cm^2, correspondendo à tensão admissível $f_{cd} = \dfrac{f_{ck}}{\gamma_c} = \dfrac{90}{1{,}4} = 60$

Nestas condições:

$f_{cd} = 60$ kgf/cm^2 ... Tensão admissível à compressão

$f_{td} = \dfrac{f_{ck}}{30} = 3$ kgf/cm^2 ... Tensão admissível à tração

$\sigma_s = \dfrac{N}{A} = \dfrac{3.200}{100 \times 80} = 0{,}4$ kgf/cm$^2 < \overline{\sigma}_s = 1$ kgf/cm^2

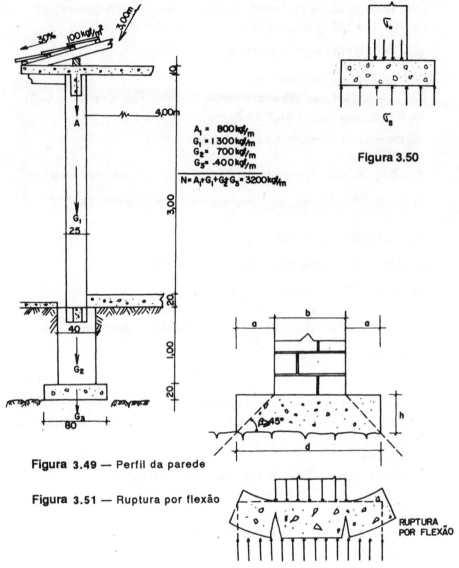

Figura 3.49 — Perfil da parede

Figura 3.50

Figura 3.51 — Ruptura por flexão

Altura da sapata

$F_{td} = 3$ kgf/cm^2 $\sigma_s = 0{,}4$ kgf/cm^2/m $\dfrac{\sigma_s}{f_{td}} = 0{,}13 \rightarrow \beta_{min} = 30°$

Para se evitar flexão da sapata, deve-se adotar β > 45°, isto é, considerar a peça como corpo rígido.

h ≥ a   Condição de corpo rígido

$a \geq \dfrac{1}{2}(d-b)$

Condição: β ≥ 45° — ausência de tração

Edifícios em estruturas de alvenaria

4.1 — CONSIDERAÇÕES PRELIMINARES

Como as estruturas em alvenaria armada já vêm sendo tratadas em outras publicações especializadas, com todas as devidas informações de ordem prática [10], conforme mencionado no Capítulo 1, para alvenarias armadas de blocos em concreto, blocos em silício-calcáreo ou cerâmica extrudada. Entendemos ser oportuno abordar o problema, objetivando a prioridade para uma análise teórica, abordando especificamente a alvenaria de origem em tijolos maciços.

A estabilidade das construções e dos elementos de construção em alvenaria, deve ser garantida em forma satisfatória, através de paredes e pavimentos (lajes enrijecedoras) ou através de outras medidas equivalentes, tais como caixa das escadas.

Todas as forças atuantes, inclusive a ação do vento, devem ser transferidas com segurança ao solo de fundação, cuja resistência deve ser verificada por cálculo. Segundo a DIN-1053, para edifícios até 6 pavimentos, se a planta contém paredes enrijecedoras em quantidade satisfatória, passando de uma parede externa à outra parede externa (frente e fundo) ou parede interna portante, a verificação da ação do vento poderá ser dispensada.

4.2 — EDIFÍCIOS EM ESTRUTURAS DE ALVENARIA

Os edifícios de habitação em estruturas de alvenaria de tijolos maciços de barro recozidos, tais como as encontradas nos remanescentes velhos casarões, com espessas paredes de pé-direito variado de 3,50 a 4,00 m, cômodos com comprimento até 6,00 m, pavimento de abobadilhas, arcadas, escadas desenvolvidas sobre arcos assimétricos de tijolos, vergas em arco etc.

Nas antigas construções dos castelos romanos, onde há paredes altas suportando grandes cúpulas, os arquitetos dispunham de algumas regras práticas para dimensionamento e disposição das naves de travamento [21].

Tendo em vista o aspecto acadêmico, não deixa de ser interessante a análise de estabilidade de parte de um edifício desse gênero e, sobre o aspecto profissional, poderá o engenheiro ser solicitado a executar uma reforma para adaptação à determinada finalidade num desses edifícios ou mesmo apresentar um laudo pericial no tocante à estabilidade.

120   Estruturas em alvenaria e concreto simples

Devemos obedecer às seguintes disposições:

1 - Comprimento do edifício até 12,50 m;

2 - Distância entre pisos (pés-direitos) até 3,60 m;

3 - Sobrecarga até 275 daN/m^2

4 - Alvenaria de tijolos comuns;

5 - Execução correta;

6 - Espessura das paredes de acordo com o quadro a seguir.

TABELA 4.1 - ESPESSURA DA PAREDE PELO N.º DE TIJOLOS

ESPESSURA DA PAREDE PELO N.º DE TIJOLOS			
	Paredes de fachada	Paredes externas	Caixa de escada (4)	Paredes divisórias (sem serem carregadas)
EDIFÍCIOS COM 5 PAVIMENTOS				
SÓTÃO	1 [1]	1	1/2 [5]	1
4.º ANDAR	1 1/2	1	1	1
3.º ANDAR	1 1/2	1	1	1
2.º ANDAR	1 1/2	1 1/2 [2] [3]	1	1 [6]
1.º ANDAR	2 [2]	1 1/2 [3]	1	1 1/2
TÉRREO	2	2 [2] [3]	1 1/2 [3]	1 1/2
PORÃO	2 1/2 [2]	2	2 [3]	1 1/2
EDIFÍCIOS COM 4 PAVIMENTOS				
SÓTÃO	1 [1]	1	1/2 [5]	1
3.º ANDAR	1 1/2	1	1	1
2.º ANDAR	1 1/2	1	1	1
1.º ANDAR	1 1/2	1 1/2 [2] [3]	1	1 [6]
TÉRREO	2 [2]	1 1/2 [3]	1	1 1/2
PORÃO	2	2 [2]	1 1/2	1 1/2
EDIFÍCIOS COM 3 PAVIMENTOS				
SÓTÃO	1 [1]	1	1/2 [5]	1
2.º ANDAR	1 1/2	1	1	1
1.º ANDAR	1 1/2	1	1	1
TÉRREO	1 1/2	1 1/2 [2] [3]	1	1 [6]
PORÃO	2 [2]	1 1/2	1	1 1/2

Edifícios em estruturas de alvenaria **121**

As espessuras das paredes nos edifícios de vários andares são previamente estabelecidas nos regulamentos, sendo portanto necessário somente o cálculo de verificação para comprovar a estabilidade (no Brasil, serve de orientação um antigo Código de Obras da PMSP, elaborado pelo Eng. Arthur Saboya).

4.3 — ESPESSURA DAS PAREDES DE EDIFÍCIOS

DIN-4106 - *Diretrizes sobre a Espessura de Paredes de Residências e Edifícios.*

Essas especificações são para edifícios de 3 a 5 pavimentos, compreendendo paredes externas e paredes internas, divisórias [3].

4.3.1 — Exemplo 1 — Muro externo de um prédio de alvenaria de tijolos

NOTA: Os tijolos maciços de barro, na década de 1920, tinham dimensões médias aproximadas de 27 x 13,5 x 6,5 cm. Na década de 1930, as dimensões passaram para 24 x 12 x 6 cm e a espessura convencional das paredes revestidas de 1 tijolo 30 cm e de 1/2 tijolo 15 cm. Atualmente, os tijolos maciços apresentam-se com dimensões de 20 x 10 x 5 cm, com as devidas tolerâncias de ± 2mm. Hoje convenciona-se, para paredes de 1 tijolo revestidas, 25 cm de espessura, para paredes de 1/2 tijolo, 15 cm. Parede em espelho, 10 cm de espessura.

Compressão excêntrica

Verificação da estabilidade de um muro externo de um prédio de alvenaria de tijolos

1) *DADOS*
Desenho de um prédio de 3 andares, com todas as cargas e pontos de aplicação, espessura das paredes, de acordo com a DIN-4106.

(1) Só no caso do pé-direito permitir o uso por pessoas; caso contrário, será 1/2 tijolo.

(2) (3) No caso de receber vigas ou servir de apoio para vigas contínuas; caso contrário, a parede poderá ser mais delgada.

(4) Se os degraus forem engastados, deverá ser verificada a estabilidade.

(5) No caso de não ter edifício contíguo.

(6) Se a parede não estiver apoiada em elementos construtivos incombustíveis.

122   Estruturas em alvenaria e concreto simples

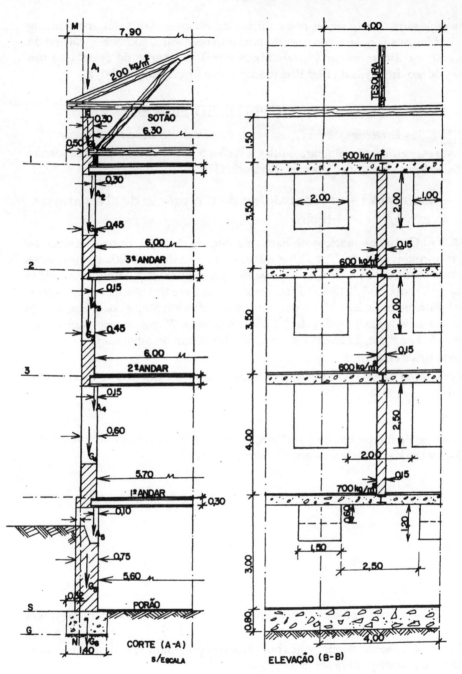

Figura 4.1

2) CONSIDERAÇÕES

A) Para efeito de verificação da estabilidade deverá ser considerado o trecho compreendido entre os eixos de 2 janelas consecutivas, trecho esse considerado como pilar (Fig. 4.2).

B) A verificação deve ser feita nas juntas indicadas no desenho (Fig. 4.1).

C) Sobre o referido trecho apóiam-se:

a) Tesoura colocada no centro, transmitindo o peso do telhado e respectiva sobrecarga.

b) Pavimentos com as respectivas sobrecargas (cargas aplicadas no centro da superfície de apoio).

c) Peso dos muros divisórios, transmitidos por meio de vigas colocadas no centro do referido trecho.

d) A carga do telhado distribui-se em partes iguais sobre a platibanda e junta 1 do sótão.

e) O vigamento penetra 0,30 m no muro.

3) ESPECIFICAÇÕES

A) *Massa específica aparente*
a) Alvenaria de tijolos $\gamma_t = 1{,}6 \ tf/m^3$
b) Concreto simples $\gamma_c = 2{,}2 \ tf/m^3$

B) *Tensões admissíveis*
a) Alvenaria de tijolos $\overline{\sigma}_A = 6 \ daN/cm^2$
b) Concreto simples $\overline{\sigma}_c = 30 \ daN/cm^2$
c) Terreno $\overline{\sigma}_s = 2 \ daN/cm^2$

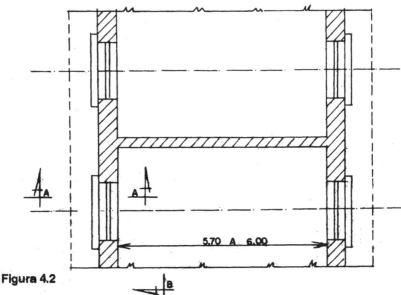

Figura 4.2

124 Estruturas em alvenaria e concreto simples

4) CÁLCULO DAS CARGAS PARCIAIS
A) *Peso das paredes externas (tf)*

Sótão

$- G_1 = 4,00 \times 0,50 \times 0,30 \times 1,6$ $= 2,88$

3.º *andar:*

$- G_2 = (4,00 \times 3,50 - 2,00 \times 2,00) \times 0,45 \times 1,6$ $= 7,20$

2.º *andar:*

$- G_3 = (4,00 \times 3,50 - 2,00 \times 2,00) \times 0,45 \times 1,6$ $= 7,20$

1.º *andar:*

$- G_4 = (4,00 \times 4,00 - 2,00 \times 2,50) \times 0,60 \times 1,6$ $= 10,56$

Porão;

$-G_5 = (4,00 \times 3,00 - \dfrac{0,60 + 1,20}{2} \times 1,50) \times 0,75 \times 1,6$ $= 12,78$

Sapata:

$- G_6 = 4,00 \times 1,40 \times 0,80 \times 2,2$ $= 9,86$

$\qquad\qquad\qquad\qquad\qquad\qquad\qquad\qquad\quad G \quad = 50,48$

B) *Cargas dos pavimentos e paredes divisórias (tf)*

Junta 1:

$- A_1 = \dfrac{1}{2}(4,00 \times \dfrac{7,90}{2} \times 0,200) = 1,54$

Junta 2:

$-A_2 = \dfrac{1}{2}(4,00 \times \dfrac{7,90}{2} \times 0,200) + ((4,00 \times \dfrac{6,30}{2} \times 0,500) = 7,84$

Junta 3:

$-A_3 = (4,00 \times \dfrac{6,00}{2} \times 0,600) + (3,50 - 0,30) \times \dfrac{6,00}{2} \times 0,15 \times 1,6 = 9,50$

Junta 4:

$-A_4 = (4,00 \times \dfrac{6,00}{2} \times 0,600) + (3,50 - 0,30) \times \dfrac{6,00}{2} \times 0,15 \times 1,6 = 9,50$

Junta 5:

$-A_5 = (4,00 \times \dfrac{5,70}{2} \times 0,700) + (4,00 - 0,30) \times \dfrac{5,70}{2} \times 0,15 \times 1,6 = 10,51$

$\qquad\qquad\qquad\qquad\qquad\qquad\qquad\qquad\qquad\qquad\qquad A = 38,89$

5) CÁLCULO DOS MOMENTOS PARCIAIS (tfm)
A) *Momento devido ao peso da parede externa*

Junta 1:

$M_{G1} = 2,88 \times 0,150$ $= 0,43$

Junta 2:

$M_{G2} = 7,20 \times 0,225$ $= 1,62$

Junta 3:

$M_{G3} = 7,20 \times 0,225$ $= 1,62$

Junta 4:

$M_{G4} = 10,56 \times 0,300$ $= 3,17$

Junta 5:

$M_{G5} = 12,78 \times (0,325 - 0,100) = 2,87$

Junta 6:

$M_{G6} = 9,86 \times (0,70 - 0,325) = 3,70$

$\qquad\qquad\qquad\qquad\qquad M_G = \overline{13,41}$

B) *Momento devido às cargas dos pavimentos e paredes divisórias (tfm)*

Junta 1:
$M_{A1} = 1{,}54 \times 0{,}15 \qquad = 0{,}23$

Junta 2:
$M_{A2} = 7{,}84 \times (0{,}45 - 0{,}15) \qquad = 2{,}25$

Junta 3:
$M_{A3} = 9{,}50 \times (0{,}45 - 0{,}15) \qquad = 2{,}85$

Junta 4:
$M_{A4} = 9{,}50 \times (0{,}60 - 0{,}15) \qquad = 4{,}27$

Junta 5:
$M_{A5} = 10{,}51 \times (0{,}75 - 0{,}10 - 0{,}15) = \underline{5{,}25}$
$\qquad\qquad\qquad\qquad\qquad\qquad M_A = 14{,}85$

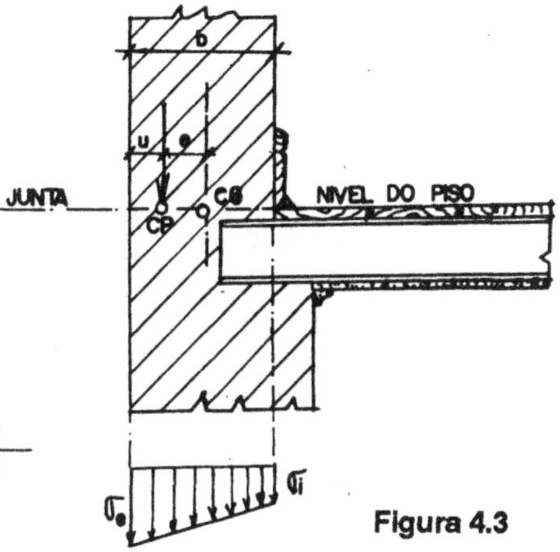

Fórmulas: $\quad \sigma_m = \dfrac{\Sigma N}{S}$

Figura 4.3

$\sigma_i = \sigma_m \left(1 + \dfrac{6e}{b}\right) \quad$ Tensão no parâmetro interno

$\sigma_e = \sigma_m \left(1 - \dfrac{6e}{b}\right) \quad$ Tensão no parâmetro externo

$N = G + A \qquad M = M_G + M_A \qquad Z = \dfrac{\Sigma M}{\Sigma N}$

$e = Z - \dfrac{b}{2}$

CONCLUSÕES

a) Devemos aumentar a espessura da parede do porão (tentativas - 0,90 - $^1/_2$ tijolo);

b) Aumentar a largura da sapata (2,50 m);

c) As tensões máximas ultrapassam em 1 e 2 as tensões admissíveis;

d) devemos, portanto, alterar a largura da parede do porão e a largura da sapata.

4.4 — RECOMENDAÇÕES DA DIN-1053, APLICADAS AOS EDIFÍCIOS EM ALVENARIA EM TIJOLOS MACIÇOS

1) *ABÓBADAS, ARCOS E ABOBADILHAS ENTRE VIGAS*

A forma das abóbadas e arcos, deve se aproximar, tanto quanto possível, da linha de pressão, correspondente à carga permanente.

TABELA 4.2 - RESUMO DAS CARGAS ESFORÇOS E TENSÕES

JUNTAS	CARGAS PARCIAIS			MOMENTOS PARCIAIS (T.m)			CARGAS ACUMULADAS ΣN	MOMENTOS ACUMULADOS ΣN	DISTÂNCIA DO C.P. À L.REF. $u=\dfrac{\Sigma M}{\Sigma N}$ (m)	EXCENTRICIDADE	DIMENSÕES DAS SEÇÕES TRANSVERSAIS			$\dfrac{6e}{b}$	TENSÕES (tf/m²)		
	G	A	N	M_G	M_A	M					b	d	s		Média σ_m	Parâmetro interno σ_i	Parâmetro externo σ_e
1	2,88	1,54	4,42	0,43	0,23	0,66	4,42	0,66	0,15	0,000	0,30	2,00	0,60	0,00	7,35	7,31	7,35
2	7,20	7,84	15,04	1,62	2,25	3,87	19,46	4,53	0,23	0,005	0,45	2,00	0,90	-0,06	21,60	22,90	20,30
3	7,20	9,50	16,70	1,62	2,85	4,47	36,26	9,00	0,25	0,025	0,45	2,00	0,90	0,33	40,00	53,20	26,80
4	10,56	9,50	20,06	3,17	4,27	7,44	56,32	16,44	0,29	0,010	0,60	2,00	1,20	0,1	47,00	42,30	51,80
5	12,78	10,51	23,29	2,87	5,25	8,12	79,61	24,56	0,31	0,065	0,75	2,60	1,68	0,52	47,00	22,80	72,00
6	9,86	—	9,86	3,70	—	3,70	89,47	28,26	0,32	0,380	1,40	4,00	5,60	1,63	15,90	10,00	41,90
Σ	50,48	38,89	89,37	13,41	14,85	28,26	179,84	56,52									

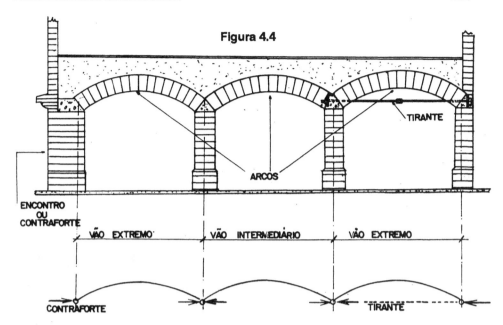

Figura 4.4

Abóbada e arcos devem ser calculados conforme a teoria da elasticidade. A flecha deve ser no mínimo 1/10 do vão da abóbada, sendo a condição ideal a relação flecha/vão = 1/2 (arco pleno).

Os vãos extremos devem ter vinculação lateral, para absorver empuxos dos vãos internos, através de contrafortes ou tirantes.

2) *EFEITO DE ARCO DO CARREGAMENTO SOBRE VIGAS E VERGAS*

Para o cálculo do momento fletor nas vigas e vergas, considera-se uma parábola de carregamento da alvenaria. Já para o cálculo das reações nos apoios, considera-se o carregamento total[3], isto é, o que costumam dizer os projetistas das abóbadas dos túneis: "*nem toda a montanha pesa sobre o teto*", pois nos solos coesivos resulta um arco de carregamento sobre o túnel (parabólico ou elíptico).

A altura da parede que atua sobre a viga depende da resistência do material da parede e de "α" ângulo de atrito interno do material, que varia entre os limites de $\alpha = 60°$ a $\alpha = 75°$.

Conhecido "α", temos a altura da parede sobre a viga, variando de $h_0 = 0{,}43$ L a $0{,}93$ L.

Para simplificação e maior segurança, a DIN-1053 recomenda, para o cálculo das vergas de sustentação sob paredes, a área limitada por um triângulo equilátero, cujos catetos correspondem ao vão livre (Fig 4.6), considerações essas válidas para a verificação da flexão e força cortante.

As reações nos apoios correspondem ao carregamento total.

Estruturas em alvenaria e concreto simples

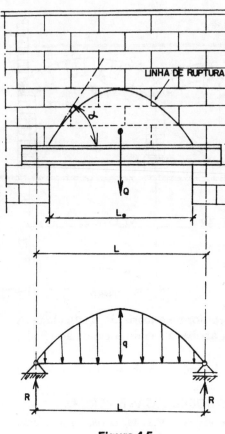

γ ... Massa específica aparente da alvenaria
d ... Espessura da parede
$g = \gamma d$ ... tf/m^2
g ... Peso de parede por m^2
$Q = h_0 g \ tf/m^2 \qquad q = \dfrac{Q}{L} \ tf/m$

Mom. fletor máximo: \qquad Força cortante:

$$M = \dfrac{5}{48}qL^2 \qquad V = q\dfrac{L}{2}$$

Reação de apoio ... $R = \dfrac{dh\gamma L}{2}$

Figura 4.5

$h_0 = 0{,}43 \ L_0$

Na prática, convém adotar $h_0 = L_0$ para $h > h_0$ e $h < h_0$, generalizando-se para as vigas contínuas.

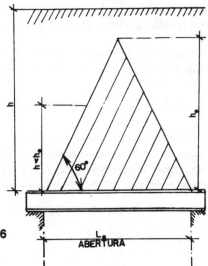

Figura 4.6

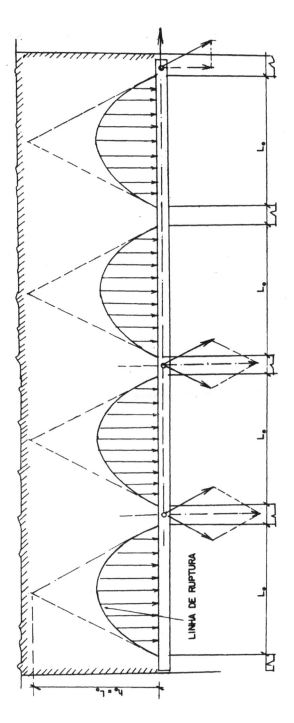

Figura 4.7 (a) — Carga devido ao peso de parede em viga contínua ($h_0 = L_0$)

Estruturas em alvenaria e concreto simples

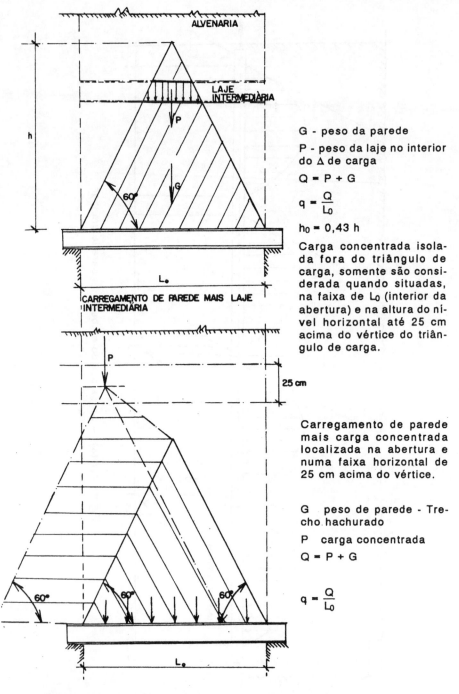

G - peso da parede
P - peso da laje no interior do Δ de carga
$Q = P + G$
$q = \dfrac{Q}{L_0}$
$h_0 = 0,43\ h$

Carga concentrada isolada fora do triângulo de carga, somente são considerada quando situadas, na faixa de L_0 (interior da abertura) e na altura do nível horizontal até 25 cm acima do vértice do triângulo de carga.

Carregamento de parede mais carga concentrada localizada na abertura e numa faixa horizontal de 25 cm acima do vértice.

G peso de parede - Trecho hachurado
P carga concentrada
$Q = P + G$

$q = \dfrac{Q}{L_0}$

Figura 4.7 (b) — Carregamento de parede mais laje intermediária

3) JUNTAS E AMARRAÇÃO

Na alvenaria de tijolos maciços, a argamassa deve preencher tanto as juntas verticais quanto as horizontais.

As juntas de abóbadas devem ser tão estreitas quanto possível. Em sua parte superior, a espessura da junta não deve ultrapassar 2 cm.

A alvenaria deve ser executada com amarração, isto é, as juntas verticais de camadas superpostas devem ser defasadas.

Os blocos ou tijolos de cada fiada devem ter a mesma altura.

4) ENRIJECIMENTO DE PAREDES

As paredes portantes são consideradas como enrijecidas, quando estão fixadas sem possibilidade de deslocamento perpendicular ao seu plano, através de paredes de amarração e lajes de travamento.

As paredes de amarração, para funcionarem como enrijecedoras, devem corresponder no mínimo a 1/5 da altura livre das aberturas (largura total das espaletas).

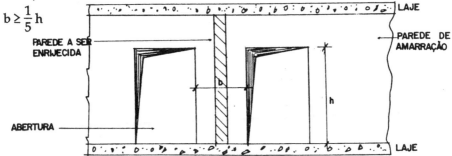

Figura 4.8 — Largura mínima da parede enrijecida

4.5 — AÇÃO DO VENTO NOS EDIFÍCIOS EM ESTRUTURAS DE ALVENARIA

As normas técnicas exigem que as estruturas das edificações sejam auto-resistentes à ação do vento, cuja verificação é facilitada, visto que permitem o emprego de processos simplificados de cálculo.

Para as construções em estrutura de alvenaria, pode-se contar com o contraventamento das paredes externas e internas, pisos e caixa de escada, desde que a carga horizontal do vento possa ser transmitida às fundações.

Freqüentemente, edifícios mistos (moradia e comércio) têm a planta baixa, sem paredes divisórias. Geralmente a parte superior é contraventada e a parte inferior sem travamento, exigindo neste caso estrutura em arco ou, na atualidade, aporticada em aço ou concreto armado.

As várias soluções, adotadas para o cálculo estático da ação do vento nos edifícios, admitem que os pisos sejam suficientemente rígidos, para transmitir as cargas horizontais aos suportes (pilares ou paredes), cuja validade, nos casos de estruturas de alvenaria, depende praticamente do atrito nos apoios, o que deverá ser verificado.

4.5.1 — Parâmetros de estabilidade global

1) DEFORMAÇÃO FICTÍCIA

Para verificação da estabilidade do conjunto de um edifício, proveniente das solicitações laterais e desaprumo dos elementos enrijecedores, considera-se a deformação fictícia:

$$\varphi \leq \pm \frac{1}{100\sqrt{h}}$$

h ... Altura do prédio em metros
φ ... Ângulo de deformação em radianos

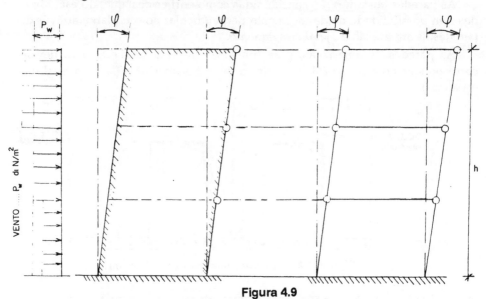

Figura 4.9

2) CARREGAMENTO HORIZONTAL — ACRÉSCIMO NA PRESSÃO DO VENTO EM SUBSTITUIÇÃO À TEORIA DE 2.ª ORDEM

A) *Esclarecimento preliminar: Flexo-compressão: Conceito da Teoria de 2.ª Ordem* [5] e [22]:

Designamos como Teoria de 2.ª Ordem um processo de cálculo menos aproximado matematicamente, em que se leva em consideração as deformações da estrutura (linha elástica) e, conseqüentemente, os momentos devidos às excentricidades ocasionadas pelas próprias deformações.

Para melhor ilustração, seja a barra solicitada à flexão composta; neste caso, as flechas não são funções lineares dos esforços aplicados, muito embora o material siga a Lei de Hooke.

Desprezamos o encurtamento devido ao esforço "N"

Edifícios em estruturas de alvenaria

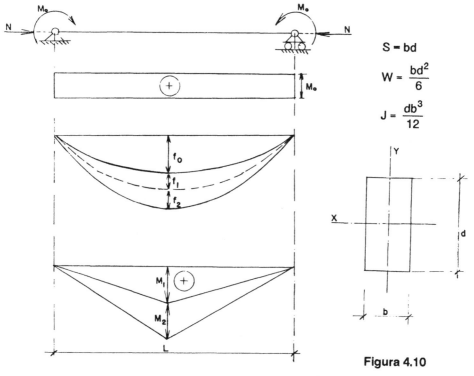

Figura 4.10

M_0 ... produz a flecha f_0; segundo Möhr: $f_0 = \dfrac{M_0 L^2}{8 \, EJ}$

Devido à flecha f_0, aparece o acréscimo de momento $M_1 = N f_0$ e conseqüentemente a flecha f_1, devido à M_1.

Devido ao incremento da flecha f_1, aparece o acréscimo de momento $M_2 = N f_1$ e, conseqüentemente a flecha f_2, devido à M_2.

A flecha final tende a um limite, correspondente ao estado final de resistência da viga (problema de instabilidade por bifurcação do equilíbrio; Fig. 4.8)

$f = f_0 + f_1 + f_2 ... + f_n$

A tensão máxima de compressão será dada pela expressão:

$\sigma_{máx} = -\dfrac{N}{S} - \dfrac{(M_0 + N f_0)}{W} \cdot \dfrac{f}{f_0}$

Figura 4.11

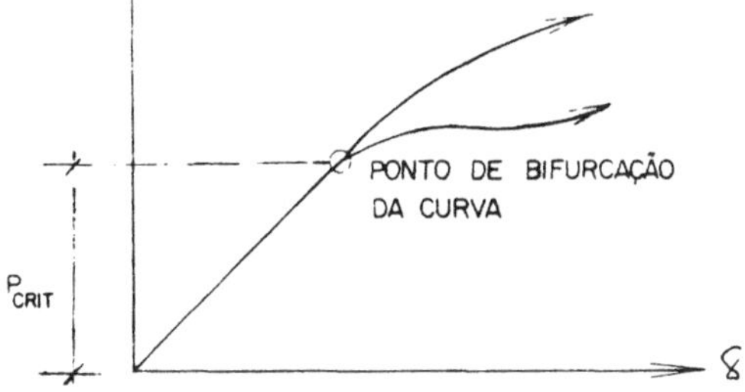

Coeficiente de segurança:

$P_{crit} = \dfrac{\pi^2 E J}{\left(\dfrac{L}{i}\right)^2}$ ... Carga crítica

$\nu = \dfrac{\sigma_c}{\sigma_{máx}}$

A relação $= \dfrac{F}{f_0} = \dfrac{P_{crit}}{P_{crit} - N}$

σ_c ... Limite de escoamento do material da barra.

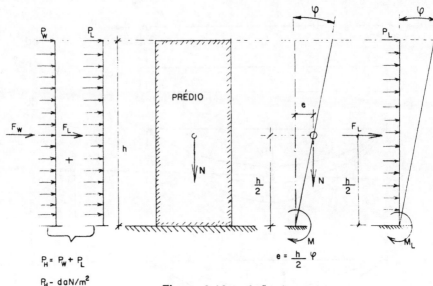

Figura 4.12 — Ação do vento

B) *Ação do vento:*
Momentos na base:

Devido à N ... $M = Ne = \dfrac{N\varphi h}{2}$ ... Peso do prédio

Devido à F_L ... $M_L = F_L \dfrac{h}{2} = P_L \dfrac{h^2}{2}$ ... Pressão de acréscimo do vento ou de desaprumo.

P_W ... Conforme especificações da NBR-6123 ou DIN-1055
N ... Peso total do prédio nas fundações.
Na base do prédio $M = M_L$

$\dfrac{N\varphi h}{2} = P_L \dfrac{h^2}{2}$ ∴ $P_L = \dfrac{N}{h\varphi}$

mas $\varphi = \dfrac{1}{100\sqrt{h}}$ $P_L = \dfrac{N}{100\sqrt{h^3}}$

NOTA: Critério mais preciso, ver NBR-9062 - item 5.1.2.

3) *PARÂMETRO FICTÍCIO DE FLEXIBILIDADE, PARA EFEITOS DA TEORIA DE 1.ª ORDEM:*

$\alpha = h\sqrt{\dfrac{N}{EJ}} \leq \alpha_0$

E ... Módulo de elasticidade de alvenaria
J ... Somatória dos momentos de inércia dos pilares.
h ... Altura do prédio.
$\alpha_0 \leq 0{,}6$ ... Para $n \geq 4$
$\alpha_0 \leq 0{,}2$ ... Para $n < 4$ n = número de andares

Edifícios em estruturas de alvenaria **135**

4.5.2 — Exemplo 2 — Determinar os parâmetros de estabilidade para um edifício em estrutura de alvenaria, para execução com blocos sílico-calcários, comercialmente conhecidos pela marca "Prensil".[11]

1) DADOS:

A) *Desenhos*: paredes portantes normais aos planos x-x e y-y, respectivamente.

B) *Altura do edifício*: 10 andares, com pé-direito de 2,75 m.

C) *Fundação direta e rasa* (desprezada a altura do piso térreo até as sapatas).

D) *Materiais*: Espessura das paredes portantes 24 cm — Argamassa tipo III, segundo a DIN-1053.

Blocos — Resistência à compressão, segundo a DIN-106.

Módulo de elasticidade da alvenaria — $E = 50 \times 10^3 \ daN/cm^2$

Massa específica aparente $= 1.600 \ daN/m^3$

E) *vento*:

Velocidade característica $V_k = 35{,}8 \ m/s$

Pressão dinâmica: $q = V_k \dfrac{2}{16} = 80 \ daN/m^2$

Sobrepressão a barlavento: $p_w = c\,q \qquad c = (0{,}7 + 0{,}5) = 1{,}2$

$p_w = 1{,}2 \times 80 = 96 \ daN/m^2 \sim 0{,}100 \ tf/m^2$

F) *Especificações para blocos "Prensil"*

G) *Tipos de blocos estruturais*: DIN-106 -

Sílico-calcário marca Prensil.

De acordo com a resistência à compressão daN/cm^2 — 100, 150, 250, 350

2) PLANTA DO EDIFÍCIO - Esc. 1:200   (Fig. 4.10)

3) *ESQUEMA DAS PAREDES PORTANTES*   (Figs. 4.11, 4.12 e 4.13)

A) *Vento na direção* Y (Fy)

B) *Vento na direção* Y (Fx)

Fy ... Vento (resultante horizontal)

N ... Peso próprio total (resultante vertical)

4) *ELEMENTOS GEOMÉTRICOS*   (Tabs. 4.6 e 4.7)

5) *PARÂMETROS DE ESTABILIDADE GLOBAL*

A) *Peso total do prédio* $N = V \cdot \gamma$ $\gamma = 0{,}50$ a $0{,}60 \ tf/m^3$

Superfície de um pavimento $= 16{,}00 \times 15{,}00 = 240{,}00 \ m^2$

Volume de um pavimento com pé-direito: $2{,}75 = 240 \times 2{,}75 = 660 \ m^3$

Volume da construção: $V = 660 \times 10 = 6.600 \ m^3$

Peso total do prédio: $N = 6.600 \times 0{,}60 = 3.960 \ tf$

B) *Ação do vento* — NBR-6123

Velocidade característica $V_k = 35{,}8 \ m/s$

136 Estruturas em alvenaria e concreto simples

TABELA 4.3 - TENSÕES ADMISSÍVEIS DA ALVENARIA - daN/cm²

RESISTÊNCIA DO BLOCO PRENSIL daN/cm²	TENSÕES ADMISSÍVEIS NAS ALVENARIAS — daN/cm²		
	ARGAMASSA GRUPO II	ARGAMASSA GRUPO IIa	ARGAMASSA GRUPO III
100	9	10	12
150	12	14	16
250	16	19	22
350	22	25	30

TABELA 4.4 - TENSÕES ADMISSÍVEIS DE ACORDO COM A ESBELTEZ DAS PAREDES

BLOCO PRENSIL — $d \geq 24$ cm

TENSÃO ADMISSÍVEL À COMPRESSÃO - daN/cm²										
ESBELTEZ h/d	ESBELTEZ h/d > 10									
$4 < \dfrac{h}{d} \leq 10$	8	10	12	14	16	19	22	25	30	
COMPRESSÃO COM CARGA CENTRADA — 10 *	8	10	12	14	16	19	22	25	30	TENSÕES DE COMPRESSÃO C/ CARGA EXCÊNTRICA
12 **	6	7	8	10	11	13	15	17	20	
14 **	4	5	6	7	8	9	10	11	14	

* Alvenaria Grupo IIa — Resist. do bloco 100 daN/cm²
**Alvenaria grupo II e IIa — Resist. do bloco 150 daN/cm²

TABELA 4.5 - TRAÇO DAS ARGAMASSAS EM VOLUME

GRUPO	CIMENTO PORTLAND	CAL HIDRATADA	AREIA (SECA)	RESISTÊNCIA MÍNIMA AOS 28 DIAS - daN/cm²	
				ISOLADOS	MÉDIA
II	1	2	8	≥ 20	≥ 25
IIa	1	1	8	≥ 40	≥ 50
III	1	—	4	≥ 80	≥ 100

TABELA 4.6 - VENTO NA DIREÇÃO Y $\Sigma J_x = 162{,}99 m^4$

PAREDES Py	ÁREA DA SEÇÃO TRANVERSAL S (m^2)	MOMENTO DE INÉRCIA Jx (m^4)	MÓDULO RESISTENTE Wx (m^3)
Py1 = Py7	3,60	67,37	8,99
Py2 = Py5	1,32	3,31	1,21
Py3 = Py6	1,56	5,47	1,69
Py4	1,95	10,69	2,63

137

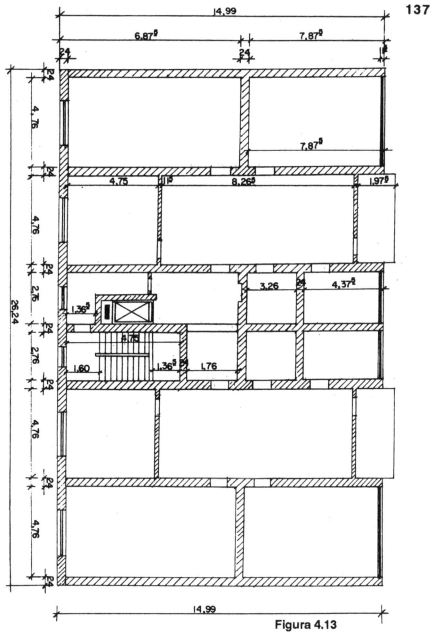

Figura 4.13

TABELA 4.7 - VENTO NA DIREÇÃO X $\Sigma J_y = 22,61 m^4$

PAREDES Px	ÁREA DA SEÇÃO TRANSVERSAL S (m²)	MOMENTO DE INÉRCIA Jy (m⁴)	MÓDULO RESISTENTE Wy (m³)
Px1	1,86	8,15	2,61
Px2 = Px4	1,74	5,88	2,24
Px3	1,32	2,70	1,02 — 1,46

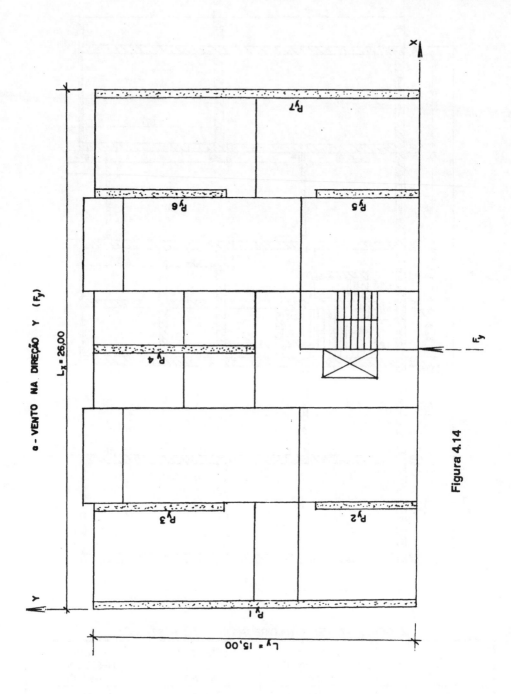

Figura 4.14

Edifícios em estruturas de alvenaria 139

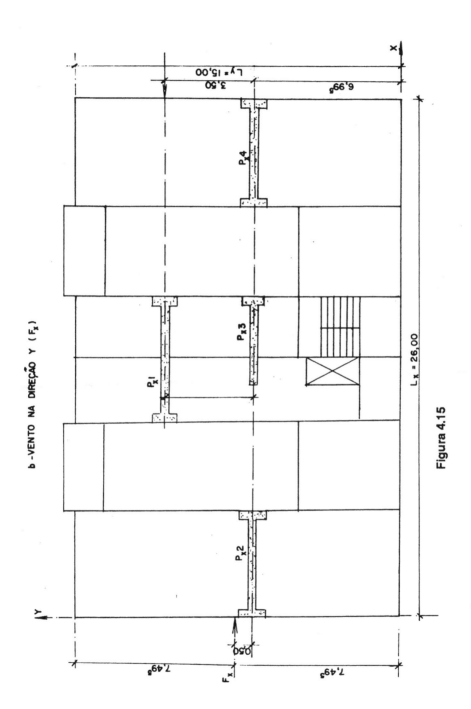

Figura 4.15

140 Estruturas em alvenaria e concreto simples

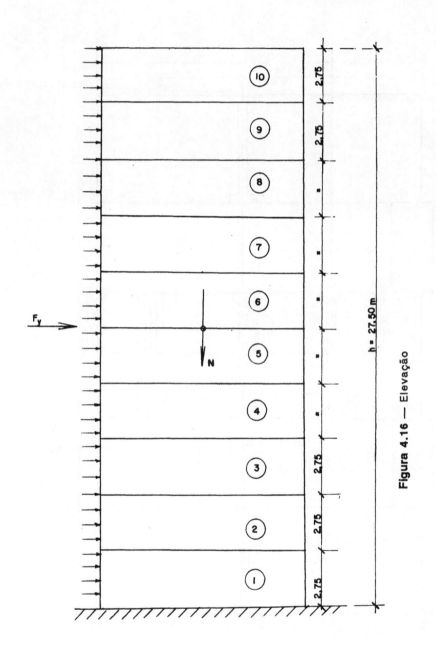

Figura 4.16 — Elevação

estruturas de alvenaria
141

Pressão dinâmica $q = \dfrac{V_k^2}{16} = 80 \ kgf/m^2$

Barlavento:

Coeficiente de forma externo: $Ce = + 0,7$

Coeficiente de forma interno: $Ci = - 0,3$

$$Ci = + 0,2$$

Sotavento:

Coeficiente de forma externo: $Ce = - 0,5$

Coeficiente de forma interno: $Ci = - 0,3$

$$Ci = + 0,2$$

Considerar o efeito mais nocivo, devido à Ci.

1.ª HIPÓTESE   (Fig. 4.14)

2.ª HIPÓTESE   (Fig. 4.15)

$C = Ce - (+ Ci) = Ce - Ci \qquad C = - Ce - (+ Ci) = - (Ce + Ci)$

$p = p_w + p_L \qquad\qquad p_w = 0,096 = 0,100 \ tf/m^2$

$$P_L = \frac{N}{100 \sqrt{h^3}} = \frac{3.960}{100 \sqrt{(27,5)^3}} = 0,27 \ tf/m^2$$

$p = 0,10 + 0,27 = 0,37 \ tf/m^2$

Força de arrasto

$Fy = p \cdot h \cdot Lx = 0,37 \times 27,50 \times 26,00 = 264,55 \ tf$

$Fx = p \cdot h \cdot Ly = 0,37 \times 27,50 \times 15,00 = 152,62 \ tf$

6) *PARÂMETRO DE FLEXIBILIDADE — PARA APLICAÇÃO DA TEORIA DE 1.ª ORDEM*

$$\alpha_x = h \sqrt{\frac{N}{E \, Jx}} \le 0,6 \qquad \alpha_y = h \sqrt{\frac{N}{E \, Jy}} \le 0,60$$

$$\alpha_x = 27,50 \sqrt{\frac{3.960}{500.000 \times 163}} = 0,19 < 0,6 \ \text{(Satisfaz)}$$

$$E = 50 \times 10^4 \ tf/m^2$$

$$\alpha_y = 27,50 \sqrt{\frac{3.960}{500.000 \times 23}} = 0,51 < 0,6 \ \text{(Satisfaz)}$$

Observamos o valor $\alpha_y > \alpha_x$, devido à quantidade das paredes portantes na direção Y, com $Lx > Ly$ e $Fy > Fx$. Isto traduz a necessidade da rigidez dessas paredes, para resistir à ação do vento.

7) *DEFORMAÇÃO FICTÍCIA*

$$\varphi = \pm \frac{1}{100 \sqrt{h}} = \pm 0,002 \ rd \ (0,115°)$$

142 Estruturas em alvenaria e concreto simples

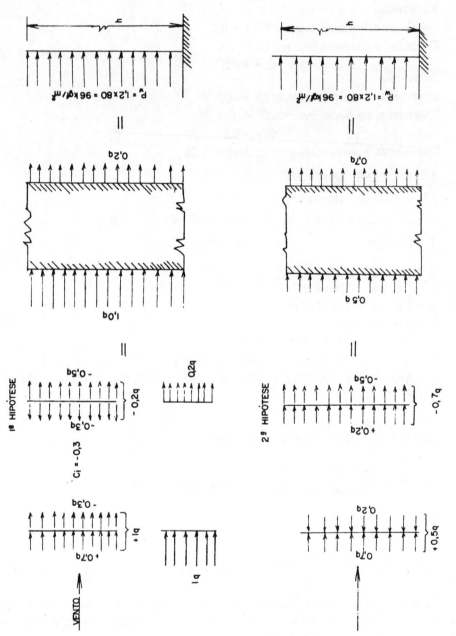

Figura 4.17

Edifícios em estruturas de alvenaria

8) *FLEXÃO DEVIDO À AÇÃO DO VENTO*
A) Momentos totais — Base das paredes

$$\overline{M}_x = F_y \times \frac{h}{2} = 264{,}55 \times \frac{27{,}50}{2} = 3.637{,}60 \text{ tfm}$$

$$\overline{M}_y = F_x \times \frac{h}{2} = 152{,}62 \times \frac{27{,}50}{2} = 2.092{,}70 \text{ tfm}$$

B) *Momentos fletores parciais — Base das paredes*
Formulas:

$K_x = \dfrac{J_x}{\Sigma J_x}$ $\quad M_x = K_x \overline{M}_x \quad$ K_x, K_y ... Fator de rigidez

$K_y = \dfrac{J_y}{\Sigma J_y}$ $\quad M_y = K_y \overline{M}_y$

Admite-se estarem as paredes engastadas na fundação

TABELA 4.8 - MOMENTOS PARCIAIS NAS BASES DAS PAREDES

PAREDE	DIREÇÃO: Fy			DIREÇÃO: Fx		
	Jx	Kx	Mx	Jy	Ky	My
Py1 = Py7	67,37	0,41	1.491,40			
Py2 = Py5	3,31	0,02	72,75			
Py3 = Py6	5,47	0,04	145,50			
Py4	10,69	0,06	218,25			
Px1				8,15	0,36	753,40
Px2 = Px4				5,88	0,26	544,10
Px3				2,70	0,12	251,12
Σ	162,99	1,00	3.637,60	22,61	1,00	2.092,70

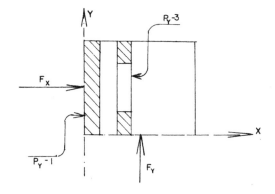

9) TORÇÃO DEVIDO À AÇÃO DO VENTO

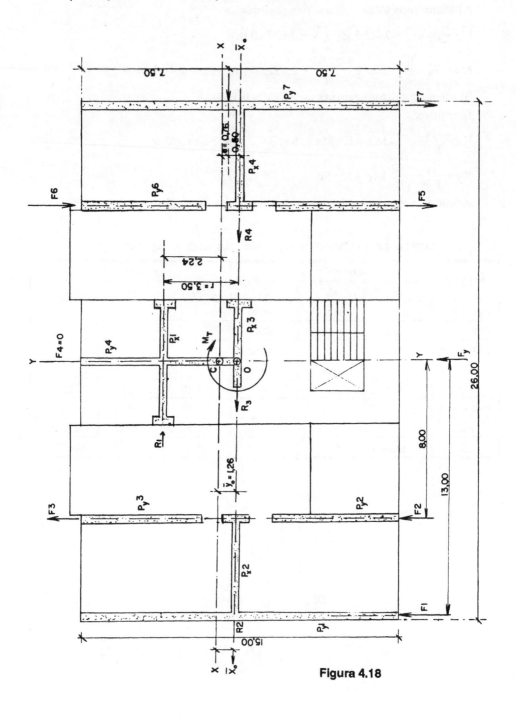

Figura 4.18

145

C ... Baricentro das paredes portantes (intersecção de x-x com y-y)

O ... Centro de empuxo (intersecção de $\overline{x}0 - \overline{x}0$ com y - y)

M = $F_x\, e_0$ ... Momento torçor, $e_0 = \overline{y}_0 - e$

Fy ... Empuxo do vento (força de arrasto), transversal à fachada.

Devido à simetria, Fy não solicita as paredes à torção $M_t = 0$

Fx ... Empuxo longitudinal

Devido à excentricidade "e_0", as paredes serão solicitadas por esforço constante, devido ao momento torçor $M_T = F_x\, e_0$

$F_1, F_2, ... F_7$ — Solicitação nas paredes paralelas ao eixo y-y, devido ao momento torçor $M_T = F_x e$

$R_1, R_2, ... R_4$ — Solicitação nas paredes paralelas ao eixo x-x, devido ao momento torçor $M_T = F_x e$

$F_1, F_2, ... F_7, R_1, R_2$ — Incógnitas do problema.

Y_0 ... Distância entre os eixos x-x e $\overline{X}_0 - \overline{X}_0$.

$\overline{X}_0 - \overline{X}_0$ ... Eixo x-x deslocado devido à M_T

X-X e Y-Y ... Eixos principais de inércia do conjunto.

Cálculo do momento torçor $M_T = F_x\, e_0$

$F_x = 152{,}62$ tf $\quad e_0 = Y_0 - e$

Como a resistência das paredes portantes depende da rigidez transversal das mesmas $\left(\dfrac{Ji}{\Sigma Ji}\right)$, para quantificar $F_1, F_2 ...$ e

$R_1, R_2 ... R_4$, podemos adotar neste exemplo a seguinte simplificação, para calcular Y_0:

A) *Considerar as paredes simétricas* ($P_y1 ...$ a P_y7)

B) *Considerar as paredes no mesmo alinhamento* ($P_x2, P_x3 ... P_x4$) *como referência para determinar* Y_1.

C) *Considerar a parede portante mais afastada* P_x1 *para cálculo de* Y_0 *isto tomando momento estático da rigidez desta parede como sendo o vetor força em relação ao alinhamento de referência.*

Nestas condições: $P_x1 ...$ Pilar mais afastado

$Y_0 = \dfrac{Ji}{\Sigma Ji}\cdot r_i \qquad J_i = J_y = 8{,}15$

$\Sigma J_i = \Sigma J_y = 22{,}61$

$r_i = r = 3{,}50$ m

$Y_0 = \dfrac{8{,}15 \times 3{,}50}{22{,}61} = 1{,}26$ m

$e_0 = Y_0 - e = 1{,}26 - 0{,}50 = 0{,}76$ m

1 - Momento torçor total: $M_T = F_x \cdot e_0 = 152{,}62 \times 0{,}76 = 115{,}99 \sim 116{,}00$ tfm

2 - Momento torçor nas paredes

Distribuição do momento torçor nas várias paredes portantes em torno do centro empuxo "O". Coeficientes de distribuição: $\dfrac{Ji}{D}$

146   Estruturas em alvenaria e concreto simples

a) *Cálculo do denominador "D"*

$D = \Sigma \, (J_{xi} \, Y_i^2 + J \, Y_i \, X_i^2) \, ... \, m^6$

Cálculo de "D" - Eixo $\overline{X}_0 - \overline{X}_0$

TABELA 4.9

PAREDES	EIXOS DE REFERÊNCIA						COEFICIENTE DE DISTRIBUIÇÃO DE M_T	
	EIXO X - X			EIXO Y - Y				
	Jy	Y	$Jy\,y^2$	Jx	X	$Jx\,x^2$	θx	θy
Py1	67,37	13,00	11.385,53				0,0360	
Py2	3,31	8,00	211,84				0,0011	
Py3	5,47	8,00	350,08				0,0018	
Py4	1,95	0	0				0	
Py5	-3,31	-8,00	-211,84				0,0011	
Py6	-5,47	-8,00	-350,08				0,0018	
Py7	-67,37	-13,00	-11.385,53				0,0360	
Px1				8,15	2,24	40,89		0,0008
Px2				5,88	1,26	9,33		0,0003
Px3				2,70	1,26	4,29		0,0001
Px4				5,88	1,26	9,33		0,0003
Σ	23.894,90					63,84		
D	23.958,74 m^6							

b) *Esforços cortantes nas paredes*
Fórmulas:

$$F_i = \frac{JY_i \, X_i}{N} \, MT \qquad R_i = \frac{JX_i \, Y_i}{N} \, MT \qquad M_T = 116 \text{ tfm}$$

$$\frac{JY_i \, X_i}{N} = \theta_{xi} \qquad\qquad \frac{JX_i \, Y_i}{N} = \theta_{yi} \qquad \theta_{xi}, \theta_{yi} \, ...$$

$F_i = \theta_{xi} \, M_T \qquad R_i = \theta_{yi} \, M_r \qquad$ Coef. de distribuição do momento torçor

c) *Esforços cortantes*

$F_i = \theta_x \, MT = 0,036 \times 116 = 4,18 \text{ tf} \qquad F_4 = 0$

$F_2 = \theta_x \, M_T = 0,0011 \times 116 = 0,13 \text{ tf} \qquad F_5 = F_2$

$F_3 = \theta_x \, M_T = 0,0018 \times 116 = 0,20 \text{ tf} \qquad F_6 = F_4$

$\qquad\qquad\qquad\qquad\qquad\qquad\qquad\qquad\qquad\quad F_7 = F_1$

$R_1 = \theta_y \, M_T = 0,0008 \times 116 = 0,10 \text{ tf}$

$R_2 = \theta_y \, M_T = 0,0003 \times 116 = 0,03 \text{ tf}$

$R_3 = \theta_y \, MT = 0,0001 \times 116 = 0,01 \text{ tf}$

$R_4 = R_2 = 0,03 \text{ tf}$

Edifícios em estruturas de alvenaria

10) DETERMINAÇÃO DAS TENSÕES

A) Considerações preliminares

A determinação das tensões solicitantes devidas aos esforços de compressão, flexão e cisalhamento deve ser feita em cada parede individualmente, respeitando obviamente a simetria geométrica e o carregamento.

A título de ilustração, apresentamos o cálculo das tensões na parede $P_y{}^3$.

Como foi determinado o momento fletor máximo na base da parede, junto à fundação, admitimos o diagrama de momentos fletores e forças cortantes devido ao vento, variando linearmente. para simplificação do trabalho de cálculo.

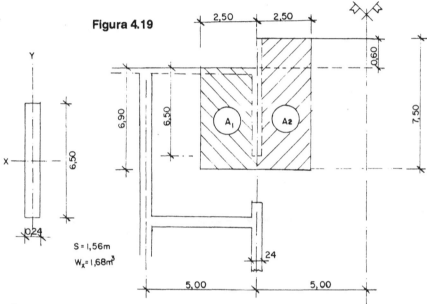

Figura 4.19

Áreas de influência dos pisos sobre $P_y{}^3$
A1 = 2,50 x 6,90 = 17,25 m^2
A2 = 2,50 x 7,50 = 18,75 m^2
Desprezando-se a área ocupada pela parede A = A1 + A2 = 36 m^2

B) Cargas verticais unitárias

Laje ... Espessura média (28% do vão) = 0,14 m
      Massa específica aparente do concreto = 2,5 tf/m^3
Peso próprio da laje ... g_0 = 0,14 x 2,5 =0,350 tf/m^2
Revestimento (piso + forro) g_r = ...0,150 tf/m^2
      $g = g_0 + g_r$ = 0,500 tf/m^2
Carga acidental ....0,200 tf/m^2
Paredes leves .... 0,100 tf/m^2
      q = 0,300 tf/m^2
Carga vertical uniforme: p = g + q = 0,500 + 0,300 = 0,800
      P = 0,800 tf/m^2

C) *Carga concentrada na parede*
Pavimentos — Peso próprio das lajes + revestimentos:
$G = 36 \text{ m}^2 \times 0{,}500 \text{ tf/m}^2 = 18 \text{ tf}$
Acidental: Sobrecarga + paredes leves:
$Q = 36 \times 0{,}30 \text{ tf/m}^2 = 10{,}8 \sim 11 \text{ tf}$

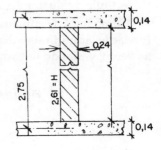

Paredes — peso próprio:
$G_0 = HS\gamma = 2{,}61 \times 1{,}56 \times 1{,}6 = 4{,}176 \sim 4 \text{ tf/andar}$
$\gamma = 1{,}6 \text{ tf/m}^3$ ... Massa específica aparente
 da alvenaria
$S = 1{,}56 \text{ m}^2$ ... Seção transversal da parede
Carga permanente por andar ... $N_0 = G_0 + G$
Carga total por andar: $N_P = N_0 + Q$

Figura 4.20

D) *Força cortante*
Devido ao empuxo do vento longitudinal, F_x ... $F_3 = 0{,}20$ tf.
Devido ao empuxo do vento transversal, $F_y = 152{,}62$ tf

Fator de rigidez para $P_y 3 = P_y 6$ ... $K_x = \dfrac{J_x}{\Sigma J_x} = 0{,}04$

Quinhão correspondente na parede ... $K_x F_y = 6{,}10$ tf
Força cortante em $P_y{}^3$ por andar

$Q_1 = Q_2 = Q_3 \ldots\ldots Q_9 = Q = \dfrac{6{,}10}{10} = 0{,}61 \text{ tf}$

E) *Momento fletor*
$S = 1{,}56 \text{ m}^2$
$W_x = 1{,}69 \text{ m}^3$
$J_x = 5{,}47 \text{ m}^4$

$M_{sx} = \dfrac{0{,}24 \cdot (6{,}50)^2}{8} = 1{,}27 \qquad \tau = \dfrac{F M_{sx}}{J_x d} = \dfrac{F}{\dfrac{J_x d}{M_{sx}}}$

$\dfrac{J_x}{M_{sx}} d = 1{,}03 \qquad\qquad \tau = < \bar{\tau}$

F) *Tensão admissível a cisalhamento*
Pela DIN 1053 — Argamassa tipo II
$\bar{\tau} = 0{,}3 + 0{,}15 \sigma_D$ ... kgf/cm^2

G) *Tensão admissível à compressão*
 Blocos: $\sigma_B = 15$ MPa
  $\sigma_B = 35$ MPa

Edifícios em estruturas de alvenaria

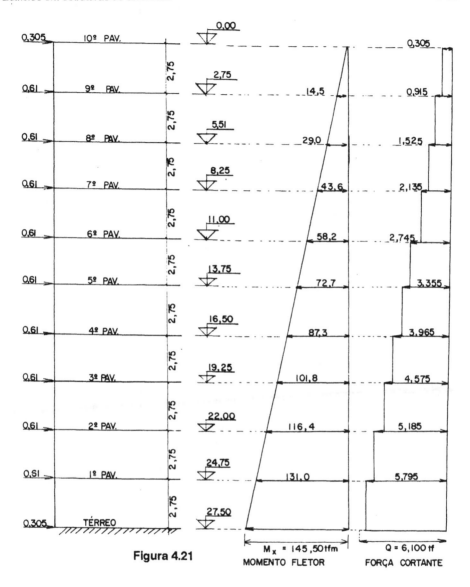

Figura 4.21

$\dfrac{h}{d} = \dfrac{275}{24} = 11,4 \rightarrow \sigma_c = 16 \text{ kgf/cm}^2 \approx 160 \text{ tf/m}^2$

σ_D ... Valor médio da tensão normal da seção (junta) concomitante com máxima tensão de corte

Força cortante absorvida pelo atrito nas juntas entre os pisos e as paredes.

Coeficiente de segurança contra escorregamento:

$E = \dfrac{\mu N}{F} \geq 2$

$\mu = 0,75$

TABELA 4.10 - VERIFICAÇÃO DAS TENSÕES DE FLEXO-COMPRESSÃO
PAREDE - PY-3 - PY-6

ANDAR	CARGAS VERTICAIS (t f)				MOMENTOS DEVIDOS À AÇÃO DO VENTO Mw tfm	FORÇA CORTANTE $\dfrac{F}{tf}$	TENSÕES tf/m²					ESCOLHA DO BLOCO σ_B-MPa
	PERMANENTE $No = Go + G$		PERMANENTE + ACIDENTAL $Np = No + Q$				$\dfrac{No}{S}$	$\dfrac{Np}{S}$	$\dfrac{+Mw}{-\ W}$	$\sigma_{máx}$	$\sigma_{mín}$	
	PARCIAL	ACUMUL.	PARCIAL	ACUMUL.								
10.º	18	18	11	29	—	3,0	12	19	—	19	12	150
9.º	22	40	22	62	14,5	8,8	26	40	9	49	17	150
8.º	22	62	33	95	29,0	15,0	40	61	17	78	23	150
7.º	22	84	44	128	44,0	20,0	54	82	26	108	28	150
6.º	22	106	55	161	58,0	26,0	68	103	34	137	34	150
5.º	22	128	66	194	73,0	32,0	82	124	43	167	39	250
4.º	22	150	77	227	87,0	38,0	96	145	51	196	45	250
3.º	22	172	88	260	102,0	44,0	110	167	60	227	50	250
2.º	22	194	99	293	116,0	50,0	124	188	69	257	55	350
1.º	22	216	110	326	131,0	56,0	138	209	77	286	61	350
TÉRREO	4	220	—	330	145,0	59,0	141	211	86	297	55	350

Cisalhamento

$$S = 1,56m^2 \qquad \sigma_{máx} = \frac{Np}{S} + \frac{Mw}{W} \le \overline{\sigma}_c \qquad \tau = \frac{F\ Msx}{Jxd} = \frac{F}{1,03}$$

$$W = 1,69m^3 \qquad \sigma_{mín} = \frac{No}{S} - \frac{Mw}{W} > 0$$

$$\frac{h}{d} = \frac{275 - 14}{24} = 10,8 \sim 11$$

BLOCOS ARGAMASSA GRUPO III $\begin{cases} 150 \text{ daN/cm}^2 \rightarrow 160 \text{ tf/m}^2 \\ 250 \text{ daN/cm}^2 \rightarrow 220 \text{ tf/m}^2 \\ 350 \text{ daN/cm}^2 \rightarrow 300 \text{ tf/m}^2 \end{cases}$

Edifícios em estruturas de alvenaria   **151**

TABELA 4.11 - VERIFICAÇÃO DAS TENSÕES DE CISALHAMENTO
Parede Py3 = Py6

ANDAR	TENSÃO NORMAL NA SEÇÃO σ_D - tf/m²	FORÇA CORTANTE F .. tf	TENSÃO DE CISALHAMENTO			ATRITO	
			SOLICI-TANTE daN/cm²	ADMISSÍVEL daN/cm²		CARGA NORMAL No tf	COEFICIEN TE DE SEGU-RANÇA E > 2
				0,15 σ_D	τ		
10.º	12	0,3	0,03	0,2	0,5	18	45
9.º	26	0,9	0,09	0,3	0,6	40	33
8.º	40	1,5	0,15	0,6	0,9	62	31
7.º	54	2,1	0,21	0,8	1,1	84	30
6.º	68	2,7	0,27	1,0	1,3	106	29
5.º	82	3,3	0,33	1,2	1,5	128	29
4.º	96	3,9	0,39	1,3	1,6	150	28
3.º	110	4,5	0,45	1,6	1,9	172	28
2.º	124	5,2	0,52	1,8	2,1	194	28
1.º	138	5,7	0,57	2,1	2,4	216	28
TÉRREO	141	6,1	0,61	2,1	2,4	220	27

$$\tau = 0,3 + 0,15 \ \sigma_D \leq 3 \ daN/cm^2$$

4.5.3 — Exemplo 3 - Verificação da estabilidade de um edifício comercial de dois pavimentos. Efeito de pórtico para resistir à ação do vento

1) *DADOS*

A) *Desenhos*: Planta e cortes transversais de um edifício comercial - Des-1, Des-2, Des-3, Des-4

B) *Estrutura*: Paredes auto-portantes de alvenaria de tijolos maciços.

Pavimento formado por vigas em perfis de aço I.200 NP, espaçados a cada 2,50 m.

Soalho de tábuas de peroba, apoiado em barrotes de 3" x 9", espaçados a cada 0,50 m.

Forro de pinho (araucária brasiliana) fixado através de pendurais nos barrotes de peroba.

Os pisos dos banheiros e do andar térreo são ladrilhos hidráulicos sobre abobadilhas de tijolos e vigas em perfis de aço I-100 NP, espaçados a cada 0,50 m.

As vigas de aço penetram nas paredes externas 0,20 m do paramento interno.

C) *Especificações*

Carga permanente

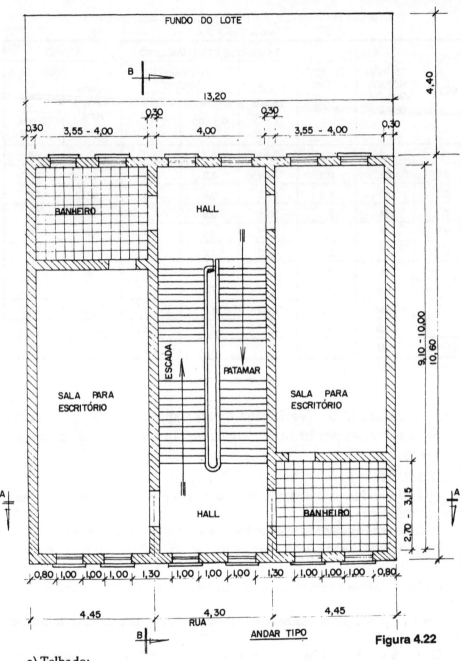

Figura 4.22

a) Telhado:
Cobertura + armação + forro ... $g_T = 150$ kgf/m² em projeção horiz.
b) Pavimentos:
Soalho + barrotes + vigas de aço + forro $g_s = 80$ kgf/m²
Ladrilhos + abobadilhas $g_a = 450$ kgf/m²

Edifícios em estruturas de alvenaria

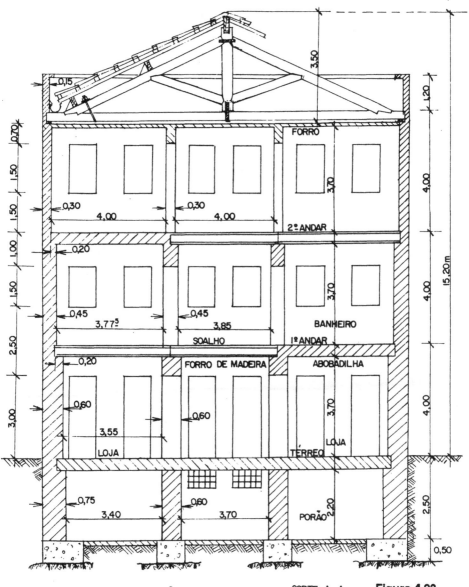

CORTE A-A   **Figura 4.23**

c) Escadas $g_e = 100$ kgf/m^2
d) Paredes
Massa específica aparente da alvenaria $\gamma = 1600$ kgf/m^3
e) Sapata
Massa específica aparente do concreto simples $\gamma_c = 2.400$ kgf/m^3
Carga acidental
a) sobrecarga nos pisos:
Salas e banheiros $q = 200$ kgf/m^2
Hall e escadas $q = 300$ kgf/m^2

Estruturas em alvenaria e concreto simples

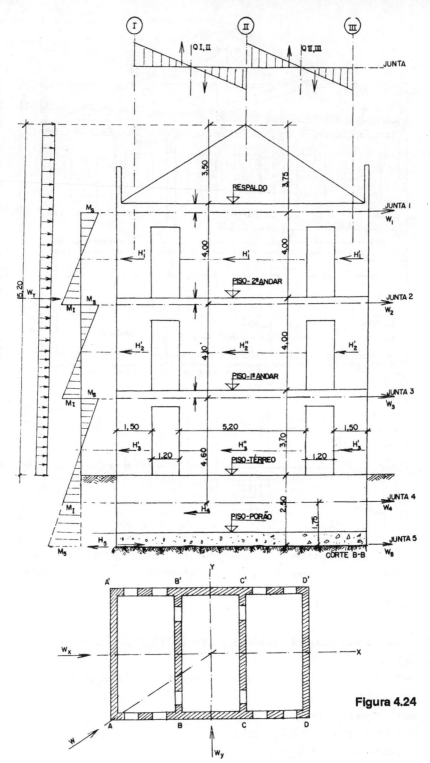

Figura 4.24

Edifícios em estruturas de alvenaria

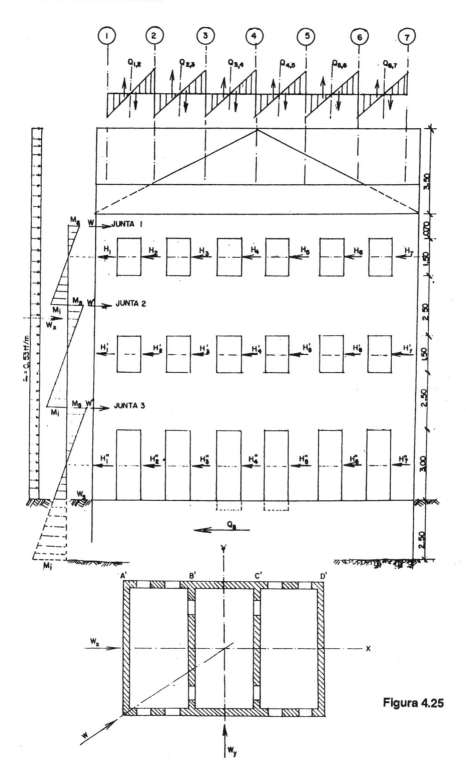

Figura 4.25

156   Estruturas em alvenaria e concreto simples

Forro $q = 50 \text{ kgf/m}^2$

b) Carga do vento - $W = c_{fq} = 100 \text{ kgf/m}^2$

Tensões admissíveis

a) Alvenaria de tijolos $\overline{\sigma}_A = 8 \text{ daN/cm}^2$

b) Concreto simples $\overline{\sigma}_c = 30 \text{ daN/cm}^2$

c) Terreno $\overline{\sigma}_s = 3 \text{ daN/cm}^2$

Coeficientes de segurança

a) escorregamento $\varepsilon \geq 2$

b) tombamento — Desnecessária a verificação

2) *CONSIDERAÇÕES PRELIMINARES*

A resultante da carga do vento W deverá ser decomposta nas direções W_x e W_y, conforme des. 3.

A componente W_y, perpendicular à fachada, poderá ser absorvida pelas paredes laterais AA' e DD', e pelas paredes da caixa das escadas BB' e CC'.

Estas paredes, embora submetidas às tensões devidas no carregamento vertical dos pisos, poderão sofrer alívio ou acréscimo pelas tensões provocadas quando estiver atuando a ação do vento.

A componente W_x, paralela às fachadas, poderá ser absorvida pelas paredes ABCD e A'B'C'D', desde que os pilares (trecho da parede de alvenaria entre duas janelas consecutivas) tenham rigidez suficiente.

Vejamos neste exemplo-3 a verificação para a ação da componente W_y, atuando perpendicularmente às fachadas.

3) *CÁLCULO DAS CARGAS PARCIAIS*

A) *Paredes: AA' = DD'*

a) Área exposta:

Largura $l = \dfrac{1}{2} \times 4{,}45 + 2{,}225$ m, Altura H = 15,20 m

b) Carga do vento por metro linear de altura $q_y = wl$

$w = 0{,}100 \text{ tf/m}^2$ $q_y = 0{,}100 \times 2{,}225 = 0{,}22 \text{ tf/metro linear}$

c) Carga no trecho:

$W_y = w \cdot l \cdot H = 0{,}100 \times 2{,}225 \times 15{,}20 = 3{,}382 \text{ tf} \sim 3{,}4 \text{ tf}$

B) *Paredes: BB' = CC'*

a) Àrea exposta:

Largura $l = \dfrac{1}{2}(4{,}45 + 4{,}30) = 3{,}875$ m

b) Carga por metro linear de altura

$q_y = wl = 0{,}100 \times 3{,}875 = 0{,}39 \text{ tf/metro linear}$

4) CÁLCULO DOS ESFORÇOS PARCIAIS DEVIDO À AÇÃO DO VENTO

A) *Paredes:* $AA' = DD'$

a) Momentos fletores e forças cortantes:

Fórmulas:

$M = q_y \dfrac{y^2}{2}$

$M_4 = W_y \times h_4$

$M_5 = W_y \times h_5$

$Q = q_y y$

$W_y = q_y h = 0{,}22 \times 15{,}20$

$W_y = 3{,}344$ tf

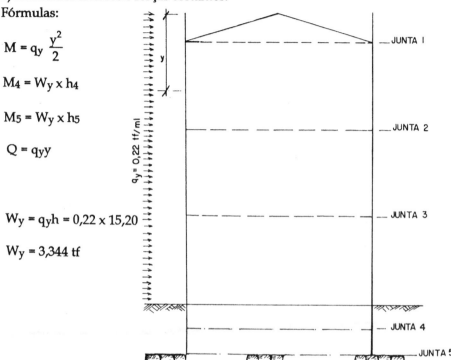

Figura 4.26

b) Braços:

Junta 1 . . . . $y_1 = 3{,}75$
Junta 2 . . . . $y_2 = 7{,}75$
Junta 3 . . . . $y_3 = 11{,}85$
Junta 4 . . . . $h_4 = \dfrac{15{,}20}{2} + 1{,}25 = 8{,}85$
Junta 5 . . . . $h_5 = \dfrac{15{,}20}{2} + 3{,}00 = 10{,}60$

c) Momentos: . . . . $M = \dfrac{1}{2} q_y y^2 = 0{,}11\, y^2$

Junta 1 . . . . $M_1 = 0{,}11 \times \overline{3{,}75}^2 = 1{,}55$ tfm
Junta 2 . . . . $M_2 = 0{,}11 \times \overline{7{,}75}^2 = 6{,}60$ tfm
Junta 3 . . . . $M_3 = 0{,}11 \times \overline{11{,}85}^2 = 15{,}45$ tfm
Junta 4 . . . . $M_4 = 3{,}344 \times 8{,}85 = 29{,}60$ tfm
Junta 5 . . . . $M_5 = 3{,}344 \times 10{,}60 = 35{,}45$ tfm

d) Força cortante .. $Q = 0{,}22y$
Junta 1 .... $Q_1 = 0{,}22 \times 3{,}75 = 0{,}825$ tf
Junta 2 .... $Q_2 = 0{,}22 \times 7{,}75 = 1{,}705$ tf
Junta 3 .... $Q_3 = 0{,}22 \times 11{,}85 = 2{,}607$ tf
Junta 4 .... $Q_4 = W_y = 3{,}34$ tf
Junta 5 .... $Q_5 = W_y = 3{,}34$ tf

B) *Paredes BB' = CC'*
a) Cargas concentradas

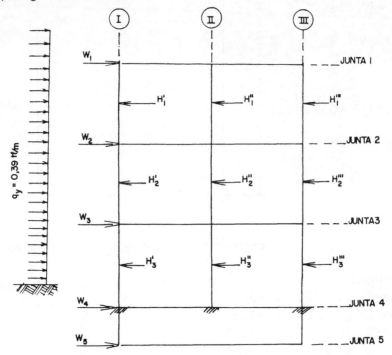

$W_1 = (3{,}75 + 2{,}00) \times 0{,}39 = 2{,}24$ tf
$W_2 = (2{,}00 + 0{,}39) \times 0{,}39 = 1{,}58$ tf
$W_3 = [2{,}05 + (4{,}60 - 1{,}25) \times 0{,}5] \times 0{,}39 = 1{,}45$ tf
$W_4 = [(4{,}60 - 1{,}25) 0{,}5] \times 0{,}39 = 0{,}65$ tf
$W_5 = W_y$
$\Sigma W = W_y = 2{,}24 + 1{,}58 + 1{,}45 + 0{,}65 = 5{,}92$ tf
$W_y = q_y \cdot h = 0{,}39 \times 15{,}20 = 5{,}928$ confere

Figura 4.27

b) Forças cortantes
As concentrações serão equilibradas elasticamente, de acordo com a rigidez das seções de cada linha de pilares, I, II, III, respectivamente.

Edifícios em estruturas de alvenaria

Coeficiente de rigidez:

$$K = \frac{J}{h} = \frac{bd^3}{12h} \qquad \frac{b}{12}h = \text{const. em cada andar} \qquad K = d^3$$

$K_I = K_{III} = \overline{1,5}^3 = 3,375 \quad K_{II} = \overline{5,2}^3 = 140,6$

$\Sigma K = K_I + K_{II} + K_{III} = 3,4 + 140,6 + 3,4 = 147,4$

$$\Gamma_I = \frac{K_I}{\Sigma K} = \frac{3,4}{147,4} \qquad = 0,023$$

$$\Gamma_{II} = \frac{K_{II}}{\Sigma K} = \frac{140,6}{147,4} \qquad = 0,954$$

$$\Gamma_{III} = \frac{K_{III}}{K} \qquad\qquad = 0,023$$

$$\Gamma_I + \Gamma_{II} + \Gamma_{III} \qquad = 1,000$$

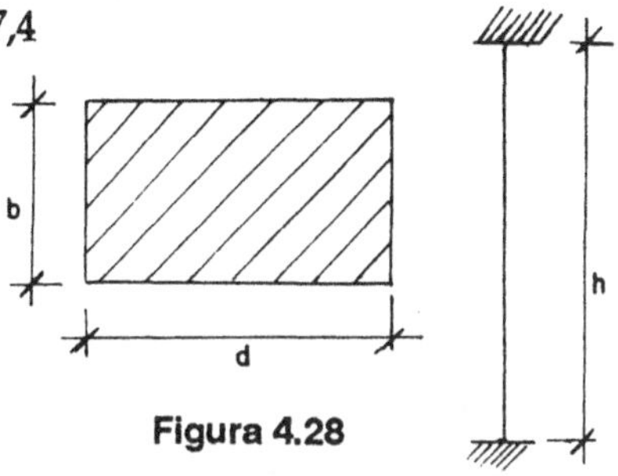

Figura 4.28

Forças cortantes: Quinhão da carga do vento absorvida por pilar

Junta 1:

$H'_1 = W_1 \Gamma_I = 2,24 \times 0,023 = 0,05$ tf

$H''_1 = W_1 \Gamma_{II} = 2,24 \times 0,954 = 2,14$ tf

$H'''_1 = W_1 \Gamma_{III} = 2,24 \times 0,023 = 0,05$ tf

Junta 2:

$H'_2 = (W_1 + W_2) \Gamma_I = 3,82 \times 0,023 = 0,09$ tf

$H''_2 = (W_1 + W_2) \Gamma_{II} = 3,82 \times 0,954 = 3,64$ tf

$H'''_2 = H'_2 \qquad\qquad = 0,09$ tf

Junta 3:

$H'_3 = (W_1 + W_2 + W_3) \Gamma_I = 5,27 \times 0,023 = 0,12$ tf

$H''_3 = (W_1 + W_2 + W_3) \Gamma_{II} = 5,27 \times 0,954 = 5,03$ tf

$H''' = H'_3 \qquad\qquad = 0,12$ tf

c) Momentos fletores

Junta 1:

$$M_s = H'_1 \times \frac{4,00}{2} = 0,10 \text{ tfm}$$

$$M_1 = H'_2 \times \frac{4,00}{2} = 4,28 \text{ tfm}$$

Junta 2:

$M_I = 0,10$ tfm $\qquad M_s = H'_2 \times \dfrac{4,00}{2} = 0,18$ tfm

$M_I = 4,28$ tfm $\qquad M_s = H''_2 \times \dfrac{4,00}{2} = 7,28$ tfm

Junta 3:

$M_I = 0{,}18$ tfm $M_s = H'_3 \times \dfrac{4{,}60}{2} = 0{,}28$ tfm

$M_I = 7{,}28$ tfm $M_s = H''_3 \times \dfrac{4{,}60}{2} = 11{,}57$ tfm

Junta 4:
$M_I = 0{,}28$ tfm
$M_I = 11{,}57$ tfm

Junta 5:

$M_I = H'_3 \left(\dfrac{4{,}60}{2} + 1{,}75\right) = 0{,}49$ tfm

$M_I = H''_3 \left(\dfrac{4{,}60}{2} + 1{,}75\right) = 5{,}03 \times 4{,}05 = 20{,}40$ tfm

5) TENSÕES DEVIDAS À AÇÃO DO VENTO
A) *Parede AA' = DD'*

Fórmulas:

$d = (10{,}60 - 2b)$ Tensões tf/m^2

$W = \dfrac{b\,d^2}{6}$

A sotavento $\sigma_i = \dfrac{M}{W}$

A barlavento $\sigma_e = -\dfrac{M}{W}$

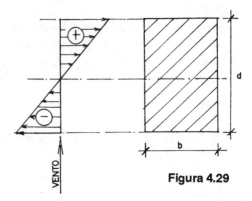

Figura 4.29

TABELA 4.12 - PAREDE A-A' = PAREDE D-D'

JUNTAS	DIMENSÕES b (m)	DIMENSÕES d (m)	$W_{(m3)}$	MOM. M tfm	FORÇA CORTANTE Q tf	TENSÕES A sotavento	TENSÕES A barlavento
1	0,30	10,00	0,16	1,55	0,83	- 9,7	+ 9,7
2	0,45	9,70	0,33	6,60	1,71	-20,0	+20,0
3	0,60	9,40	0,56	15,45	2,61	-27,6	+27,6
4	0,75	9,10	0,85	29,60	3,34	-34,8	+34,8
5	1,50	7,60	2,85	35,45	3,34	-12,4	+12,4

TABELA 4.13 - PAREDE B-B' - PAREDE C-C'

JUNTAS	b (m)	d (m) EIXO I-III d_I	d (m) EIXO II d_{II}	W EIXO I-III W_I	W m³ EIXO II W_{II}	MOMENTOS FLETORES EIXO I-III M_S	MOMENTOS FLETORES EIXO I-III M_I	MOMENTOS FLETORES EIXO II M_S	MOMENTOS FLETORES EIXO II M_I	FORÇA CORT. EIXO I-III $H_1 = H_3$	FORÇA CORT. EIXO II H_2	TENSÕES t f/m² EIXO I-III σ_e	TENSÕES t f/m² EIXO I-III σ_i	TENSÕES t f/m² EIXO II σ_e	TENSÕES t f/m² EIXO II σ_i
1	0,30	1,20	5,20	0,07	1,35	0,10	—	4,28	—	0,05	2,14	-1,4	+1,4	-3,20	+3,20
2	0,45	1,05	5,20	0,08	2,03	0,18	0,10	7,28	4,28	0,09	3,64	-3,5	+3,5	-5,70	+5,70
3	0,60	0,90	5,20	0,08	2,71	0,28	0,18	11,57	7,28	0,12	5,04	-5,7	+5,7	-7,00	+7,00
4	0,60	9,10	9,10	8,28	8,28	—	0,28	—	11,57	0,12	5,04	-0,03	+1,03	-1,40	+1,40
5	1,00	7,60	7,60	9,63	9,63	—	0,49	—	20,40	0,12	5,04	-0,05	+0,05	-2,12	+2,12

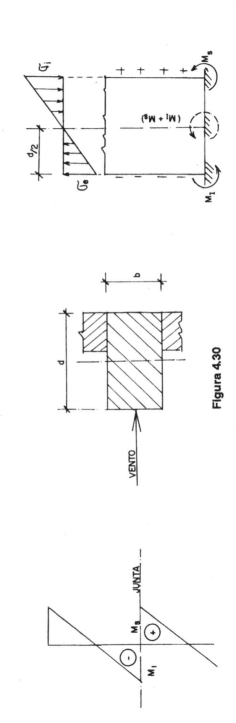

Figura 4.30

6) CARGAS VERTICAIS DEVIDO AO PESO PRÓPRIO DAS PAREDES, PAVIMENTOS E RESPECTIVAS SOBRECARGAS

Cargas parciais:

Paredes A-A' = D-D'

A) *Carga permanente*

a) Peso próprio das paredes

$G_0 = 1{,}20 \times 0{,}15 \times (10{,}60 - 0{,}30) \times 1{,}6 = 2{,}97$

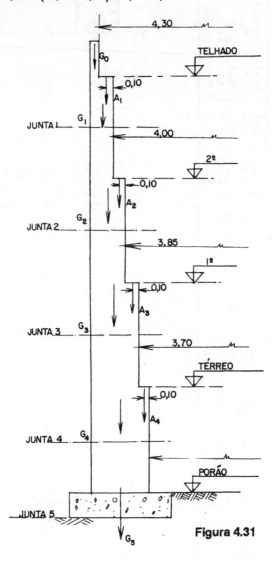

Figura 4.31

Junta 1:

$G_1 \; 2{,}00 \times 0{,}30 \times (10{,}60 - 0{,}60) \times 1{,}6 = 9{,}60$

Edifícios em estruturas de alvenaria

Junta 2:

G_2 $2{,}00 \times 0{,}30 \times (10{,}60 - 0{,}60) \times 1{,}6 + 2{,}00 \times 0{,}45 \times$
$(10{,}60 - 0{,}90) \times 1{,}6 = 9{,}6 + 13{,}97 = 23{,}57$ tf

Junta 3:

G_3 $2{,}00 \times 0{,}45 \times (10{,}60 - 0{,}90) \times 1{,}6 + 1{,}85 \times 0{,}60 \times$
$(10{,}60 - 1{,}20) \times 1{,}6 = 13{,}97 + 16{,}69 = 30{,}66$ tf

Junta 4:

G_4 $1{,}85 \times 0{,}60 \times (10{,}60 - 1{,}20) \times 1{,}6 + 1{,}25 \times 0{,}75 \times$
$(10{,}60 - 1{,}50) \times 1{,}6 = 16{,}69 + 13{,}65 = 30{,}34$ tf

Junta 5:

G_5 $1{,}25 \times 0{,}75 \times (10{,}60 - 1{,}50) \times 1{,}6 + 0{,}50 \times$
$(10{,}60 - 3{,}00) \times 2{,}4 = 16{,}69 + 6{,}84 = 23{,}53$ tf

b) Cargas dos pavimentos
Àreas de influência:

Junta 1: $S_1 = 10{,}00 \times \dfrac{1}{2}\,(4{,}00 + 0{,}15 + 0{,}075) = 21{,}125$

Junta 2: $S_2 = (9{,}70 - 3{,}15) \times \dfrac{1}{2}\,4{,}00 = 13{,}10 \text{ m}^2$

$S'_2 = 3{,}15 \times \dfrac{1}{2}\,(4{,}00) = 6{,}30 \text{ m}^2$

Junta 3: $S_3 = (9{,}40 - 3{,}00) \times \dfrac{3{,}775}{2} = 12{,}10 \text{ m}^2$

$S'_3 = 3{,}00 \times \dfrac{3{,}775}{2} = 5{,}66 \text{ m}^2$

Junta 4: $S_4 = (9{,}10 - 2{,}85) \times \dfrac{3{,}55}{2} = 11{,}10 \text{ m}^2$

$S'_4 = 2{,}85 \times \dfrac{3{,}55}{2} = 5{,}06 \text{ m}^2$

c) Peso próprio dos pavimentos:
Junta 1: Telhado $A_1 = S_1 \times 0{,}150 = 3{,}17$
Junta 2: 2.º andar:

$A_2 = S_2 \times 0{,}080 = 1{,}05$
$A'_2 = S'_2 \times 0{,}450 = \underline{2{,}83}$
$3{,}88$

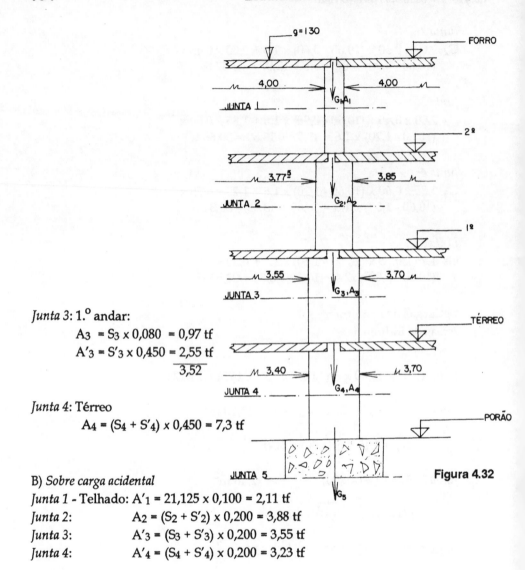

Figura 4.32

Junta 3: 1.º andar:
$A_3 = S_3 \times 0{,}080 = 0{,}97$ tf
$A'_3 = S'_3 \times 0{,}450 = 2{,}55$ tf
$\overline{3{,}52}$

Junta 4: Térreo
$A_4 = (S_4 + S'_4) \times 0{,}450 = 7{,}3$ tf

B) *Sobre carga acidental*
Junta 1 - Telhado: $A'_1 = 21{,}125 \times 0{,}100 = 2{,}11$ tf
Junta 2: $A_2 = (S_2 + S'_2) \times 0{,}200 = 3{,}88$ tf
Junta 3: $A'_3 = (S_3 + S'_3) \times 0{,}200 = 3{,}55$ tf
Junta 4: $A'_4 = (S_4 + S'_4) \times 0{,}200 = 3{,}23$ tf

Paredes B-B' = C-C' — Eixo: I = Eixo: III

EIXO I = EIXO III
A) *Carga permanente*
a) Peso próprio das paredes
Junta 1: $G_1 = 0{,}30 \times (1{,}50 - 0{,}30) \times 2{,}00 \times 1{,}6 + 0{,}60 \times 0{,}5 \times 0{,}30 \times 1{,}6 = 1{,}29$ tf
Junta 2: $G_2 = 0{,}30 \times 1{,}20 \times 2{,}00 \times 1{,}6 + 0{,}45 \times 1{,}05 \times 2{,}00 \times 1{,}6 +$
 $0{,}60 \times 0{,}50 \times 0{,}45 \times 1{,}6 = 2{,}88$ tf
Junta 3: $G_3 = 0{,}45 \times 1{,}05 \times 2{,}00 \times 1{,}6 + 0{,}60 \times 0{,}90 \times 1{,}85 \times 1{,}6 +$
 $0{,}60 \times 0{,}70 \times 0{,}60 \times 1{,}6 = 3{,}5$ tf

Junta 4: $G_4 = 0{,}60 \times 0{,}90 \times 1{,}25 \times 1{,}6 + (1{,}50 + 0{,}60) \times 0{,}60 \times 1{,}25$
$\times 1{,}6 = 4{,}11$ tf

Junta 5: $G_5 = (1{,}50 + 0{,}60) \times 0{,}60 \times 1{,}25 \times 1{,}6 + 0{,}50 \times 1{,}00 \times (1{,}50 + 0{,}60)$
$\times 2{,}4 = 5{,}1$ tf

b) Carga dos pavimentos
Áreas de influências:

Junta 1 - Forro: $S_1 = 4{,}30 \times \dfrac{3{,}15}{2} = 6{,}80 \ m^2$

Junta 2 - 2.º andar: $S_2 = \dfrac{3{,}15}{2} \times \dfrac{4{,}00}{2} = 3{,}15 \ m^2$

$$S'_2 = \dfrac{3{,}15}{2} \times \dfrac{4{,}00}{2} = 3{,}15 \ m^2$$

Junta 3 - 1.º andar: $S_3 = \dfrac{3{,}00}{2} \times \dfrac{3{,}775}{2} = 2{,}83 \ m^2$

$$S'_3 = \dfrac{3{,}00}{2} \times \dfrac{3{,}80}{2} = 2{,}85 \ m^2$$

Junta 4 - Térreo: $S_4 = \dfrac{2{,}85}{2} \times \dfrac{3{,}55}{2} = 2{,}53 \ m^2$

$$S'_4 = \dfrac{2{,}85}{2} \times \dfrac{3{,}70}{2} = 2{,}64 \ m^2$$

Peso próprio dos pavimentos:
Junta 1: $A_1 = S_1 \times 0{,}150 = 6{,}80 \times 0{,}15 = 1{,}02$ tf
Junta 2: $A_2 = S_2 \times 0{,}450 + S'_2 \times 0{,}08 = 3{,}15 \times 0{,}45 + 3{,}15 \times 0{,}08 = 1{,}67$ tf
Junta 3: $A_3 = S_3 \times 0{,}450 + S'_3 \times 0{,}080 = 2{,}83 \times 0{,}45 + 2{,}85 \times 0{,}08 = 1{,}50$ tf
Junta 4: $A_4 = S_4 \times 0{,}450 + S'_4 \times 0{,}080 = 2{,}53 \times 0{,}45 + 2{,}64 \times 0{,}08 = 1{,}35$ tf
B) *Sobrecarga acidental*
Junta 1: $A'_1 = S_1 \times 0{,}05 = 0{,}34$ tf
Junta 2: $A'_2 = S_2 \times 0{,}20 + S'_2 \times 0{,}30 = 1{,}57$ tf
Junta 3: $A'_3 = S_3 \times 0{,}20 + S'_3 \times 0{,}30 = 1{,}42$ tf
Junta 4: $A'_4 = S_4 \times 0{,}20 + S'_4 \times 0{,}30 = 1{,}30$ tf

Eixo II:
A) *Carga permanente*
a) Peso próprio das paredes

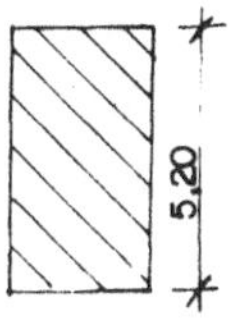

Figura 4.33

Junta 1: $G_1 = 0{,}30 \times 2{,}00 \times 5{,}20 \times 1{,}6 + 1{,}20 \times 0{,}30 \times 0{,}50 \times 1{,}6 = 5{,}3$ tf
Junta 2: $G_2 = (0{,}30 \times 2{,}00 + 0{,}45 \times 2{,}05) \times 5{,}2 \times 1{,}6 + 1{,}20 \times 0{,}45 \times$
$0{,}50 \times 1{,}6 = 2{,}86$ tf

Junta 3: $G_3 = (0{,}45 \times 2{,}05 + 0{,}60 \times 2{,}30) \times 5{,}2 \times 1{,}6 + 0{,}20 \times 1{,}2 \times 0{,}60 \times 1{,}6 = 19{,}9$ tf

Junta 4: $G_4 = 0{,}60 \times 2{,}30 \times 5{,}20 \times 1{,}6 + 1{,}20 \times 0{,}60 \times 1{,}25 \times 1{,}6 = 12{,}9$ tf

Junta 5: $G_5 = 6{,}40 \times 1{,}25 \times 0{,}60 \times 1{,}6 + 0{,}5 \times 6{,}40 \times 1{,}00 \times 2{,}4 = 14{,}36$ tf

b) Carga dos pavimentos
  Áreas de influência:

Junta 1 - Forro: $S_1 = 4{,}30 \times 6{,}20 = 26{,}70$ m^2
Junta 2 - 2.º andar:

$S'_2 = 5{,}20 \times \dfrac{4{,}00}{2} = 10{,}40$ m^2

$S''_2 = 1{,}20 \times \dfrac{4{,}00}{2} = 2{,}40$ m^2

$S'''_3 = 6{,}20 \times \dfrac{4{,}00}{2} = 12{,}40$ m^2

Junta 3: - 1.º andar:

$S'_3 = 5{,}20 \times \dfrac{3{,}775}{2} = 9{,}82$ m^2

$S''_3 = 1{,}20 \times \dfrac{3{,}775}{2} = 2{,}26$ m^2

$S'''_3 = 6{,}20 \times \dfrac{3{,}85}{2} = 12{,}32$ m^2

Junta 4 - Térreo:

$S'_4 + S''_4 = 6{,}20 \times \dfrac{3{,}55}{2} = 11{,}00$ m^2

$S'''_4 = 6{,}20 \times \dfrac{3{,}70}{2} = 11{,}47$ m^2

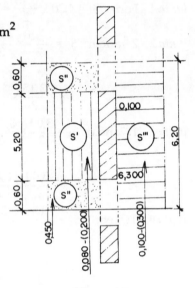

Figura 4.34

Peso próprio dos pavimentos:
Junta 1: $A_1 = 26{,}70 \times 0{,}15 = 4{,}0$ tf
Junta 2: $A_2 = 10{,}40 \times 0{,}08 + 2{,}40 \times 0{,}45 + 12{,}40 \times 0{,}100 = 3{,}15$ tf
Junta 3: $A_3 = 9{,}82 \times 0{,}08 + 2{,}26 \times 0{,}45 + 12{,}32 \times 0{,}100 = 3{,}03$ tf
Junta 4: $A_4 = 22{,}47 \times 0{,}45 = 10{,}11$ tf

B) *Sobrecarga acidental*
Junta 1 - Forro: $A'_1 = 26{,}70 \times 0{,}050 = 1{,}3$ tf
Junta 2 - 2.º andar: $A'_2 = 12{,}80 \times 0{,}200 + 12{,}40 \times 0{,}300 = 6{,}3$ tf
Junta 3 - 1.º andar: $A'_3 = 12{,}06 \times 0{,}200 + 12{,}32 \times 0{,}300 = 6{,}1$ tf
Junta 4 - Térreo: $A'_4 = 11{,}00 \times 0{,}200 + 11{,}47 \times 0{,}300 = 5{,}6$ tf
7) *MOMENTOS PARCIAIS — PAREDE A-A' = D-D'*
Momentos em relação ao parâmetro externo

Edifícios em estruturas de alvenaria

A) *Carga permanente*
a) Peso próprio das paredes e peso dos pavimentos

Junta 1: $M_1 = G_0 \times 0,15 + G_1 \times 0,30 + A_1 (0,30 - 0,10)$
$M_1 = 2,97 \times 0,15 + 9,6 \times 0,30 + 3,17 \times 0,20 + 3,96$ tfm

Junta 2: $M_2 = G_2 \times \dfrac{0,45}{2} + A_2 (0,45 - 0,10)$
$M_2 = 23,57 \times 0,225 + 1,05 \times 0,35 = 5,70$ tfm

Junta 3: $M_3 = G_3 \times \dfrac{0,60}{2} + A_3 (0,60 - 0,10)$
$M_3 = 30,66 \times 0,30 + 0,97 (0,50) = 9,68$ tfm

Junta 4: $M_4 = G_4 \times \dfrac{0,75}{2} + A_4 (0,75 - 0,10)$
$M_4 = 30,34 \times 0,375 + 7,3 \times 0,65 = 16,12$ tfm

Junta 5: $M_5 = G_5 \times \dfrac{0,75}{2} = 23,53 \times 0,375 = 8,82$ tfm

B) Sobrecarga acidental:
Junta 1: $M'_1 = A'_1 (0,30 - 0,10) = 2,11 \times 0,20 = 0,42$ tfm
Junta 2: $M'_2 = A'_2 (0,45 - 0,10) = 3,88 \times 0,35 = 1,36$ tfm
Junta 3: $M'_3 = A'_3 (0,60 - 0,10) = 3,55 \times 0,50 = 1,73$ tfm
Junta 4: $M'_4 = A'_4 (0,75 - 0,10) = 3,23 \times 0,65 = 2,40$ tfm

TABELA 4.14 - PAREDE A-A' = PAREDE D-D'

JUNTAS	CARGAS VERTICAIS								MOMENTOS				POSIÇÃO Da C.P. u		EXCENTRICIDADE	
	PERMANENTE				SOBRECARGA		TOTAIS ACUMULADOS		CARGA PERM.		SOBRECARGA					
	G		A		A'		$G+A$	$G+A+A'$	PARC. M_G+M_A	ACUM. $M_{A'}$	PARC. M_G+M_A	ACUM. $M_A+M_A+M_{A'}$	$\dfrac{M_G+M_A}{G+A}$	$\dfrac{M_A+M_A+M_{A'}}{G+A+A'}$	e	e'
	PARC.	ACUM.	PARC.	ACUM.	PARC.	ACUM.										
1	12,59	—	3,17	—	2,11	—	15,76	17,87	3,96	0,42	3,96	4,38	0,25	0,25	-0,10	-0,10
2	23,57	36,16	3,88	7,05	3,88	5,99	43,21	49,20	5,70	1,36	9,66	11,44	0,22	0,23	+0,00	0,00
3	30,66	66,82	3,52	10,57	3,55	9,54	77,39	86,93	9,68	1,73	19,34	22,85	0,25	0,26	+0,05	+0,04
4	30,34	97,16	7,30	17,87	3,23	12,77	115,03	127,80	16,12	2,10	35,46	41,07	0,31	0,32	0,01	-0,02
5	23,53	120,69	—	—	—	—	138,56	151,33	8,82	—	44,28	49,89	0,32	0,33	-0,03	-0,03

Σ 120,69 Σ 44,28   5,61

TABELA 4.14 - CONTINUAÇÃO

JUNTAS	DIMENSÕES		ÁREA	CALC. AUXILIARES				TENSÕES			
	b	d	bd	$\dfrac{6e}{b}$	$\dfrac{6e'}{b}$	$\dfrac{G+A}{bd}$	$\dfrac{G+A+A'}{bd}$	σ_1	σ_2	$\sigma_{1'}$	σ_z
1	0,30	10,00	3,00	-2	-2	5,25	5,96	-5,3	+15,8	-5,96	17,9
2	0,45	9,70	4,365	0	0	9,90	11,27	+9,9	9,90	11,3	11,3
3	0,60	9,40	5,640	0,5	0,4	8,23	15,41	+12,3	4,11	21,6	9,3
4	0,60	9,10	5,460	-0,1	-0,2	21,07	23,40	+23,2	18,96	18,7	28,1
5	1,00	7,60	7,60	-0,18	-0,18	18,23	19,91	+14,6	21,5	16,3	23,5

Figura 4.35

$$\sigma_1 = \frac{G+A}{bd}\left(1 + \frac{Ge}{b}\right)$$

$$\sigma_2 = \frac{G+A}{bd}\left(1 - \frac{Ge}{b}\right)$$

$$e = \frac{b-u}{2}$$

Edifícios em estruturas de alvenaria — 169

TABELA 4.15 - PAREDE B-B' = PARADE C-C' — EIXO I = EIXO III

JUNTAS	DIMENSÕES (m)		ÁREA bd	CARGA PERMANENTE				CARGA ACID.		LARGA ACUM. TOTAL		TENSÕES	
	b	d		PARCIAIS G	ACUM. ΣG	PARC. A	ACUM. ΣA	PARC. A'	ACUM. ΣA'	G+A	G+A+A'	$\frac{G+A}{bd}=\sigma$	$\frac{G+A+A'}{bd}=\sigma'$
1	0,30	1,20	0,36	1,29	1,29	1,02	1,02	0,34	0,34	2,31	2,65	6,4	7,4
2	0,45	1,05	0,47	2,88	4,17	1,67	2,69	1,57	1,91	5,84	7,75	16,5	16,5
3	0,60	0,90	0,54	3,50	7,67	1,50	4,19	1,42	3,33	11,86	15,19	22,0	40,7
4	0,60	9,10	5,46	4,11	11,78	1,35	5,54	1,30	4,63	17,32	21,95	4,0	4,0
5	1,00	7,60	7,60	5,1	16,88	—	5,54	—	4,63	22,42	27,05	3,6	3,6

TABELA 4.16 - PAREDE B-B = PAREDE C-C' — EIXO II

JUNTAS	DIMENSÕES		ÁREA bd	CARGA PERMANENTE				CARGA ACID.		CARGA ACUM. TOTAL		TENSÕES	
	b	d		G PARC.	ΣG ACUM.	A PARC.	ΣA ACUM.	A' PARC.	ΣA' ACUM.	G+A	G+A+A'	$\frac{G+A}{bd}$	$\frac{G+A+A'}{bd}$
1	0,30	5,20	1,56	5,3	5,3	4,0	4,00	1,3	1,3	9,3	10,6	5,96	6,79
2	0,45	5,20	2,34	2,8	8,1	3,2	7,20	6,3	7,6	15,3	22,9	6,54	9,79
3	0,60	5,20	3,12	19,9	28,0	3,0	10,20	6,1	13,7	38,2	51,9	12,24	16,63
4	0,60	9,10	5,46	12,90	40,9	10,1	20,30	5,6	19,3	61,2	80,5	14,74	14,74
5	1,00	7,60	7,60	14,36	55,3	—	20,30	—	19,3	75,6	94,9	12,49	12,49

TABELA 4.16 - FLEXÃO OBLÍQUA — PAREDES A-A' = D'-D'

| JUNTAS | TENSÕES DEVIDAS ÀS C. VERTICAIS |||| VENTO | TENSÕES FINAIS C. PERM. + VENTO || FLEXÃO OBLÍQUA CARGA PERM. + VENTO + SOBRECARGA ||
| | PERMANENTES || PERM. + SOBRECARGA || | | | | |
	σ_1	σ_2	σ'_1	σ'_2	$\pm \sigma_w$	σ_I	σ_{II}	σ'_I	σ'_{II}
1	-5,3	15,8	-6,0	17,9	± 9,7	4,4 / -15	25,5 / 6,1	3,7 / -15,7	8,2
2	9,9	9,9	11,3	11,3	± 20,0	29,9	-10,1	31,3	-8,7
3	12,3	4,11	21,6	9,3	± 27,6	39,9	-24,5	49,2	-18,3
4	23,2	19,0	18,7	28,1	± 34,8	58,0	-15,8	53,5	-6,7
5	14,6	21,5	21,5	23,5	± 12,4	27,0	-5,5	33,9	+11,1

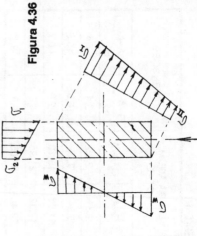

Figura 4.36

CONCLUSÃO

1.ª) Na junta 5 - (Solo) $\sigma_1' > \bar{\sigma}_s$, porém justificável pelo código de Boston para fundações.
2.ª) Nas juntas 1, 3 e 4 temos tração acima do valor admissível.
3.ª) Quando não há vento, as tensões estão abaixo dos valores admissíveis.

$\sigma_I = \sigma_1 + \sigma_W$
$\sigma_{II} = \sigma_2 + \sigma_W$

$\sigma_c = 80 \text{ tf/m}^2$
$\sigma_s = 30 \text{ tf/m}^2$
$\sigma_t = \dfrac{80}{10} = 84/\text{m}^2$

$\sigma_s + 25\% = 30 \times 1,25 = 37,5 \text{ tf/m}^2$ (Código de Boston para fundações)

TABELA 4.17 - FLEXÃO OBLÍQUA — PAREDES: B-B' = C-C'

JUNTAS	CARGAS VERTICAIS								VENTO		TENSÕES FINAIS — FLEXÃO OBLÍQUA							
	CARGA PERMANENTE				C. PERM. + SOBRECARGA				EIXO I = EIXO III	EIXO II	EIXO I = EIXO III				EIXO II			
	EIXO I = EIXO III		EIXO II		EIXO I = EIXO III		EIXO II				C.PERM. +VENTO		C.PERM.+SOBREC. +VENTO		C. PERM. + VENTO		C.PERM. + SOBRECARGA + VENTO	
	σ_1	σ_2	σ_1	σ_2	σ'_1	σ'_2	σ'_1	σ'_2	σ_w	σ_w	σ_I	σ_{II}	σ'_I	σ'_{II}	σ_I	σ_{II}	σ'_I	σ'_{II}
1	6,4		6,0		7,4		6,8		± 1,4	± 3,2	7,8	5,0	10,6	4,2	9,2	4,2	10,0	4,6
2	16,4	$\sigma_2 = \sigma_1$	6,5	$\sigma_2 = \sigma_1$	16,5	$\sigma_2 = \sigma_1$	9,8	$\sigma_2=\sigma_1$	± 3,5	± 5,7	19,9	11,9	22,2	12,9	12,2	10,9	15,5	4,1
3	22,0		12,2		40,7		16,6		± 5,7	± 7,0	27,7	16,3	57,0	33,7	19,2	33,7	23,6	9,6
4	4,0 14,7 18,7		14,7 4,0 18,7		14,7 4,0 18,7		14,7 4,0 18,7		± 0,03	± 1,4	18,73	18,67	18,7	18,67	19,1	19,1	20,1	17,3
5	3,6 12,5 16,1		12,5 3,6 16,1		12,5 3,6 16,1		12,5 3,6 16,1		± 0,05	± 2,1	16,15	16,05	16,05	16,05	18,2	18,2	18,2	14,0

CONCLUSÃO

1.ª) As tensões finais estão abaixo das admissíveis

2.ª) Não há tensões de tração

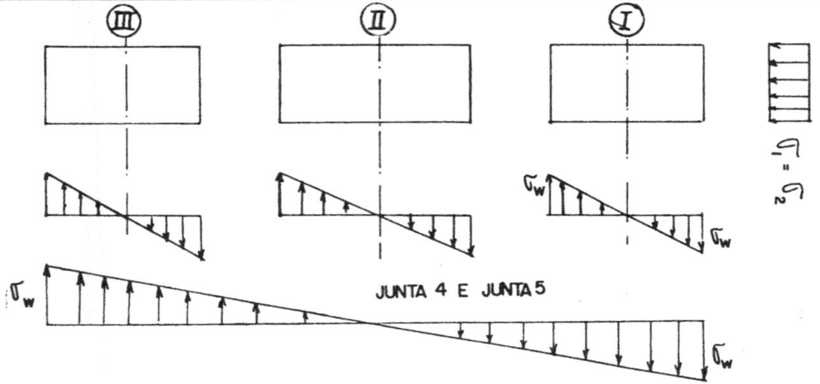

FIGURA 4.37

TABELA 4.18 - VERIFICAÇÃO DA ESTABILIDADE AO ESCORREGAMENTO

J U N T A S	CARGAS SOLICITANTES						COEF. DE SEGURANÇA		
	PAREDE: A-A' = D-D'		PAREDES B-B' = C-C'				PAREDE A-A' = D-D' (ε)	PAREDE B-B' = C-C' (ε)	
			EIXO I = EIXO III		EIXO II				
	VENTO ΣH	PESO PRÓPRIO $\Sigma G+A$	ΣH	$\Sigma G+A$	ΣH	$\Sigma G+A$		EIXO I = EIXO III	EIXO II
1	0,83	2,31	0,05	15,76	2,14	9,3	2,1	236	3,2
2	1,71	5,84	0,09	43,21	3,64	15,3	2,6	360	3,1
3	2,61	11,86	0,12	77,39	5,04	38,2	3,4	484	5,7
4	3,34	17,32	0,12	115,03	5,04	61,2	3,9	719	9,1
5	3,34	22,42	0,12	138,56	5,04	75,6	5,0	866	11,2

$$\varepsilon = \mu \; \frac{G+A}{\Sigma H} \qquad \mu = 0,75$$

$$\varepsilon \geq 2$$

4.6 — EDIFÍCIOS DE MÚLTIPLOS ANDARES - INTERAÇÃO PAINÉIS DAS PAREDES EM ALVENARIA, COM QUADROS FORMADOS POR VIGAS E COLUNAS

4.6.1 — Introdução

Informantes das pesquisas existentes, tanto teórica e experimentalmente a respeito da alvenaria maciça, confinada entre quadros fechados de vigas e colunas (23-24), cumpre-nos dizer que, na prática, não se recomenda contar com o contraventamento da alvenaria como elemento resistente no cálculo estrutural, embora todos nós tenhamos consciência de que essas alvenarias prestam uma grande colaboração no combate à deblocabilidade lateral de um edifício alto, cuja avaliação teórica representa 11% na melhoria da rigidez.

A nossa opinião prende-se ao fato muito observado nas nossas antigas edificações (prédios com mais de 40 anos) e que, ao passarem por reformas ou adequações para outras finalidades, foram alteradas nas suas arquiteturas originais, geralmente com ampliação de aberturas ou mesmo retiradas de paredes. Isto, evidentemente, afetaria a segurança do edifício, caso tenha sido considerado como contraventamentos as paredes de alvenaria.

Outro fator que não justifica essa colaboração é motivada pelo conceito arraigado nos nossos construtores, que preferem contar com as paredes apenas como elemento de vedação, optando atualmente mais por alvenarias leves e aplicadas muitas vezes, por mão-de-obra menos qualificada, dada as dificuldades de se contar com bons artífices nesse serviço.

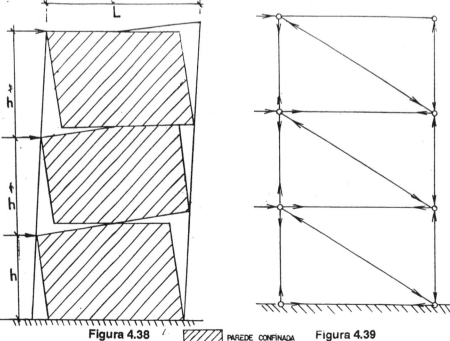

Figura 4.38   PAREDE CONFINADA   Figura 4.39

174   Estruturas em alvenaria e concreto simples

Devemos considerar também que os dados de que dispomos foram obtidos experimentalmente em painéis isolados e extrapolados, para os casos de múltiplos andares.

4.6.2 — Condições fundamentais

Para se contar com o enrijecimento através dos painéis de alvenaria maciça, confinados numa estrutura em quadro fechado formados por vigas e colunas em aço ou concreto armado, devemos considerar:

1) Rigidez ou Articulação nos Nós dos quadros que envolvem o painel (a condição de Nós Articulados corresponde ao desejável para facilidade no procedimento de cálculo);

2) Flexibilidade das barras (pilares e vigas) em respectivos materiais empregados na estrutura (aço ou concreto armado). No caso das estruturas de concreto, pode-se até admitir a homogeneidade e isotropia com a alvenaria.

3) Posição das trincas e descolamento por tração ou compressão na alvenaria com os elementos estruturais em aço ou concreto.

4) Número de painéis associados (múltiplos andares) ou painel isolado.

5) A analogia é válida para painéis cheios, sem aberturas de portas ou janelas, isto é, as cargas atuando em coincidências com o plano das paredes.

4.6.3 — Parâmetros básicos

1) *CARREGAMENTO LATERAL EM EDIFÍCIOS DE MÚLTIPLOS ANDARES*

A) *Parâmetro de rigidez*

Vejamos o comportamento da alvenaria confinada nos quadros fechados solicitados nos Nós por carregamento lateral, simulando a ação do vento.

A separação dos quadros com a alvenaria, como mostra a Fig. 4.38.

Neste caso, a parede confinada pode ser assimilada às diagonais de uma treliça, para determinação dos esforços axiais.

Os deslocamentos laterais são muito pequenos, tratando-se de estrutura fechada (quadros de vigas e colunas). Nestas condições, admitimos os Nós (entroncamento viga-coluna) como articulações fixas.

Pelas investigações experimentais desse problema, foi estabelecido o seguinte parâmetro de rigidez, correlacionando a interação estrutura — alvenaria.

Para relacionar os parâmetros de rigidez e contato, temos o gráfico 4.1.

Para relacionar a rigidez com a largura efetiva da diagonal de alvenaria confinada, temos o Gráfico 4.2.

B) *Tipos de falhas na alvenaria confinada:*

As falhas mais comuns são por excesso de compressão num dos cantos de contato (esmagamento da alvenaria) ou trinca por tração na alvenaria confinada no sentido da diagonal.

No regime elástico, a resistência à tração na diagonal, contra a possibilidade

Edifícios em estruturas de alvenaria

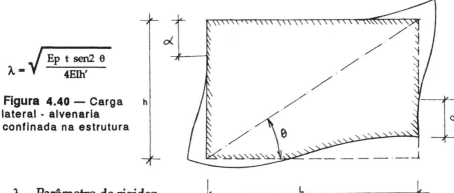

$$\lambda = \sqrt{\frac{Ep\ t\ sen2\ \theta}{4EIh'}}$$

Figura 4.40 — Carga lateral - alvenaria confinada na estrutura

λ ... Parâmetro de rigidez
Ep ... Módulo de elasticidade da alvenaria da parede
t ... Espessura da parede
θ ... Inclinação da diagonal com a horizontal
h ... altura eixo a eixo entre andares
h' ... altura do trecho de contato alvenaria—estrutura
EI ... Rigidez da coluna

$$\alpha = \frac{\pi}{2\lambda}$$

de trincar, será expressa pelo parâmetro experimental, conforme Gráfico 4.3 $\frac{Rt}{\sigma_t\ ht'}$ em função de λ h e da proporção largura/altura $\frac{L}{h}$.

Pelas normas técnicas: $\sigma_t = 0{,}10\sigma_c$

As mesmas considerações aplicam-se, admitindo-se a plastificação por compressão da alvenaria, em torno da região de contato viga-coluna, no sentido da diagonal, junto ao Nó carregado, sendo os parâmetros expressos por $\frac{Rc}{\sigma_c ht}$, λh, $\frac{L}{h}$.

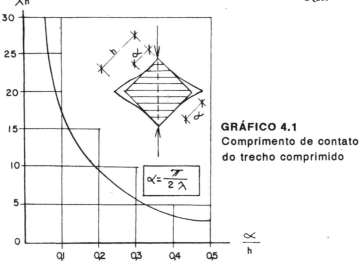

GRÁFICO 4.1
Comprimento de contato do trecho comprimido

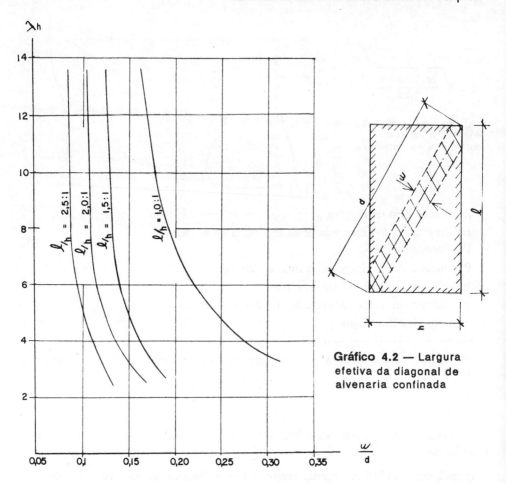

Gráfico 4.2 — Largura efetiva da diagonal de alvenaria confinada

2) CARREGAMENTO VERTICAL DAS VIGAS NA ALVENARIA CONFINADA

A) *Parâmetro de rigidez*

O procedimento de um par de vigas, sendo a superior carregada sobre o centro do painel conforme mostra a figura 4.42, corresponde aos princípios anteriormente discutidos, girando-se a épura da figura em 90°, fazendo coincidir a linha do centro com a carga vertical. A resistência e rigidez devido a interação viga—alvenaria, parte da hipótese teórica das colunas absolutamente rígidas para simplificação e redução do número de variáveis. Embora a rigor todas as ligações sejam na prática semi-rígidas [24].

Parâmetro de rigidez, para o caso de carregamento vertical após vários testes experimentais, ficou indicado pela expressão:

$$\lambda = \sqrt[4]{\frac{E_p \, t \, \text{sen} \, 2\theta}{4EIl}} \qquad \text{sendo } l = \frac{L}{2}$$

Edifícios em estruturas de alvenaria

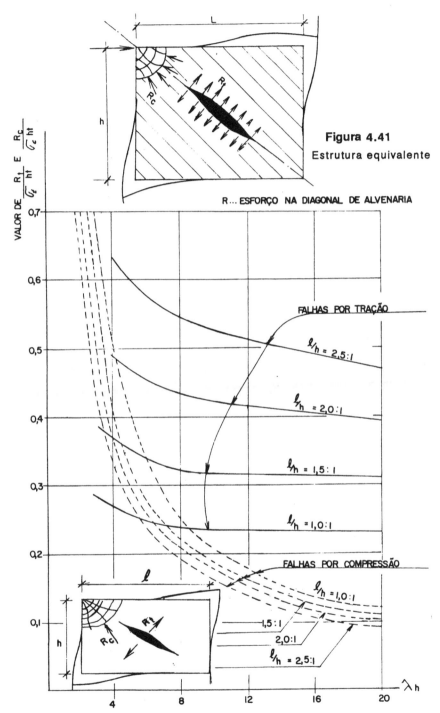

Figura 4.41
Estrutura equivalente

R ... ESFORÇO NA DIAGONAL DE ALVENARIA

Gráfico 4.3 — Resistência do painel de alvenaria, confinada num quadro de concreto

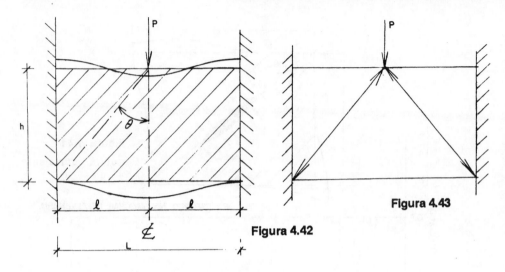

Figura 4.43

Figura 4.42

B) *Tipos de falhas na alvenaria confinada*

A falha da alvenaria de confinamento é antecipada pela trinca vertical isolada no meio do painel, seguem-se as trincas nas direções das diagonais e finalmente o colapso após a formação das rótulas plásticas nas regiões de contato da carga vertical e ligações da viga inferior com a colunas.

Esta última falha ocorre para elevado valor $\lambda\, l$, portanto, pouca rigidez relativa da viga.

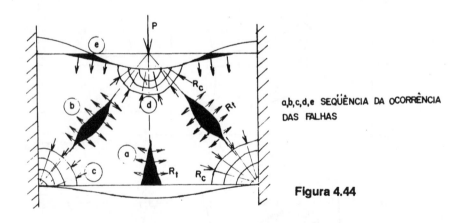

Figura 4.44

C) *Resistência à tração do painel na alvenaria confinada*
D) *Resistência ao cisalhamento do painel na alvenaria confinada*

Edifícios em estruturas de alvenaria

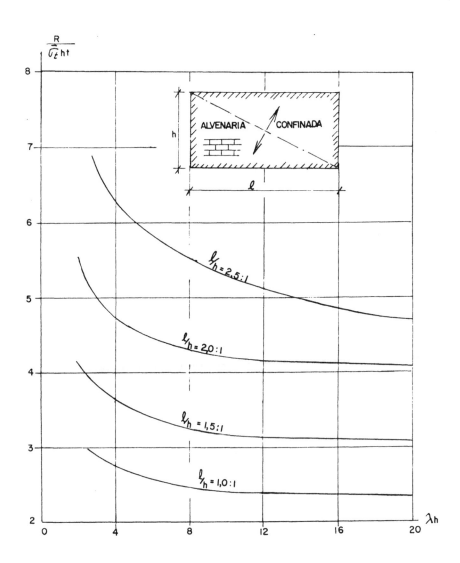

R ... Esforço na diagonal carregada da alvenaria confinada

Gráfico 4.4 — Resistência à tração do painel de alvenaria confinada num quadro

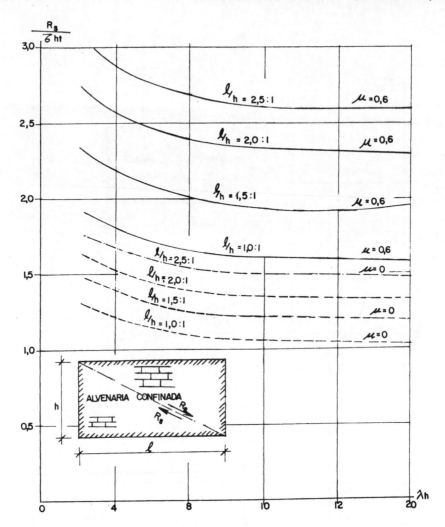

Gráfico 4.5 — Resistência ao cisalhamento do painel para alvenaria confinada

R_s ... Esforço na diagonal carregada
$\tau = 0{,}3 + 0{,}15\sigma_c \leq 3 \; daN/cm^2$
μ ... Coeficiente de atrito

Edifícios em estruturas de alvenaria

4.6.4 — Exemplo

Seja uma estrutura em quadro, correspondente ao módulo de um edifício de dois andares, projetada sem levar em conta a rigidez dos Nós.

Todas as vigas estão articuladas nos apoios com os pilares.

Verificar a colaboração da alvenaria, para uma ação do vento de 200 km/h (cq = 230 kgf/m^2)

1) *DESENHOS*
A) *Arquitetura*

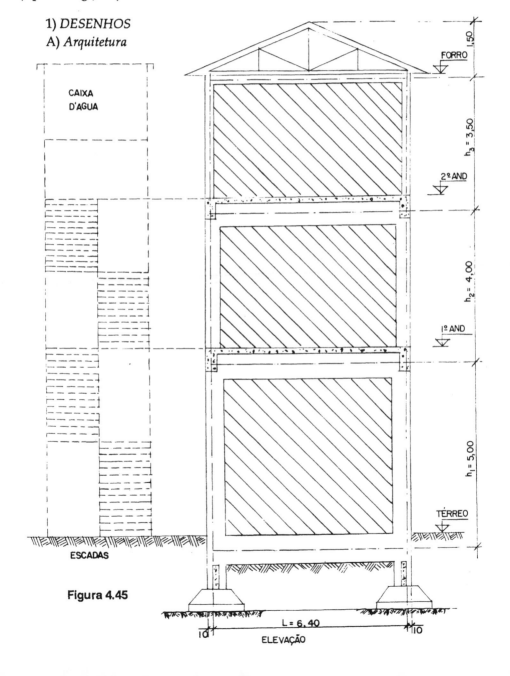

Figura 4.45

182 Estruturas em alvenaria e concreto simples

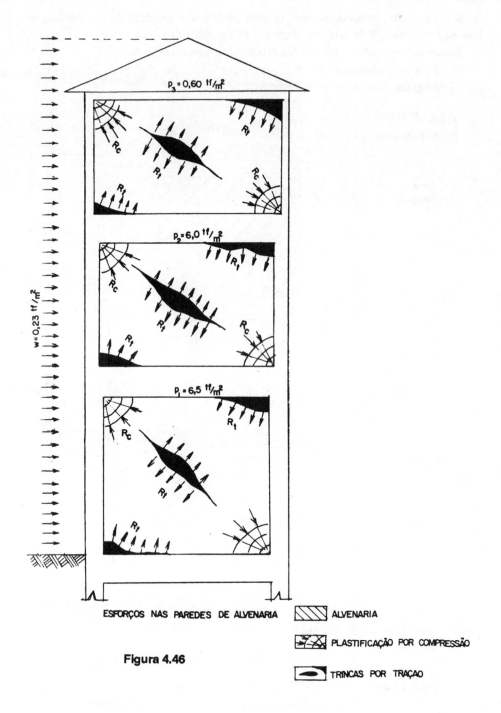

Figura 4.46

Edifícios em estruturas de alvenaria

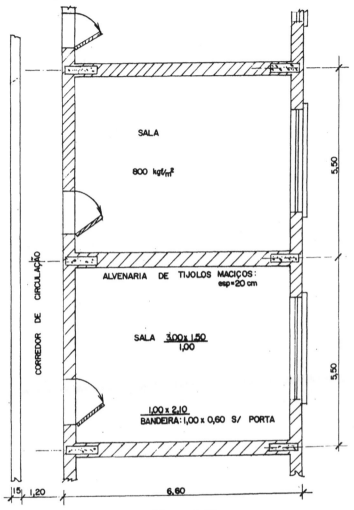

Figura 4.47

B) *Esquema estático* (estrutura equivalente)
C) *Carregamento devido à ação do vento*

$p_w = w \times 5{,}50 = 0{,}23 \times 5{,}50 = 1{,}265$ tf/metro linear

$W_0 = p_w \dfrac{h_1}{2} = 1{,}265 \times 2{,}50 = 3{,}2$ tf

$W_1 = \dfrac{1}{2} p_w (h_1 + h_2) = 0{,}63 \times 9{,}00 = 5{,}7$ tf

$W_2 = \dfrac{1}{2} p_w (h_2 + h_3) = 0{,}63 \times 7{,}50 = 4{,}7$ tf

$W_3 = \dfrac{1}{2} p_w h_3 + 1{,}50 \times 1{,}265 = 4{,}1$ tf

184 Estruturas em alvenaria e concreto simples

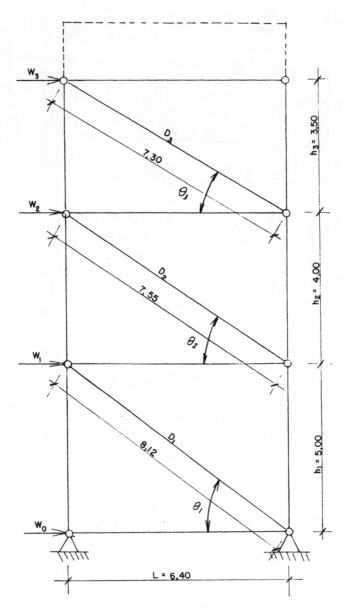

Figura 4.48

Edifícios em estruturas de alvenaria

D) *Resumo das cargas*

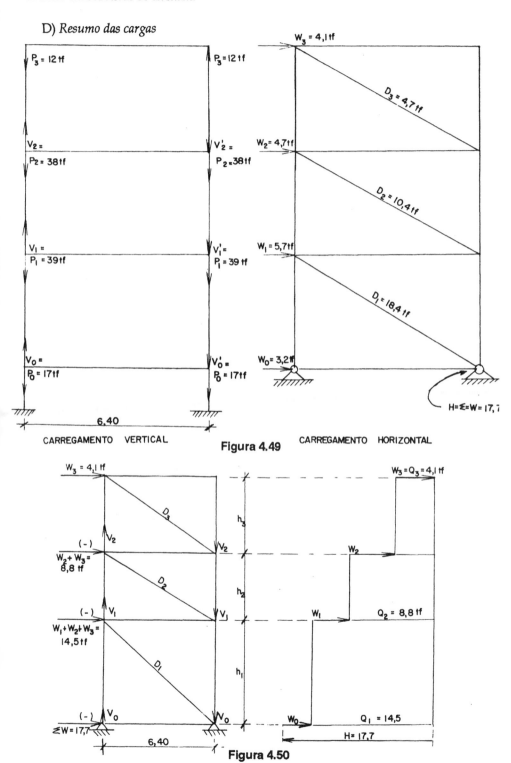

Figura 4.49

Figura 4.50

2) *REAÇÕES VERTICAIS DEVIDAS À AÇÃO DO VENTO*

$V_2 = W_3 \dfrac{h_3}{L} = 4,1 \times \dfrac{3,50}{6,40} = \pm 2,2$

$V_1 = (W_2 + W_3) \dfrac{h_2}{L} = 8,8 \times \dfrac{4,00}{6,40} = \pm 5,5$

$V_0 = (W_1 + W_2 + W_3) \dfrac{h_1}{L} = 14,5 \times \dfrac{5,00}{6,40} = \pm 11,3$

3) *ESFORÇO NAS DIAGONAIS (COMPRESSÃO)*

$D_1 = \dfrac{Q_1}{\cos \theta_1} = \dfrac{14,5}{0,788} = 18,4 \text{ tf}$

$D_2 = \dfrac{Q_2}{\cos \theta_2} = \dfrac{8,8}{0,848} = 10,4 \text{ tf}$

$D_3 = \dfrac{Q_3}{\cos \theta_3} = \dfrac{4,1}{0,876} = 4,7 \text{ tf}$

4) *DETERMINAÇÃO DOS PARÂMETROS DE RIGIDEZ DOS PAINÉIS*
Fórmulas:

$\lambda = \sqrt[4]{\dfrac{E_p \, t \, \text{sen} \, 2\theta}{4EIh'}}$ sendo $\alpha = \dfrac{\pi}{2\lambda}$

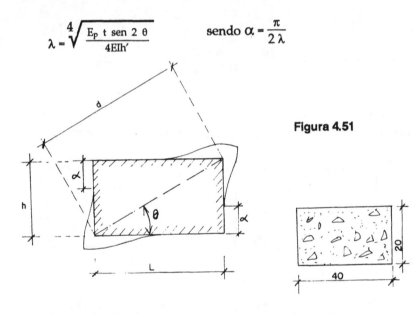

Figura 4.51

Dados preliminares
Momento de inércia das colunas entre o 1.º e 2.º andares.
Dimensões: 20 x 40 cm

$I = \dfrac{20 \times \overline{40}^3}{12} = 107.000 \text{ cm}^4$

$E = 300.000 \text{ daN/cm}^2$ ... Módulo de elasticidade do concreto da coluna
$EI = 3,21 \times 10^{10}$

Edifícios em estruturas de alvenaria

Alvenaria

Pela falta de dados no tocante à alvenaria admitimos valores, mas que devem ser confirmados através de ensaios.

Aproveitando as especificações da alvenaria de blocos vazados de concreto, adaptando para alvenaria de tijolos maciços, estimamos os seguintes valores:

Ruptura à compressão ... $\sigma_R = 50 \text{ daN/cm}^2$

Tensão admissível à compressão ... $\overline{\sigma}_c = 0{,}20 \; \sigma_R = 10 \text{ daN/cm}^2$

Tensão admissível à tração ... $\overline{\sigma}_c = \dfrac{1}{10} \cdot \overline{\sigma}_c = 1 \text{ daN/cm}^2$

Módulo de elasticidade $E_p = 1.000 \; \sigma_R = 50.000 \text{ daN/cm}^2$

$h' = h_2 - 0{,}80 = 4{,}00 - 0{,}80 = 3{,}20$

$L = 6{,}40 - 0{,}40 = 6{,}00$

$d = 6{,}80 \text{ m}$

$\text{sen } \theta = \dfrac{3{,}20}{6{,}80} = 0{,}138 \;\rightarrow\; \theta = 8°$

$$\lambda = \sqrt[4]{\frac{5 \times 10^4 \times 20 \times 0{,}276}{4 \times 3{,}21 \times 10^{10} \times 3{,}20}} = \sqrt[4]{\frac{0{,}276 \times 10^6}{41{,}09 \times 10^{10}}} = 0{,}0286 \text{ cm}^{-1}$$

$\text{sen } 16° = 0{,}276$

$t = 20 \text{ cm}$

$$\alpha = \frac{3{,}14}{0{,}057} = 55 \text{ cm}$$

Largura da diagonal comprimida

Gráfico 4.2 - $\lambda h = 0{,}0286 \times 4{,}00 = 11{,}44$

$\dfrac{L}{h} = \dfrac{6{,}00}{4{,}00} = 1{,}5 \;\rightarrow\; \dfrac{w}{d} = 0{,}21$

$w = 0{,}21 \times 6{,}80 = 1{,}428 \sim 140 \text{ cm}$

Verificação da tensão solicitante à compressão na alvenaria

$D_2 = 11.400 \text{ kgf}$

$t = 20 \text{ cm}$

$w = 140 \text{ cm}$

Tensão solicitante ... $\sigma = \dfrac{D_2}{t \, w} \leq \overline{\sigma}_c$ ... excluindo a possibilidade de flambagem

$\overline{\sigma}_c = 10 \text{ kgf/cm}^2$

$$\sigma = \frac{11.400}{20 \times 140} = 4{,}1 \text{ kgf/cm}^2 < \overline{\sigma}_c$$

5) COMPRESSÃO MÁXIMA

Parâmetros: $-\lambda\, h = 11{,}44$

$$\frac{L}{d} = 1{,}5$$

$$\frac{Rc}{\sigma_c\, h\, t} = 0{,}17 \qquad \frac{R_t}{\overline{\sigma}_t\, h\, t} = 0{,}32$$

$\overline{\sigma}_c\, h\, t = 10 \times 400 \times 20 = 80.000 \quad \therefore \quad R_c = 0{,}17 \times \overline{\sigma}_c\, h\, t$

$R_c = 13.600$ kgf $D2 = 11.400$ kgf (Não satisfaz)

$\overline{\sigma}_t\, h\, t = 1 \times 400 \times 20 = 8.000 \quad R_t = 0{,}32\ \overline{\sigma}_t\, h\, t \qquad R_t = 2.560$ kgf $< D_2$ (Não satisfaz)

6) CONCLUSÃO

Sendo $D_2 > R_t$ haverá ruptura por tração na diagonal.

7) COMENTÁRIO

Este problema mesmo como vem sendo abordado no campo estritamente teórico, necessita de maior número de dados e valores confiáveis quanto às resistências e módulo de deformação das alvenarias, e em especial o caso das alvenarias de tijolos maciços, que carece desses subsídios.

Outro fator importante seria conhecer a colaboração do atrito nas interfaces entre alvenaria e o quadro que garante o confinamento.

Finalmente, ensaiar a alvenaria confinada em estruturas de quadros contínuos, pois até agora os estudos se limitaram aos painéis isolados.

# Pequenas estruturas por gravidade em alvenaria e concreto simples

5.1 — PILAR PARA FIXAÇÃO DE UM PORTÃO

Verificar a estabilidade de um pilar de alvenaria de tijolos maciços destinado a suportar o peso e o empuxo horizontal de um portão de ferro. Verificar Juntas 1 e 2, conforme desenho.

5.1.1 — Dados

1) *DESENHO DE 1/2 PORTÃO, PILAR E SAPATA, COM OS RESPECTIVOS PONTOS DE APLICAÇÃO DAS CARGAS;*
2) *PESO DE 1/2 PORTÃO* P = 200 kgf
   Sobrecarga vertical ... Q = 100 kgf em 1/2 portão
3) ESPECIFICAÇÕES

A) *Alvenaria* ... Massa específica aparente da alvenaria $\gamma = 1{,}6$ tf/m^3
concreto simples $\gamma_c = 2{,}4$ tf/m^3
Tensão admissível da alvenaria

$\overline{\sigma}_c = 8$ kgf/cm^3

Tensão admissível ao cisalhamento da alvenaria $\overline{\tau} = 1$ kgf/cm^3

B) *Solo* - Tensão admissível à compressão no terreno ... $\overline{\sigma}_s = 1{,}5$ kgf/cm^2

C) *Coeficiente de segurança*
Rotação e escorregamento = $\rho_s = E_s = 1{,}5$

D) *Coeficientes de atrito*
Alvenaria/alvenaria ... $\mu = 0{,}70$
Alvenaria/solo .... $\mu = 0{,}50$

E) *Fórmulas — Tensões — Eq. elástico*

Flexão composta — Tensão máxima $\sigma_1 = \sigma_c + \sigma_f \leq \overline{\sigma}_c$

Tensão mínima $\sigma_2 = \sigma_c - \sigma_f > 0$

Tensão de compressão $\sigma_c = \dfrac{N}{S}$

Tensão de flexão $\sigma_f = \pm \dfrac{M}{W}$

Cisalhamento... $\tau = \dfrac{3}{2}\dfrac{T}{bd}$

Torção (25) - Determinação da tensão de cisalhamento:

TABELA 5.1

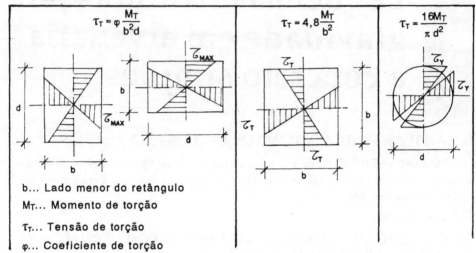

b... Lado menor do retângulo
M_T... Momento de torção
τ_T... Tensão de torção
φ... Coeficiente de torção

EQ — ESTÁTICO

Escorregamento ou deslizamento: $\varepsilon = \mu \dfrac{N}{T} \leq \varepsilon_s$

Rotação ou tombamento: $\rho = \dfrac{Nb}{2 \cdot Ty} \leq \rho_s$

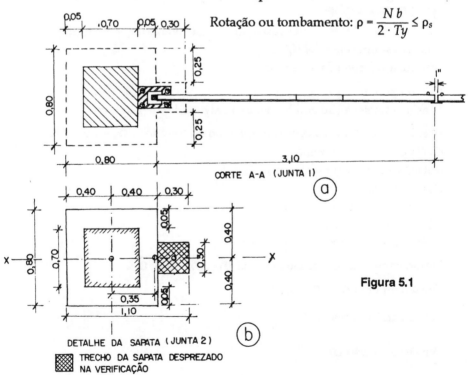

Figura 5.1

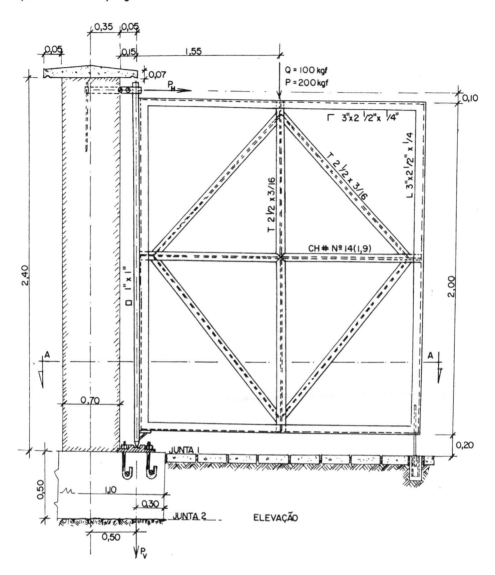

Figura 5.2 — Desenho do portão

5.1.2 — HIPÓTESES DE CARGA
1.ª HIPÓTESE - PORTÃO ABERTO

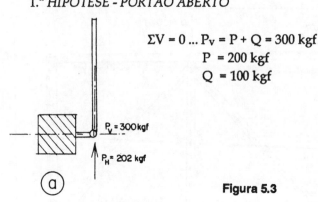
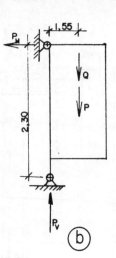

$\Sigma V = 0 ... P_V = P + Q = 300$ kgf
$P = 200$ kgf
$Q = 100$ kgf

Figura 5.3

2.ª HIPÓTESE - PORTÃO FECHADO: SEM SOBRECARGA

Figura 5.4

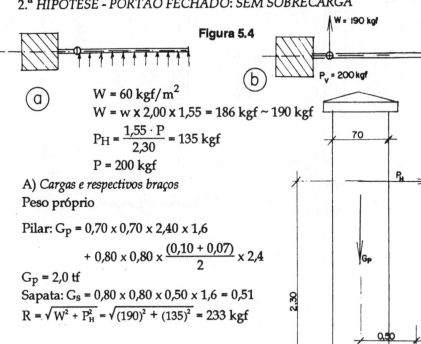

$W = 60$ kgf/m²
$W = w \times 2,00 \times 1,55 = 186$ kgf ~ 190 kgf
$P_H = \dfrac{1,55 \cdot P}{2,30} = 135$ kgf
$P = 200$ kgf

A) *Cargas e respectivos braços*
Peso próprio

Pilar: $G_P = 0,70 \times 0,70 \times 2,40 \times 1,6$
$\qquad + 0,80 \times 0,80 \times \dfrac{(0,10 + 0,07)}{2} \times 2,4$
$G_P = 2,0$ tf
Sapata: $G_S = 0,80 \times 0,80 \times 0,50 \times 1,6 = 0,51$
$R = \sqrt{W^2 + P_H^2} = \sqrt{(190)^2 + (135)^2} = 233$ kgf

B) *Esquemas*
Esforços solicitantes
$C_2 = 0,50 \cos$
$\cos\beta = \dfrac{W}{R} = \dfrac{1,90}{2,33} = 0,815$
$C_2 = 0,50 \times 0,815 = 0,407 \sim 0,41$ m

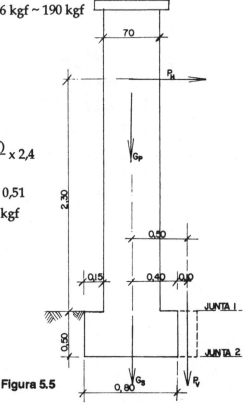

Figura 5.5

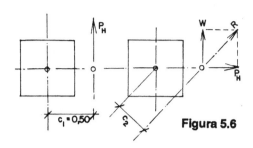

Figura 5.6

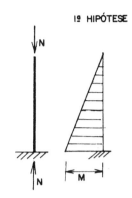

Figura 5.7

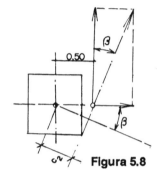

Figura 5.8

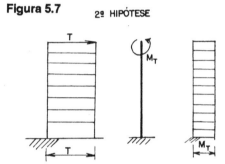

5.1.3 — Verificação da estabilidade

5.1.3.1 — *Equilíbrio estático*

Coeficiente de segurança
1.ª HIPÓTESE — PORTÃO ABERTO
A) *Rotação ou tombamento*

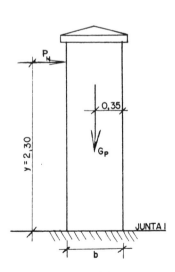

Figura 5.9

Junta 1:
$G_P = 2$ tf

$P_H = 0{,}202$ tf $\rho_1 = \dfrac{G_p\, b}{2 \cdot P_H\, Y} \geq 1{,}5$

$\rho_1 = \dfrac{G_p\, b}{2 \times P_H\, Y} = \dfrac{2 \times 0{,}35}{0{,}202 \times 2{,}30} = 1{,}5$ (satisfaz)

$N = G_P + G_S = 2{,}5$ tf
$P_V = 0{,}30$ tf
$P_H = 0{,}202$ tf (consideramos P + Q)

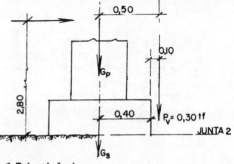

Junta 2:

$$\rho_2 = \frac{N \times 0{,}40}{P_V\, 0{,}10 + P_H \times 2{,}80} = \frac{1{,}000}{0{,}59} = 1{,}6 > 1{,}5 \text{ (satisfaz)}$$

B) *Escorregamento ou deslizamento*
Junta 1:

$$\varepsilon_1 = \mu \frac{G_P}{P_H} \geq 1{,}5$$

$G_P = 2$ tf
$P_H = 0{,}202$ tf
$\mu = 0{,}70$

$$\varepsilon_1 = 0{,}70 \frac{2}{0{,}202} = 6{,}9 > 1{,}5$$

Junta 2:

$$\varepsilon_2 = 0{,}5 \frac{2{,}5}{0{,}202} = 6{,}2 > 1{,}5$$

$\mu = 0{,}50$

2.ª HIPÓTESE — PORTÃO FECHADO

A) *Rotação ou tombamento*
Junta 1:

$$\rho_1 = \frac{G_P\, b}{2\, RY} \geq 1{,}5$$

$G_P = 2$ tf
$b = 0{,}70$ $\quad\quad \rho_1 = 1{,}3 < 1{,}5$ (aceitável)
$R = 0{,}233$ tf
$Y = 2{,}30$

Junta 2:

$$\rho_2 = \frac{N\, b}{2\, RY + P_V \times 0{,}10} \geq 1{,}5$$

$N = 2{,}5$
$b = 0{,}80$

$R = 0{,}233$ tf $\quad \rho_2 = \dfrac{2{,}5 \times 0{,}8}{2 \times 0{,}233 \times 2{,}80 + 0{,}20 \times 0{,}10} = 1{,}5$ (satisfaz)

$P_V = 0{,}20$ tf
$Y = 2{,}80$ m

B) *Escorregamento ou deslizamento*

Junta 1:

$$\varepsilon_1 = \mu \frac{G_p}{R} = 0,70 \times \frac{2,0}{0,233} = 6 > 1,5$$

Junta 2:

$$\varepsilon_2 = \mu \frac{N}{R} = 0,5 \times \frac{2,5}{0,233} = 5,3 > 1,5$$

Conclusão — A condição principal de segurança, o equilíbrio estático, ficará satisfeita, apesar de estarmos na junta 1-2.ª HIP, com ε_1 1,3 < 1,5, mas ainda aceitável, tendo em vista a ação momentânea do vento, influindo no valor "R".

5.1.3.2 — *Equilíbrio elástico*

JUNTA 1 — 1.ª HIP.: PORTÃO ABERTO

A) *Compressão*

$$N = G_p = 2 \text{ tf} \ldots \sigma_c = \frac{N}{S} = \frac{2}{0,49} = 4,1 \text{ tf/m}^2$$

$S = 0,70 \times 0,70$

$S = 0,49 \text{ m}^2$

B) *Flexão*

$M = P_H \times 2,30 = 0,202 \times 2,30 = 0,465 \text{ tfm}$

$$W = \frac{b^3}{6} = 0,057 \text{ m}^3$$

$$\sigma_f = \pm \frac{M}{W} = \pm 8,16 \text{ tf/m}^2$$

C) *Momento torçor*

$M_T = P_H \cdot C_1 = 0,202 \times 0,50 = 0,101 \text{ tfm}$

D) *Força cortante* $T = P_H = 0,202 \text{ tf}$

2.ª HIP.: PORTÃO FECHADO

A) *Compressão*

$\sigma_c = 4,1 \text{ tf}$

B) *Flexão*

$$\sigma_t = \pm \frac{0,536}{0,057} = \pm 9,4 \text{ tf}$$

$M = 0,233 \times 2,30 = 0,536$

C) *Momento torçor*
$M_T = R\ C_2 = 0{,}233 \times 0{,}41 = 0{,}095$ tfm

D) *Força cortante* $T = R = 0{,}233$ tf

Verificação
Junta 1 — Valores máximos

Flexão composta: $\sigma_1 = \sigma_2 + \sigma_f = 13{,}5$ tf/m$^2 < \overline{\sigma}_c$

$\sigma_2 = \sigma_c - \sigma_f = -5{,}3$ tf/m$^2 < 0$

$\overline{\sigma}_c = 80$ tf/m^2

Excluindo a área da zona tracionada, admitindo deslocamento da linha neutra:

$\sigma_{máx} = \dfrac{2N}{b\ b_0}$

$b_0 = 3\ Z$
$2N = 4$ tf
$b = 0{,}70$ m

$e = \dfrac{M}{N} = \dfrac{0{,}536}{2} = 0{,}268$

$Z = \dfrac{b}{2} - e = 0{,}35 - 027 = 0{,}08$ m

$b_0 = 3 \times 0{,}08 = 0{,}24$ m

$\sigma_{máx} = \dfrac{4}{0{,}24 \times 0{,}70} = 24$ tf/m^2

$\sigma_{máx} < \overline{\sigma}_c = 80$ kgf/m^2 (aceito)
Cisalhamento: $\overline{\tau} = 1$ kgf/cm$^2 \approx 10$ tf/m^2
$T_{máx} = R = 0{,}233$ tf

$\tau_c = \dfrac{3}{2} \dfrac{T}{b \cdot b} = \dfrac{3 \times 0{,}233}{2 \times 0{,}49} = 0{,}71$ tf/m$^2 < \overline{\tau}$

Torção
$M_T = 0{,}101$ tfm (momento torçor máximo)

$\tau_t = 4{,}8 \dfrac{M_T}{b^2} \therefore \tau_T = 4{,}8 \dfrac{0{,}101}{0{,}49} = 1$ tf/m$^2 < 10$

$\tau_{máx} = \tau_c + \tau_t = 0{,}7 + 1 = 1{,}7$ tf/m$^2 < \overline{\tau} = 10$ tf/m^2

Junta 2
Verificamos na junta do terreno apenas a flexão composta.

$\sigma_c = \dfrac{N}{S} = \dfrac{2{,}5}{0{,}64} = 3{,}9$ tf/m^2

$S = \overline{0{,}80}^2 = 0{,}64$

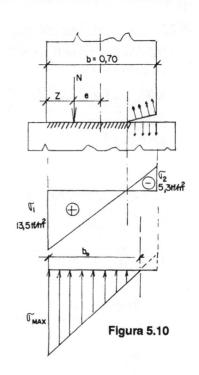

Figura 5.10

Pequenas estruturas por gravidade ...

$M = 0{,}233 \times 2{,}80 = 0{,}65$ tfm $W = \dfrac{\overline{0{,}80}^3}{6} = 0{,}085 \text{ m}^3$

$\sigma_f = \dfrac{M}{W} = \pm \dfrac{0{,}65}{0{,}085} = \pm 7{,}6$

Tensões .... $\overline{\sigma}_s = 15 \text{ tf/m}^2$

Máxima .... $\sigma_1 = \sigma_c + \sigma_f = 3{,}9 + 7{,}6 = 11{,}5 \text{ tf/m}^2 < \overline{\sigma}_s$

Mínima .... $\sigma_{2\ell} = \sigma_c - \sigma_f = -3{,}7 < 0$

Excluindo área tracionada

$e = \dfrac{M}{N} = \dfrac{0{,}65}{2{,}5} = 0{,}26$

$Z = \dfrac{b}{2} - e = 0{,}14 \text{ m}$

$b_0 = 3\, Z = 0{,}42 \text{ m}$

$\sigma_{máx} = \dfrac{2\,N}{b_0\, b} = \dfrac{5{,}0}{0{,}42 \times 0{,}80}$

$\sigma_{máx} = 15 \text{ tf/m}^2 \approx \overline{\sigma}_s$ (Satisfaz)

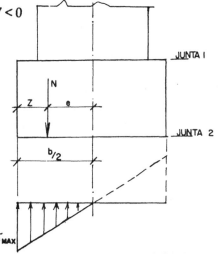

NOTA: No caso do pilar do portão apoiado sobre estacas, empregar no mínimo 3 estacas, não alinhadas, conforme Fig. 5.11.

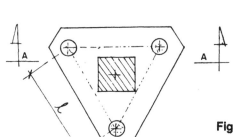

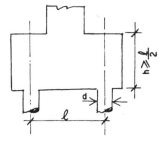

Figura 5.11

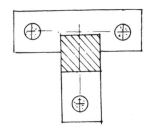

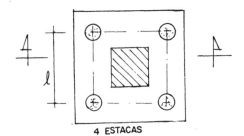

4 ESTACAS

5.2 — MURO DE FECHO

5.2.1 — Considerações preliminares

Atualmente, os muros de fechamento são executados até 1,80 m de altura, com espessura de meio tijolo ou bloco de concreto de 9,5 cm. Quando o terreno é de boa qualidade, $\overline{\sigma}_s \geq 1$ daN/cm^2; sob orientação do construtor, costuma-se fazer sapata corrida de concreto armado com gigantes (pilares); ou contra fortes também em concreto armado a cada 2,00 m, embutidos na alvenaria de meio tijolo ou bloco de concreto. Esses gigantes ficam amarrados entre si, no coroamento do muro, também por cinta de concreto armado, disposta longitudinalmente ao muro.

Quando o terreno não apresenta condições para fundação direta, torna-se necessária uma infra-estrutura, composta pelo menos por duas estacas tipo Strauss, por gigante e dispostas normalmente ao eixo longitudinal do muro.

Para completar, deve ser executado um baldrame entre os blocos das estacas.

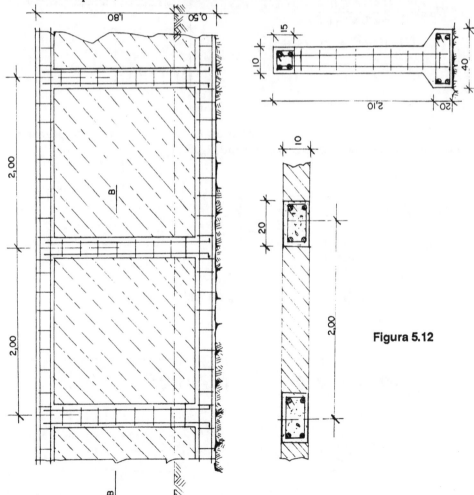

Figura 5.12

Pequenas estruturas por gravidade ...

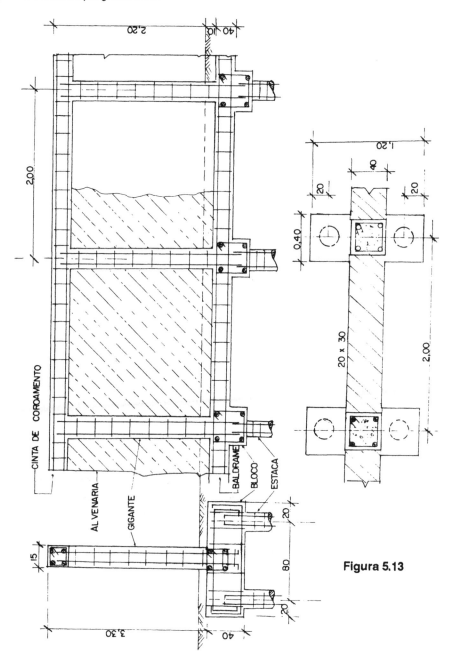

Figura 5.13

No caso de muro na divisa do lote, pode-se projetar o gigante excêntrico em relação às estacas, possivelmente com maior afastamento "l" entre as estacas, para diminuição da tração numa delas.

Todos esses detalhes exigem a elaboração de um desenho de execução (locação das estacas, formas e armação).

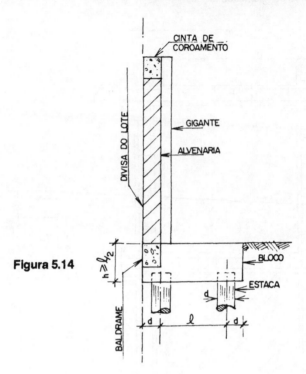

Figura 5.14

A seguir, vamos apresentar um projeto de um muro de fecho em estilo arquitetônico clássico para estrutura em alvenaria de tijolos maciços.[3]

5.2.2 — Projeto de um muro de fecho

1) DADOS
Desenho de um muro com todas as dimensões, para serem verificadas as juntas 1 e 2 indicadas. Muro, contrafortes (gigantes) e sapatas são de alvenaria de tijolos maciços, assentes com argamassa de cal, cimento e areia.

O muro é desprovido de sapata, portanto, os contrafortes e respectivas sapatas devem resistir às forças que atuam sobre os mesmos, como também sobre o muro.

2) DESENHO DO MURO

3) ESPECIFICAÇÕES
A) *Massa específica da alvenaria de tijolos maciços* ... $\gamma = 1{,}6 \text{ tf/m}^3$
B) *Ação do vento* — Pela NBR 6123/1980 (26)
Velocidade característica $V_k = 100$ km/h

Pressão dinâmica: $q = \dfrac{V_k^2}{200} = 50 \text{ kgf/m}^2$

Coeficiente de força Cf ... conforme Tabela 22 da NBR-6123 (NB-599/72)

Pequenas estruturas por gravidade ...

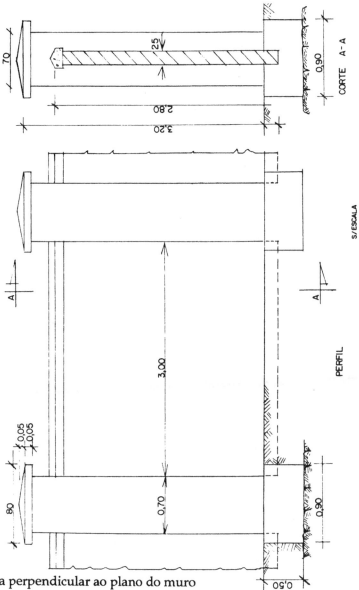

F ... Força perpendicular ao plano do muro
h ... Altura do muro
l ... Comprimento do muro
A ... Área exposta ao vento ... A = l h.

Figura 5.15

F = Cf q A
Valores de "Cf" ... Tabela 22.
l = 3,00 + 0,70 = 3,70 m
h = 2,80 + $\frac{1}{2}$ (3,20 - 2,80) = 3,00

$\dfrac{l}{h} = \dfrac{3{,}70}{3{,}00} \} = 1{,}23 \sim 1{,}00$

$A = l\,h = 11{,}10 \text{ m}^2$

$\dfrac{l}{n} = 1$

Para $\alpha = 90°$ ... $C_f = 1{,}1$
Para $\alpha = 40°$ ... $C_f = 1{,}5$
Condição mais desfavorável
Quando $\alpha = 40°$
$F = C_f\, q\, A = 1{,}5 \cdot 50 \cdot 11{,}10$
$F = 832{,}5 \text{ kgf} \approx 0{,}83 \text{ tf}$
$a = 0{,}4\, l = 0{,}40 \times 3{,}70 = 1{,}48 \text{ m} \sim 1{,}50 \text{ m}$
$W_1 = F\,\dfrac{2{,}20}{3{,}70} = 0{,}83 \times 0{,}59 = 0{,}49$
$W_2 = F - W_1 = 0{,}83 - 0{,}49 = 0{,}34$
$F = 0{,}83 \sim 0{,}80$

C) *Tensões admissíveis à compressão*
Alvenaria
$\overline{\sigma}_c = 5 \text{ daN/cm}^2 \approx 50 \text{ tf/m}^2$
Solo
$\overline{\sigma}_s = 3 \text{ daN/cm}^2 \approx 30 \text{ tf/m}^2$

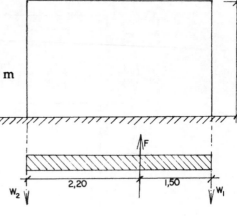

Figura 5.16

D) *Coeficiente de segurança contra rotação e escorregamento*
$\rho_s = \varepsilon_s = 1{,}5$
E) *Coeficiente de atrito*
A) Alvenaria sobre alvenaria .... $\mu = 0{,}70$
B) Alvenaria sobre solo saturado ... $\mu = 0{,}30$

4) CARGAS E BRAÇOS
A) *Peso próprio*
a) Muro
$G = \dfrac{2{,}60 \times 2{,}80}{2} \times 0{,}25 \times 1{,}6 = 1{,}46 \text{ tf}$
$G_M = 1{,}50\,(0{,}40 + 3{,}00) \times 0{,}25 \times 1{,}6 = 2{,}04 \text{ tf}$
b) Contraforte
$G_c = 3{,}20 \times 0{,}70 \times 0{,}70 \times 1{,}6 = 2{,}51 \text{ tf}$
Junta 1: $N_1 = G_M + G_c = 4{,}55 \text{ tf}$
c) Sapata
$G_s = 0{,}90 \times 0{,}90 \times 0{,}50 \times 1{,}6 = 0{,}65 \text{ tf}$
Junta 2: $N_2 = N_1 + G_s = 5{,}20 \text{ tf}$

B) *Força do vento*
Muro + contraforte ... $F = 0{,}80 \text{ tf}$

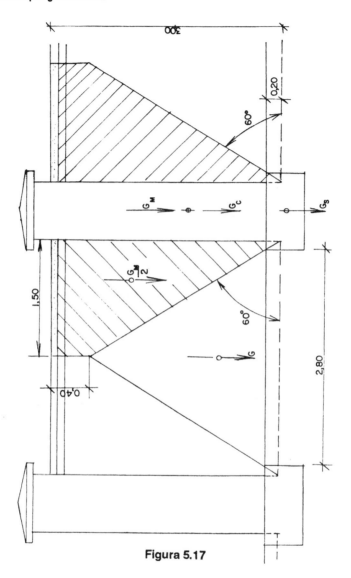

Figura 5.17

C) *Braços devidos à força do vento*
a) *Junta 1*: $y_1 = \dfrac{h}{2} = 1{,}50$ m

b) *Junta 2*: $y_2 = \dfrac{h}{2} + 0{,}50 = 1{,}50 + 0{,}50 = 2{,}00$ m

5) *MOMENTOS PARCIAIS*
A) *Junta 1*: $M_1 = Fy_1 = 0{,}80 \times 1{,}50 = 1{,}20$ tfm
B) *Junta 2*: $M_2 = Fy_2 = 0{,}80 \times 2{,}00 = 1{,}60$ tfm

CÁLCULOS AUXILIARES

a) Excentricidades

Junta 1: $e_1 = \dfrac{M_1}{N_1} = \dfrac{1{,}20}{4{,}55} = 0{,}26$ m

Junta 2: $e_2 = \dfrac{M_2}{N_2} = \dfrac{1{,}60}{5{,}20} = 0{,}31$ m

b) Posição do centro de pressão

Junta 1: $Z_1 = \dfrac{b}{2} - e_1 = 0{,}35 - 0{,}26 = 0{,}09$ m

Junta 2: $Z_2 = \dfrac{b}{2} - e_2 = 0{,}45 - 0{,}31 = 0{,}14$ m

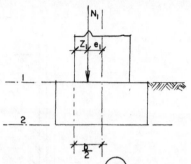
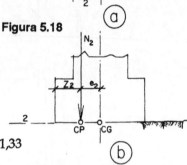

Figura 5.18

6) VERIFICAÇÃO DA ESTABILIDADE

A) *Equilíbrio estático*

a) Rotação ou tombamento

Junta 1: $\rho_1 = \dfrac{N_1 b}{2 M_1} \geq 1{,}5 \qquad \rho_1 = \dfrac{4{,}55 \times 0{,}70}{2 \times 1{,}20} = 1{,}33$

$\rho_1 < \rho_s$ ...Pode ser aceito, considerando a ação do vento, de rápida duração (rajadas).

Junta 2: $\rho_2 = \dfrac{N_2 b}{2 M_2} \geq 1{,}5 \quad \therefore \quad \rho_2 = \dfrac{5{,}20 \times 0{,}90}{2 \times 1{,}60} = 1{,}46 \sim 1{,}5$ (Satisfaz)

b) Escorregamento ou deslizamento

Junta 1: $\varepsilon_1 = \mu \dfrac{N_1}{F} \geq 1{,}5 \qquad \varepsilon_1 = 0{,}7 \dfrac{4{,}55}{0{,}80} = 3{,}9 > 1{,}5$

Junta 2: $\varepsilon_2 = \mu \dfrac{N_2}{F} \geq 1{,}5 \qquad \varepsilon_2 = 0{,}3 \dfrac{5{,}20}{0{,}80} = 1{,}9 > 1{,}5$

B) *Equilíbrio elástico*

Tensão máxima excluindo a zona tracionada

$\sigma_{máx} = \dfrac{2 N}{3 Zb}$

Junta 1: $\sigma_1 = \dfrac{2 \times 4{,}55}{3 \times 0{,}09 \times 0{,}70} = 48$ tf/m^2 $< \overline{\sigma}_c = 50$ tf/m^2

Junta 2: $\sigma_2 = \dfrac{2 \times 5{,}20}{3 \times 0{,}14 \times 0{,}90} = 27{,}5$ tf/m^2 $< \overline{\sigma}_s = 30$ tf/m^2

5.3 — CHAMINÉS INDUSTRIAIS EM ALVENARIA

5.3 1 — Considerações preliminares

1) *GENERALIDADES*

O projeto estrutural de uma chaminé consta de três elementos principais, a saber:

Pequenas estruturas por gravidade ...

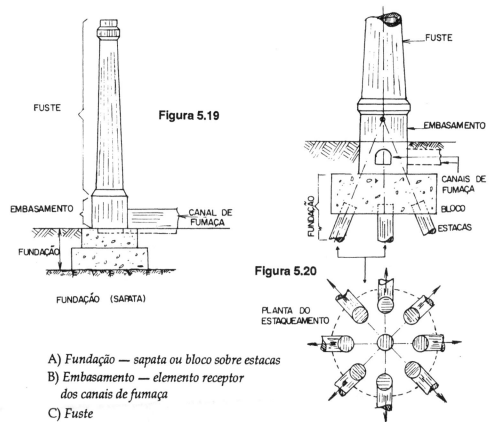

Figura 5.19

Figura 5.20

A) *Fundação* — *sapata ou bloco sobre estacas*
B) *Embasamento* — *elemento receptor dos canais de fumaça*
C) *Fuste*

O canal de fumaça pode ser enterrado ou na superfície.

As dimensões do fuste, alturas e seções transversais, assim como do embasamento, estão afetos aos estudos termodinâmicos da instalação industrial.

As fórmulas práticas recomendam os seguintes valores para as chaminés tronco-cônicas, objetivando uma boa "tiragem".

Área mínima do topo (fórmula de Montgolfier)

$$A_{min} = 0,01 \frac{n}{\sqrt{H}} \ m^2$$

n ... N.º de kg de combustível queimado por hora (carvão ou diesel)
H ... Altura da chaminé ... m
d ... Diâmetro interno no topo ou coroamento do fuste
d ≥ 0,60 m, para permitir a entrada de uma pessoa quando das inspeções, limpeza e consertos
D ... Diâmetro interno na base
D = d + 0,16H ... H = Altura do fuste ... m .

2) *DISPOSIÇÕES CONSTRUTIVAS*

A) *Espessura das paredes* — As normas técnicas (NB-52) recomendam a espessura mínima das paredes para chaminés de alvenaria de tijolos com 24 cm e blocos de concreto ou concreto armado com 15 cm.

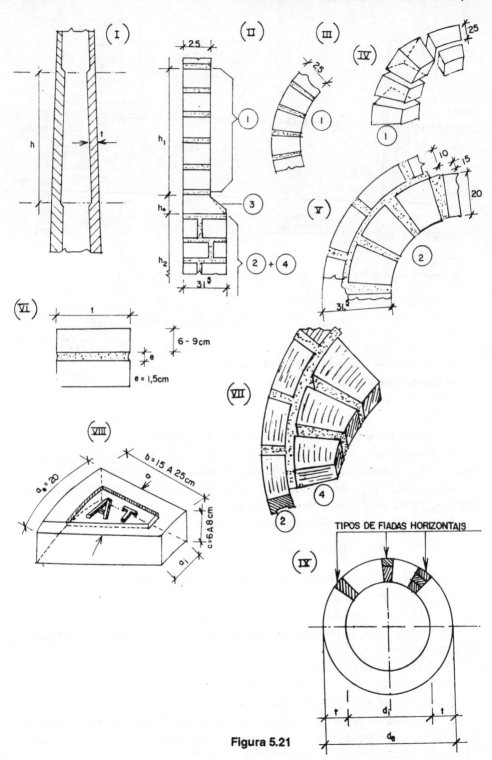

Figura 5.21

Pequenas estruturas por gravidade ...

B) *Juntas de argamassa* — Nas chaminés de alvenaria de tijolos simples, refratários ou semelhantes, todas as juntas horizontais não devem ir além de 1,5 cm.

As juntas verticais nas chaminés de alvenaria de tijolos não devem ter mais que 2 cm e nem menos do que 1 cm de espessura.

C) *Revestimento interno* — A altura do cilindro interior de revestimento de tijolos refratários (forro) nas chaminés de concreto não deve ir além de 15,00 m.

D) *Aberturas* — Aberturas de inspeção, na entrada de fumaça e em lugares adequados ao longo do fuste, podem ser feitas, desde que protegidas por espessa chapa de aço ou ferro fundido, resistente aos ácidos e ao fogo.

Essas aberturas devem ser protegidas por um anel de cintamento, imediatamente abaixo da boca de entrada.

3) *MATERIAIS*

A) *Tijolos*

Devem ser ensaiadas de acordo com os Métodos Brasileiros (MB) e apresentarem resistência média mínima de 100 daN/cm^2, correspondente ao número mínimo de 10 (dez) corpos de prova.

Forma dos tijolos:

Os tijolos devem ser fabricados acompanhando a circunferência de fuste, para espessura constante nos trechos de 5,00 a 6,00 m ao longo da altura do fuste.

Para a construção, cálculo das quantidades dos tijolos e volume da argamassa de assentamento, andaimes etc., torna-se obrigatório o projeto executivo, com o detalhamento dos vários troncos de cone ao longo da altura da chaminé.

B) *Argamassa*

Na construção das chaminés de alvenaria de tijolos de barro cozido, será permitido o emprego das seguintes argamassas:

I - Argamassa de cal:

Uma parte em volume de cal hidráulica ou extinta, 3 a 4 partes em volume de areia média lavada.

II - Argamassa de cimento e cal:

Uma parte em volume de cimento Portland, comum, 3 a 4 partes em volume de cal hidratada, 10 a 12 partes em volume de areia média lavada.

Na confecção das argamassas indicadas não será permitido o emprego de:

a) Cal altamente hidráulica

b) Argamassas ricas em cimento

c) Cal viva, cuja hidratação não tenha sido completa

d) Tensões admissíveis à compressão da alvenaria

$$\text{Fórmula } \overline{\sigma}_d = 0,4 \ \overline{\sigma}_a + 0,15 \ h'$$

h' ... Altura medida do topo até a seção considerada

Sendo $\overline{\sigma}_a = 6 \ daN/cm^2$ ... Para argamassa de cal e areia (I)

$\overline{\sigma}_a = 8 \ daN/cm^2$ ... Para argamassa de cal, cimento e areia (II)

$\overline{\sigma}_a$ = ... Pode ser determinado através de ensaios, sendo o coef. de seg. = 10, devendo ser adotado $\overline{\sigma}_a \leq 20 \text{ daN/cm}^2$

Alvenaria de tijolos especiais - DIN - 1056 -

Resistência de 250 daN/cm² ... $\overline{\sigma}_a$ = 15 daN/cm²

Resistência de 350 daN/cm² ... $\overline{\sigma}_a$ = 18 daN/cm²

4) *ACESSÓRIOS*

A) *Degraus de ferro e estribos de proteção*

B) *Pára-raios*

C) *Armadura anelar de cintamento* $A_s = \dfrac{A}{1000}$

A ... Área da seção transversal da alvenaria no local do cintamento

Estas armaduras são colocadas durante a construção a cada 2 ou 3 m, ou quando o aparecimento de trinca, sendo que estas deverão ser fechadas com argamassa.

5) *AÇÃO DO VENTO*

O valor determinante da ação do vento, agindo na direção horizontal, para chaminés de alvenaria de tijolos, de acordo com a DIN-1056 e NB-53 será dado pela fórmula:

q = 120 + 0,6 H

q ... Pressão dinâmica kgf/m²
H ... Altura da chaminé acima do terreno.
Nesta expressão já está considerada a sucção a sotavento.

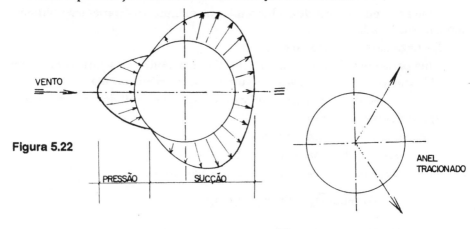

Figura 5.22

A DIN-1056 determina a espessura das paredes de alvenaria acima 1/20 do diâmetro interno da respectiva seção transversal, tendo em vista a consideração do anel.

Pequenas estruturas por gravidade ... 209

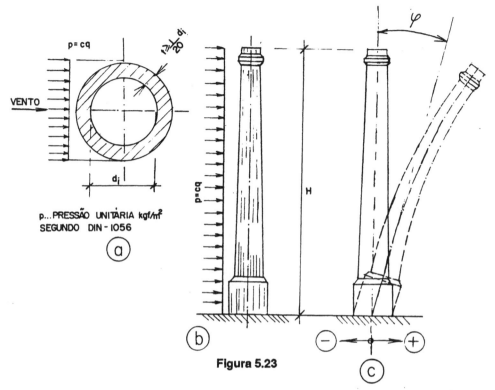

Figura 5.23

Para chaminés de concreto e aço, podem ser obedecidas as especificações da DIN-1055 e NBR-6123, admitindo a distribuição das sobrepressões e sucções nas seções transversais e a verificação dos anéis tracionados.

Valores de "C" — Coeficiente de forma — DIN-1056
Chaminés de seção circular ... 0,67
Chaminés de seção octogonal ... 0,75
Chaminés de seção quadrada ou retangular ... 1,00
Oscilação máxima devida à ação do vento, segundo a DIN-1053:

$$\varphi = \pm \frac{1}{100\sqrt{H}} \qquad \begin{array}{l}\varphi \dots \text{rd} \\ H \dots \text{m}\end{array}$$

5.3.2 — Verificação da estabilidade de uma chaminé de alvenaria de tijolos

1) DADOS (na Fig. 5.24)
2) ESPECIFICAÇÕES
A) *Massa específicas aparentes*
Alvenaria de tijolos: $\gamma = 1,9$ tf/m^3
Concreto simples: $\gamma_c = 2,2$ tf/m^3

210   Estruturas em alvenaria e concreto simples

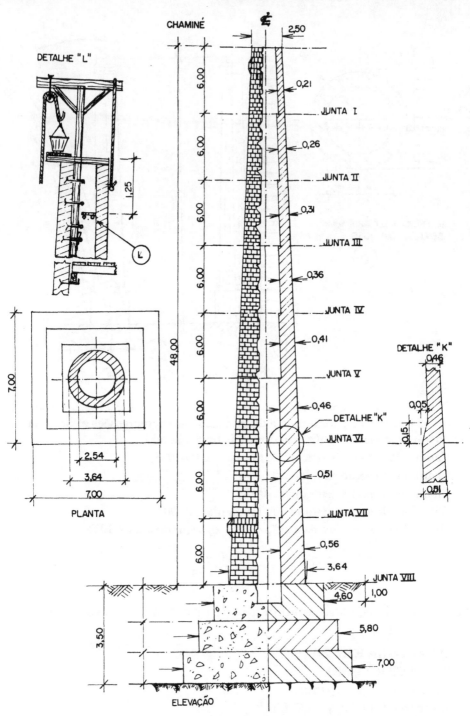

Figura 5.24

Pequenas estruturas por gravidade ...

B) *Tensões admissíveis*

Alvenaria de tijolos $\overline{\sigma}_A = 16 \text{ daN/cm}^2$ $\left(\overline{\sigma}_A = \dfrac{M}{10} = \dfrac{160}{10} \right)$

Concreto simples: $\overline{\sigma}_c = 30 \text{ daN/cm}^2$

Terreno: $\overline{\sigma}_s = 2 \text{ daN/cm}^2$

C) *Coeficientes de segurança*

Escorregamento: $\varepsilon > 1{,}5$

Rotação: $\rho > 1{,}5$

Problema n.° 1:

Investigação de todas as seções de 6,00 m em 6,00 m e da sapata pelo método geral da flexão composta.

Problema n.° 2:

Investigação das juntas 4 a 8 excluindo zona de tração, empregando a Tab. 2.2.

5.3.2.1 — *Problema 1*

1) CÁLCULO DO PESO DOS TRONCOS

Cada tronco será considerado como um corpo de revolução em torno do eixo da chaminé.

Fórmulas:

Diâmetro médio: $b_m = \dfrac{1}{2}(b_s + b_i) - t$

Circunferência média: $C_m = \pi \cdot b_m$

Área da seção vertical do tronco: $A = th$

Volume do tronco: $V = AC_m$

Peso do tronco: $G = V \cdot \gamma$

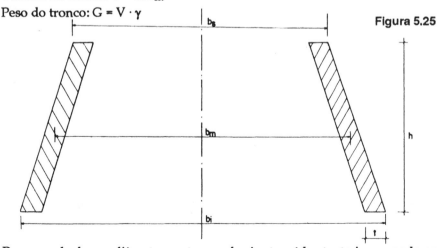

Figura 5.25

Para se calcular os diâmetros externos das juntas, é bastante ir somando ao diâmetro superior de cada junta um acréscimo assim calculado:

$\Delta_b = \dfrac{b_8 - b_0}{8}$ como $b_0 = 2{,}50 \text{ m}$ $b_8 = 3{,}54 \text{ m}$ $\Delta_b = \dfrac{3{,}54 - 2{,}50}{8} = 0{,}13$

Estruturas em alvenaria e concreto simples

TABELA 5.2 - CÁLCULO DO PESO PRÓPRIO

Troncos	Espessura .t (m)	Diâmetros externos Sup. b_s	Diâmetros externos Inf. b_i	b_m (m)	c_m (m)	A (m^2)	V (m^3)	G tf
0-1	0,21	2,50	2,63	2,35	7,40	1,26	9,30	17,7
1-2	0,26	2,63	2,76	2,43	7,60	1,56	11,90	22,6
2-3	0,31	2,76	2,89	2,51	7,90	1,86	14,70	28,0
3-4	0,36	2,89	3,02	2,59	8,10	2,16	17,50	33,3
4-5	0,41	3,02	3,15	2,67	8,30	2,46	20,50	39,0
5-6	0,46	3,15	3,28	2,75	8,60	2,76	23,80	45,3
5-7	0,51	3,28	3,41	2,81	8,80	3,06	27,00	51,2
7-8	0,56	3,41	3,54	2,91	9,10	3,36	30,60	58,0

$\Sigma G = 295,10$ tf

2) CÁLCULO DA PRESSÃO DO VENTO E RESPECTIVOS MOMENTOS

Fórmulas:

$P = c \cdot q$

$q = 120 + 0,6 H$

$H = 48,00$ m

$q = 120 + 0,6 \times 48 = 148,8$ kg/m^2

Adotaremos $q = 150$ kg/m^2

$c = 2/3$

Pressão unitária:

$p = 2/3 \times 0,150 = 0,100$

Pressão total:

$W = p \times F = 0,100 \times F$

$F = \dfrac{h'}{2} (b_0 + b_i)$

Ponto de aplicação:

$y = \dfrac{h'}{3} \left(\dfrac{b_i + 2b_0}{b_i + b_o} \right)$

Momento na junta considerada: $M = W \cdot y$

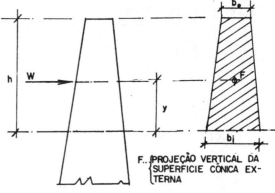

F...PROJEÇÃO VERTICAL DA SUPERFICIE CÔNICA EXTERNA

Figura 5.26

Pequenas estruturas por gravidade ... 213

TABELA 5.3 - CÁLCULO DA AÇÃO DO VENTO

Juntas	Dimensões do fuste		Cálculos auxiliares			W (t f)	Y (m)	M (t fm)
	b_i	h'	$b_i + 2b_o$	$b_i + b_o$	h'3			
1	2,63	6,00	7,63	5,13	2	1,50	2,98	4,50
2	2,76	12,00	7,76	5,26	4	3,20	5,88	18,80
3	2,89	18,00	7,89	5,39	6	4,40	8,76	38,50
4	3,02	24,00	8,02	5,52	8	6,60	11,60	76,20
5	3,15	30,00	8,15	5,65	10	8,50	14,40	122,00
6	3,28	36,00	8,28	5,78	12	10,40	17,20	179,00
7	3,41	42,00	8,41	5,91	14	12,40	19,90	247,00
8	3,54	48,00	8,54	6,04	16	14,50	22,60	330,00

3) *DETERMINAÇÃO DAS TENSÕES SOLICITANTES*

Fórmulas:

$\sigma = \dfrac{N}{S} = \left(1 \pm \dfrac{e}{K}\right)$

$\sigma_m = \dfrac{N}{S}$ tensão média

$\sigma_1 = _m\left(1 + \dfrac{e}{K}\right)$ tensão a sotavento

$\sigma_2 = _m\left(1 - \dfrac{e}{K}\right)$ tensão a barlavento

$S = \dfrac{\pi}{4}(d_e^2 - d_i^2)$

$d_i = d_e - 2t$, sendo $d_e = b_i$

$k = \dfrac{d_e^2 + d_i^2}{8\, d_e}$

$N = \Sigma G$ = pesos acumulados

$\sigma_1 \le \overline{\sigma}_{d'}$ sendo:

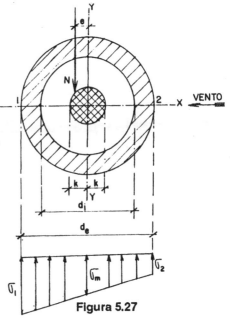

Figura 5.27

$\overline{\sigma}_d = 0{,}4 \cdot \overline{\sigma}_A + 0{,}15\, h'$

Conclusão: Até a junta 3, as condições de estabilidades são satisfatórias: $\sigma_1 < \overline{\sigma}_d$ e $\sigma_2 > 0$.

A partir da junta 4, devemos verificar a tensão máxima, conforme problema n.° 2.

4) *OUTRAS CONDIÇÕES DE ESTABILIDADE*

a) *Escorregamento*

$\varepsilon = \mu \cdot \dfrac{N}{W}$

TABELA 5.4 - DETERMINAÇÃO DAS TENSÕES

JUNTAS	ESPESSURA t (m)	Diâmetros da base		Cálculos auxiliares					K (m)	G (t f)	N (t f)	M (t fm)	e (m)	e/K	S m²	Tensões t f/m²			
		d_e	d_i	d_e^2	d_i^2	$d_e^2 + d_i^2$	$d_e^2 - d_i^2$	$8\,d_e^2$								σ_m	σ_1	σ_2	σ_d
1	0,21	2,63	2,21	6,92	4,88	11,80	2,04	21,0	0,56	17,7	17,7	4,5	0,25	0,45	1,60	11	16	6	65
2	0,26	2,76	2,24	7,62	5,02	12,64	2,60	22,0	0,57	22,6	40,3	18,8	0,47	0,82	2,00	20,2	37	3,6	66
3	0,31	2,89	2,27	8,35	5,15	13,50	3,20	23,0	0,59	28,0	68,3	38,5	0,56	0,95	2,50	27,5	53	0,1	67
4	0,36	3,02	2,30	9,12	5,29	14,41	3,83	24,0	0,60	33,3	101,6	76,2	0,74	1,23	2,94	34,5	77	-8	68
5	0,41	3,15	2,33	9,92	5,43	15,35	4,49	25,0	0,61	39,0	140,6	122,0	0,87	1,42	3,50	40,0	97	-17	69
6	0,46	3,28	2,36	10,76	5,70	16,46	5,06	26,0	0,63	45,3	185,9	179,0	0,97	1,54	3,96	47,0	119	-25	70
7	0,51	3,41	2,39	11,63	5,71	17,34	5,92	27,3	0,64	51,2	237,1	247,0	1,04	1,68	4,65	51,0	136	-35	71
8	0,56	3,54	2,42	12,53	5,86	18,39	6,67	28,3	0,65	58,0	295,1	330,0	1,11	1,71	5,25	56,1	152	-40	72

Pequenas estruturas por gravidade ...   **215**

Observamos nas Tabs. 5.3 e 5.4, que os valores de N e W aumentam a partir do topo, mas observamos que o valor de N aumenta muito mais rapidamente que o de W; desta forma o menor valor de ε é obtido na 1.ª junta, tornando-se a estrutura cada vez mais segura quanto ao escorregamento.

Calculamos portanto para a 1.ª junta:

$$\varepsilon_1 = \mu \frac{N_1}{W_1} = 0,5 \frac{17,5}{4,5} = 1,9 > 1,5$$

B) *Rotação*

$$\rho = \frac{M_i}{M_e} = \frac{N \cdot d_e}{2M}$$

Observamos na Tab. 5.4, que os momentos crescem mais rapidamente que as cargas, portanto o menor valor de ρ está na junta da base, que será a única a ser investigada.

$$\rho_8 = \frac{N_8 \cdot d_e}{2 M_8} = \frac{295,1 \times 3,54}{2 \times 330} = 1,58 > 1,5$$

5) *CÁLCULO DA SAPATA*

A) *Peso da sapata*

$$G_s = 2,2 \ (7,00^2 \times 1,00 + 5,80^2 \times 1,00 + 4,60^2 \times 1,50 - \frac{\pi}{4} \times 2,42 \times 1,00)$$

$G_s = 240,8$ tf

B) *Componente total (normal)*

$N_s = N_8 + G_s = 295,1 + 240,8 = 535,9 \sim 536$ tf

C) *Momento total*

A pressão do vento é a mesma da junta (8), aumentando-se apenas o braço y:

$M_s = W_8 \ (y_8 + H_s) = 14,5 \ (22,60 + 3,50) = 380$ tfm

D) *Excentricidade*

$$e_s = \frac{M_s}{N_s} = \frac{380}{536} = 0,71 \text{ m}$$

E) *Raio resistente*

$$K = \frac{W}{S}$$

$W_1 = W$ mín $= \frac{d^3}{6 \times \sqrt{2}}$ $d = 7,00$ m

$$W_1 = \frac{(7,00)^3}{6\sqrt{2}} = 40,43 \text{ m}^3$$

$S = d^2 = 7,00^2 = 49,00$ m^2

$$K = \frac{40,43}{49,00} = 0,83 \text{ m}$$

F) *Determinação das tensões do terreno*

$$\sigma_{máx} = \frac{N_s}{S} \left(1 + \frac{e_s}{k}\right)$$

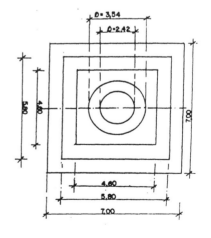

Figura 5.28

$$\sigma_{mín} = \frac{N_s}{S}\left(1 - \frac{e_s}{k}\right)$$

$$\frac{e_s}{k} = \frac{0,71}{0,83} = 0,84$$

$$\frac{N_s}{S} = \frac{536}{49} = 11 \text{ t/m}^2$$

$\sigma_{máx} = 11\ (1 + 0,84) = 20\ \text{tf/m}^2 \ldots \overline{\sigma}_s = 2\ \text{daN/cm}^2$

$\sigma_{mín} = 11\ (1 - 0,84) = 1,8\ \text{tf/m}^2 \qquad = 20\ \text{tf/m}^2$

(valores que são aceitos)

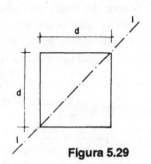

Figura 5.29

5.3.2.2 — Problema 2

Verificação das juntas do fuste, excluindo a área da zona tracionada, empregando a Tabela 2.2.

Fórmulas:

$$r_e = \frac{d_e}{2} \qquad e = \frac{M}{N}$$

$$r_i = \frac{d_i}{2}$$

$$\sigma_m = \frac{N}{S}$$

$$\overline{\sigma}_a = 16\ \text{kgf/cm}^2 = 160\ \text{tf/m}^2$$

Valores da Tab. 2.2

$$\left.\frac{r_i}{r_e} = \frac{d_i}{d_e}\right\} \varphi \quad \sigma_{máx} = \varphi\ \sigma_m \leq \overline{\sigma}_A$$

$$\left.\frac{e}{r_e}\right\} \lambda \quad b_0 = \lambda < e$$

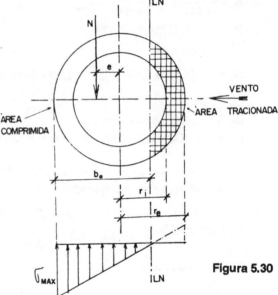

Figura 5.30

TABELA 5.5 - TENSÕES MáXIMAS E POSIÇÃO DA L.N. - EXCLUINDO ZONA TRACIONADA

Juntas	σ_m tf/m^2	r_e m	e m	$\dfrac{r_i}{r_e}$	$\dfrac{e}{r_e}$	φ	λ	b_o m	$\sigma_{máx}$ t f/m^2
4	34,5	1,51	0,74	0,76	0,49	2,42	1,66	2,50	83,5
5	40,0	1,57	0,87	0,74	0,55	2,67	1,50	2,35	106,8
6	47,0	1,64	0,97	0,72	0,59	2,92	1,32	2,16	137,2
7	51,0	1,70	1,04	0,70	0,61	2,92	1,32	2,24	149,0
8	56,1	1,77	1,11	0,68	0,63	2,92	1,32	2,34	164,0*

σmáx $\leq \overline{\sigma}$A = 160 t f/m^2 \qquad * Aceitável

Arcos e abóbadas

6.1 — CONSIDERAÇÕES PRELIMINARES

No atual estágio tecnológico, onde os materiais já estão alcançando altas resistências, principalmente em se tratando dos aços e do concreto, associando-se também com os modernos equipamentos empregados nos canteiros de obras, as preferências pelas estruturas em arco e pórticos vem cedendo lugar a outros sistemas, em viga reta, na cobertura de grandes vãos.

Outro fator responsável por essa mudança é a facilidade em contarmos na rotina com o auxílio dos cálculos computacionais, para estruturas em grelhas, caixões celulares, cascas (substituindo as cúpulas), estruturas espaciais, etc.

Esta batalha, na realidade, foi vencida pelo alto custo da execução das estruturas convencionais em arcos para pontes, viadutos, aquedutos e galerias, cuja causa responsável é a necessidade de prazo mais prolongado e ainda onerados com os custos dos cimbramentos e processos de concretagem.

Face ao exposto, vamos neste trabalho apresentar as devidas informações, objetivando o atendimento dos projetos arquitetônicos, cuja estética determinante seja a alvenaria de tijolos aparentes ou, no caso dos fornos industriais que exigem o emprego do melhor material refratário, indiscutivelmente ainda o tijolo cerâmico.

6.1.1 — Generalidades: arcos e abóbadas

1) DEFINIÇÕES

Arcos são estruturas suspensas no espaço, repousando unicamente nas suas extremidades ou encontros.

Chamamos de abóbadas aos arcos largos, quando construídos de alvenaria.

2) ELEMENTOS DE UMA ABÓBADA

Seção a-b . . . . Imposta
Seção c-d . . . . Rim
Seção r-s . . . . Chave ou fecho
Pontos: A,M,E . . . . Nascentes ou nascenças
Face: ABFE . . . . . . Testa ou paramento (anterior e posterior)

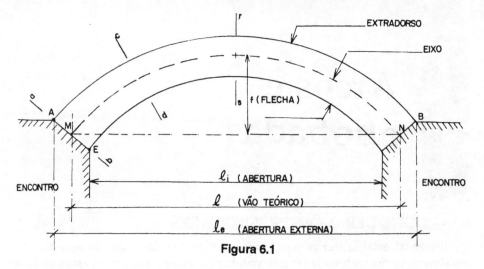

Figura 6.1

As abóbadas podem ser construídas de alvenaria de tijolos, alvenaria de pedra e concreto, formando uma estrutura monolítica.

No 1.º e 2.º casos temos juntas naturais, enquanto que no 3.º caso admitimos juntas fictícias para efeito de determinação das cargas e verificação das tensões.

O plano das juntas será sempre perpendicular ao eixo do arco.

As juntas dividem o arco em blocos denominados *aduelas*.

3) CLASSIFICAÇÃO GERAL DAS ABÓBADAS

A) *abóbadas de berço ou cilíndricas*

São aquelas em que a curva do intradorso forma uma superfície cilíndrica.

Essas abóbadas podem ser subdivididas em:

Abóbada reta — Quando as testas são normais ao eixo do cilindro (diretriz)

Abóbada esconsa — Quando as testas não são normais ao eixo do cilindro.

B) *Abóbadas de revolução ou cúpulas*

São aquelas formadas por uma geratriz reta ou curva em torno de uma diretriz ou eixo vertical.

De acordo com a natureza da curva geratriz podemos ter:

Cúpula cônica (geratriz reta)

Cúpula elíptica

Cúpula esférica

Cúpula poligonal

C) *Abóbadas compostas*

São formadas pela combinação dos tipos anteriores.

4) CLASSIFICAÇÃO GERAL DOS ARCOS

Os arcos e mesmo as abóbadas de berço são classificadas de acordo com a relação entre a flecha e o vão, relação esta denominada de abatimento.[27]

De acordo com o abatimento, podemos ter a seguinte classificação:

a) $\frac{f}{l} = \frac{1}{2}$ ... arco pleno   b) $\frac{f}{l} < \frac{1}{2}$ ... arco abatido   c) $\frac{f}{l} > \frac{1}{2}$ ... Arco elevado

Arcos e abóbadas

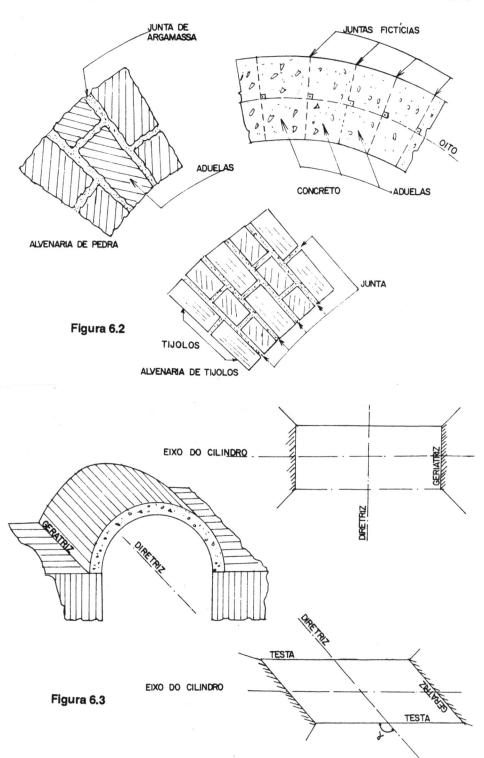

Figura 6.2

Figura 6.3

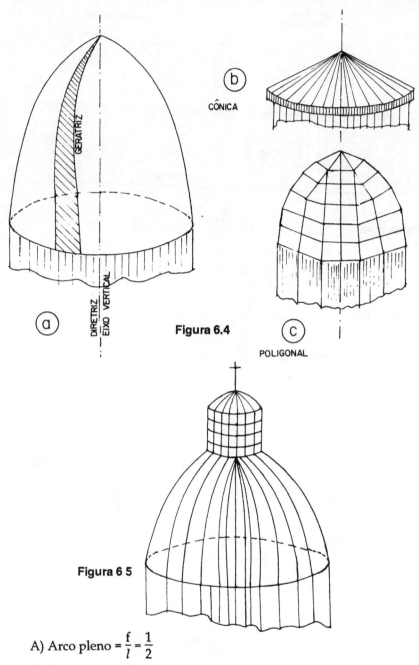

Figura 6.4

Figura 6 5

A) Arco pleno = $\dfrac{f}{l} = \dfrac{1}{2}$

Estes arcos apresentam a vantagem de terem as tangentes nos encontros verticais, e portanto também as reações são verticais, não dão reações horizontais.

Sob o ponto de vista estabilidade, são os mais convenientes: a desvantagem é ter grande altura comparada com o vão.

Arcos e abóbadas

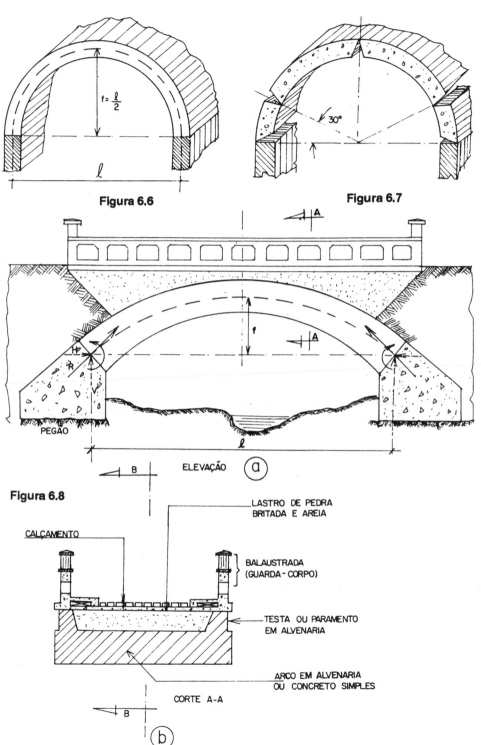

Figura 6.6

Figura 6.7

Figura 6.8

222 Estruturas em alvenaria e concreto simples

Prestam-se para arcos contínuos, nos viadutos, aquedutos, pontes de garganta estreita e edifícios.

Utilizam-se também nos fornos contínuos e bueiros, pois permitem grande vazão.

A ruptura desses arcos por excesso de carga ocorre na chave e nos rins, como mostra a Fig. 6.7.

A grande vantagem desses arcos de alvenaria é que, mesmo rompidos, às vezes continuam estáveis trabalhando, como arcos triarticulados (as trincas funcionam como rótulas).

Os sinais de fraqueza nos arcos manifestam-se pelo aparecimento de trincas nas seções das impostas, na chave e nos rins.

B) Arco abatido $\frac{f}{l} < \frac{1}{2}$)

Estes arcos apresentam reações inclinadas, portanto com componentes horizontais e verticais, daí termos que introduzir um encontro maciço até a fundação (denominam-se pegões os encontros dos arcos abatidos de pontes).

É o tipo de arco que se presta para vencer grandes vãos.

De acordo com a curvatura do intradorso, podemos ter os seguintes tipos de arcos abatidos:

Circular — Facilidade de construção

Parabólico — Para pontes de grandes vãos

Asa de cesto — Curva policêntrica, inventada no século XVI e empregada na Ponte de Toulouse.

Elípticos — Idealizados para corrigir os defeitos da Asa de cesto.

O arco parabólico elevado tem sido utilizado na arquitetura de Oscar Niemeyer (Igreja da Pampulha, MG, Sambódromo, RJ e Memorial da América Latina, SP.)

C) Arco elevado

Estes arcos também se dividem em três grupos:

Ogival

Elíptico

Parabólico

Os arcos ogivais são compostos por duas curvas circulares, dão também reações verticais, mas não apresentam vantagens do arco pleno.

Os arcos têm sido empregados mais na arquitetura clássica e oriental, devido ao aspecto estético (vergas, naves etc.)

Podemos ter:

Ogival comum - Ogival de pontos terços

Ogival de pontos quintos

Ogival eqüilátero

Ogival persa:

Ruptura dos arcos ogivais

Pela figura observa-se que esse arco é de baixa resistência ao excesso de carga.

Arcos e abóbadas

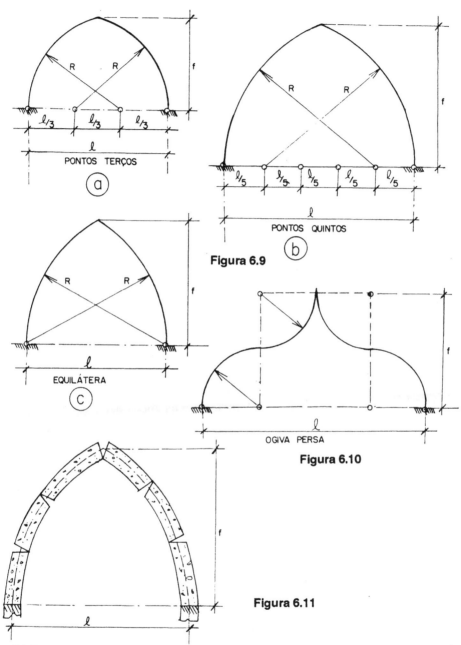

Figura 6.9

Figura 6.10

Figura 6.11

D) *Ruptura dos arcos abatidos*

Dependendo do abatimento e largura dos encontros, a ruptura por excesso de carga apresenta-se conforme as indicações das Figs. 6.12 e 6.13.

E) *Pré-dimensionamento das seções transversais*

Fórmulas empíricas:

I - Determinação da espessura na chave

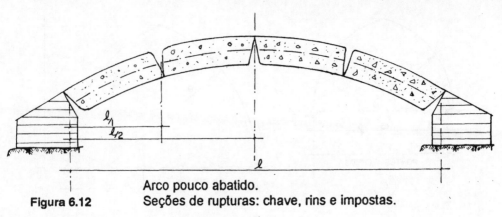

Figura 6.12 — Arco pouco abatido. Seções de rupturas: chave, rins e impostas.

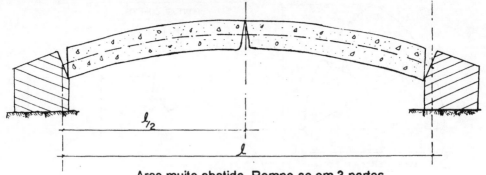

Figura 6.13 — Arco muito abatido. Rompe-se em 3 partes, os rins confundem-se com as impostas.

Fórmula de Aragon: $e_c = \left(\dfrac{n}{10} + \dfrac{l}{100\dfrac{f}{l}}\right)\left(1 + \dfrac{l}{10}\right)$

Valores de n (dependem da sobre carga)
Abóbadas de teto n = 1
Abóbadas de pavimentos n = 2
Abóbadas de pontes rodoviárias n = 3
Abóbadas de pontes ferroviárias n = 4
Abóbadas de pontes ferroviárias e bélicas n = 5

II - Determinação da espessura nos rins
Fórmula de Aragon:
Arco pleno $e_r = 2\, e_c$

Arcos e abóbadas

Arco elíptico	Arco circular abatido	Arco elevado
$\frac{f}{l} = \frac{1}{3}$ ...... $e_r = 1{,}8\,e_c$	$\frac{f}{l} = \frac{1}{4}$ .... $e_r = 1{,}8\,e_c$	
$\frac{f}{l} = \frac{1}{4}$ ...... $e_r = 1{,}6\,e_c$	$\frac{f}{l} = \frac{1}{6}$ .... $e_r = 1{,}4\,e_c$	
$\frac{f}{l} = \frac{1}{5}$ ...... $e_r = 1{,}4\,e_c$	$\frac{f}{l} = \frac{1}{8}$ .... $e_r = 1{,}25\,e_c$	
	$\frac{f}{l} = \frac{1}{10}$ ... $e_r = 1{,}25\,e_c$	
	$\frac{f}{l} = \frac{1}{12}$ ... $e_r = 1{,}10\,e_c$	

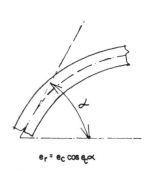

$e_r = e_c \cos e_c \alpha$

Figura 6.14

III - Determinação da espessura dos encontros

$$E = \left[0{,}3 + \frac{1}{100\,(f/l)}\right](l - f + H + 2e_c)$$

f ... Flecha livre
l ... Vão livre (abertura)
H ... Altura acima da fundação

Figura 6.15

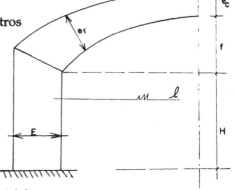

F) *Cargas homogeneizadas ao peso do material do arco*

Geralmente os tabuleiros das pontes apresentavam seus tímpanos cheios com alvenaria e saibro (ver 6.2.1), de espessura "y", variável com a curvatura do extradorso do arco.

No caso das abóbadas, este material de aterro é calculado para a faixa de um metro de largura.

Sobre os tímpanos temos ainda que considerar o peso de um lastro de areia grossa ou pedrisco, correspondente à base da pavimentação ou calçamento, de espessura constante "t_1".

Sobre o lastro vem o pavimento ou calçamento, também de espessura constante "t_2".

Finalmente deve ser considerada a sobrecarga uniforme acidental ou carga móvel "p" tf/m^2 ou cargas concentradas "R".

Para simplificar os vários tipos de carga, referimos ao peso próprio do arco, através dos "coeficientes de homogeneização", assim calculados:

Peso homogeneizado do calçamento em relação ao peso do arco: $K_c = \dfrac{\gamma c}{\gamma A}$

γ c ... Massa específica aparente do material do calçamento
γ A ... Massa específica aparente do material do arco

Idem para o lastro

$$K_L = \frac{\gamma L}{\gamma A}$$

γ L ... Massa específica aparente do material do lastro

$$K_t = \frac{\gamma t}{\gamma A}$$

γ_t ... Massa específica aparente do material de enchimento dos tímpanos.

Conhecidos esses coeficientes de redução K_c, K_L, K_t, e multiplicando pelas respectivas espessuras t_1, t_2, e y (genérico), nós temos o peso equivalente do arco.

Cálculo da equivalência das cargas:
Ordenadas constantes
Calçamento $a_c = K_c \cdot t_1$
Lastro $a_l = K_l \cdot t_2$

Sobrecarga a_m

$$= \frac{p/\gamma A}{a = a_c + a_l + a_m}$$

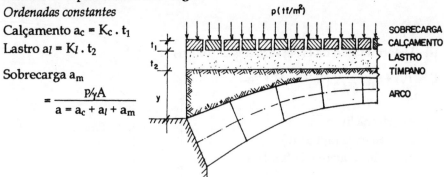

No caso da carga móvel concentrada, admitimos uma carga equivalente uniforme.

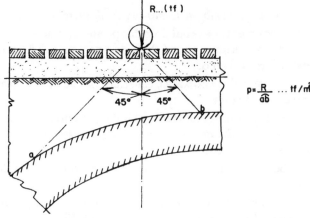

$$p = \frac{R}{ab} \ldots tf/m^2$$

Ordenadas variáveis
Tímpanos - $y' = y K_t$
As ordenadas dos tímpanos dependem da curvatura do extradorso, razão pela qual são variáveis.
Ordenadas totais
$Y = y' + a$

Arcos e abóbadas

Ligando os vários pontos dos ordenadas totais, obtemos a linha de equivalência de cargas, isto é, homogeneizamos a um único peso específico, correspondente ao peso específico do arco.

G) *Determinação das cargas*

Destacamos uma aduela, consideramos as cargas por unidade de largura da abóbada.

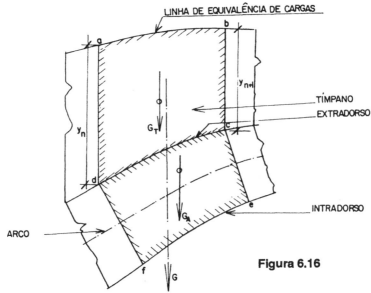

Figura 6.16

G_T ... Peso das aduelas dos tímpanos (a-b-c-d)
G_A ... Peso das aduelas do arco (d-c-e-f)
$G = G_T + G_A$ ... Peso das aduelas
$G_T = A_t \gamma_A$
$G_A = A_a \gamma_A$
(d-f), (c-e) ... Juntas do arco
γ_A ... Massa específica aparente do material do arco

Ordenadas dos tímpanos, variável com a curvatura do arco
$a - d = y_n$, $b - c = y_{n+1}$
Cálculos das áreas A_t e A_a

Transformamos em figuras equivalentes o trecho correspondente às aduelas do tímpano e do arco.

O trapézio abcd será transformado num paralelogramo de área equivalente.
O trapézio irregular dcef será transformado num triângulo de área equivalente.
Área do trapézio abcd ≈
Área do paralelogramo a'b'cd.
$dc = \Delta$ $A_t = \Delta h_t$ ou $A_t = \frac{1}{2} V (y_n + y_{n+1})$

Área do trapézio dcef ≈   Área do triângulo cdn ... $A_a = \frac{1}{2} \Delta h_A$

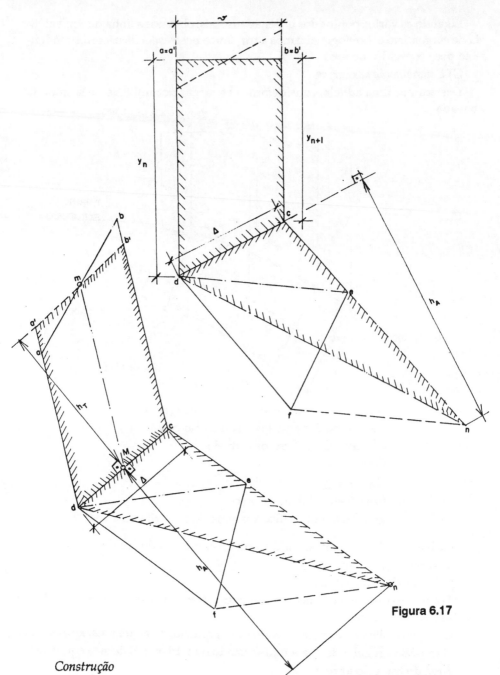

Figura 6.17

Construção

1) Pelo ponto M, médio de cd, tiramos Mm paralela aos lados cd e bc. Traçamos a' b' paralela à dc.

2) Prolongamos ce, traçamos a diagonal d-e, por f tiramos paralela à d-e. A intersecção n nos dá o vértice do triângulo.

Arcos e abóbadas

Determinação dos pontos de aplicação de G_T *e* G_A

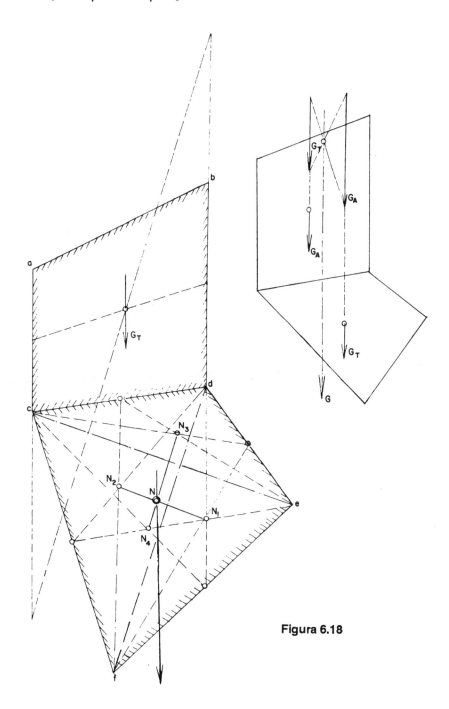

Figura 6.18

Quanto ao ponto de aplicação de G_T, não existe dificuldade, trata-se de um trapézio regular.

Para determinação do ponto de aplicação de G_A, procedemos da seguinte forma:

1) Consideramos a figura cdef, dividida em dois triângulos por intermédio da diagonal df.

2) Determinamos os baricentros dos triângulos def e cdf; temos N_1 e N_2.

3) Ligamos N_1 e N_2; temos o segmento N_1N_2.

4) Consideramos depois a diagonal ce, temos o triângulo cde, com baricentro N_3 e triângulo def com baricentro N_4.

5) ligamos N_3, N_4; obtemos o segmento N_3N_4.

6) A intersecção dos segmentos N_1N_2 e N_3N_4, nos dá o ponto N, que é o ponto de aplicação de G_A.

Conhecidas as linhas de ação de G_A e G_T, a determinação de G é simples, pois trata-se do caso da composição de duas forças paralelas e no mesmo sentido.

Pontes em abóbadas com tímpanos cheios

Secção A-A: no caso de abóbadas estreitas

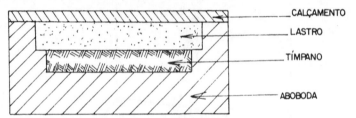

Secção A-A: Para abóbadas largas

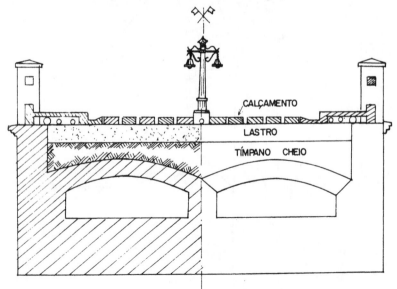

Arcos e abóbadas

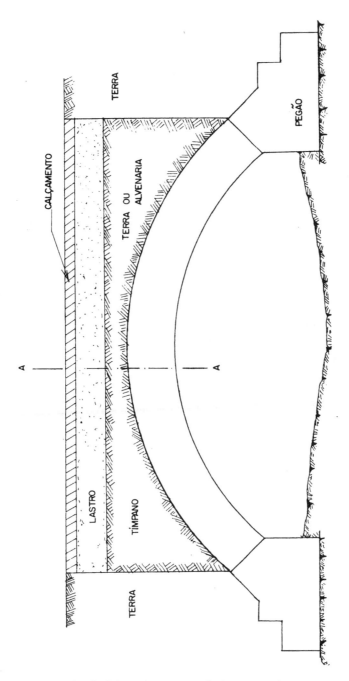

O tabuleiro compõe-se de lastro e calçamento.

6.2 — ESTRUTURAS DE ALVENARIA EM ABÓBADAS

6.2.1 — Generalidades

Estaticamente, sendo o arco uma peça curva sujeita a esforços normais predominante de compressão, o material adequado para trabalhar é a alvenaria ou concreto simples, e foi justamente nas estruturas de pontes que o emprego de arcos e abóbadas marcaram época, pela sua estética e solidez.

Nos pavimentos de edifícios foram aplicados para pequenos vãos e quase que exclusivamente nos tetos dos porões e subsolos, pelo inconveniente de exigirem grande pé-direito, tendo em vista a obtenção de reações verticais. Os tetos e forros em abóbadas de grandes dimensões e forte abatimento foram construídas de estuque e madeira suspensas nas tesouras.

O carregamento assimétrico nos arcos elásticos provoca deformações desfavoráveis, obrigando a linha de pressão assumir posições às vezes fora do núcleo central (ver Cap. 2).

Nos casos de alvenaria para pontes rodoviárias, devido ao elevado peso próprio, o efeito da carga acidental assimétrica tem pouca influência no deslocamento da linha de pressão.

A parte que fica acima do arco das pontes e que sustenta o tabuleiro por onde transitam os veículos e pedestres, é denominada tímpano.

O tímpano pode ser constituído de pilares de alvenaria ou cheio de alvenaria e saibro.

Os tímpanos vazados com montantes têm a desvantagem de transitarem cargas concentradas ao arco, sendo ainda mais desfavorável para o caso das cargas acidentais que passam a ter ação direta.

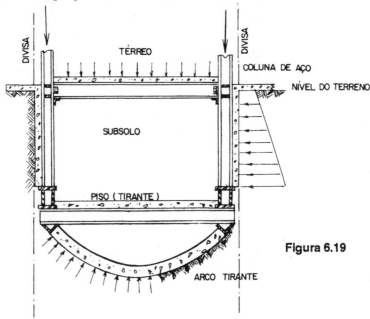

Figura 6.19

Arcos e abóbadas

Outra aplicação vantajosa da estrutura em arco é a fundação direta num terreno da baixa resistência, ou para se evitar sapatas excêntricas junto às divisas dos lotes vizinhos.

Pode-se também aproveitar o vazio entre o piso do subsolo e o arco como resertório d'agua subterrâneo (ex.: garagem América - Rua Riachuelo, SP)

6.2.2 — Resumo histórico das pontes em arco de alvenaria

Pelo que podemos pesquisar historicamente, tudo indica terem sido os romanos os primeiros construtores das obras em eixo curvo, tais como arcadas em alvenaria, como a famosa Ponte do Gard, construída há 2.000 anos, aqueduto conduzindo água como parte de uma adutora de 50 km de extensão desde Uzes até Nimes, no sul da França.

Já na Idade Média marcam recordes a Ponte de Londres, cuja construção durou trinta anos, tendo sido concluída em 1209, e a mais bela ponte em alvenaria de pedra, a Ponte Vecchio de Florença (1345).

O grande progresso das pontes em arco de alvenaria deu-se com a substituição do critério empírico de análise da estabilidade no Séc. XVIII, que vinha desde a antigüidade, pelas novas práticas defendidas pelos trabalhos de Gauthey, Navier e Coulomb, já no século XIX, em competição com as pontes em estruturas de aço (designado na época e até pouco tempo atrás por ferro doce).

Graças às experiências do Eng.º Boistard nos ensaios de ruptura de pequenos arcos, objetivando executar o projeto arrojado com abatimento 1/15 para a ponte de Nemours. Boistard concluiu que todas as abóbadas trincam-se no fecho ao lado do intradorso e nas juntas do extradorso junto aos rins ou mesmo nas impostas.

Com isto, hoje costumamos dizer que se conseguiu determinar o estado limite último de resistência ou seções críticas dos arcos.

Com esses dados experimentais, vários métodos para análise da estabilidade e cálculos das reações foram propostos pelos engenheiros franceses.

A maioria dos arcos de pontes em alvenaria foram concebidos como biengastados, daí tratar-se de um problema hiperestático, de solução indeterminada para a época.

Os arcos triarticulados só aparecem após o emprego das estruturas metálicas, embora existissem estudos teóricos de arcos triarticulados de alvenaria desde 1877.

As experiências feitas em Autriche de 1890 a 1893 por Boistard, modificaram os métodos de cálculos dos arcos, admitindo o comportamento dos arcos de alvenaria como arcos metálicos e indicando a determinação das incógnitas com o emprego das fórmulas dos teoremas elásticos (Castigliano).

Os primeiros arcos de pontes triarticulados foram executados para ferrovias na Alemanha (vãos 57,16 m e 64,50 m) e da Itália (vão 70,00 m).

Possivelmente por temeridade, ou devido ao desenvolvimento das estruturas de aço e concreto armado, a preferência ainda continuou sendo para os arcos

biengastados para o caso das estruturas de alvenaria.
Reações:

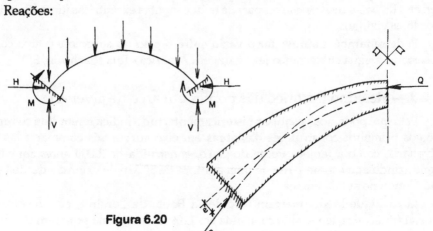

Figura 6.20

Num arco biengastado temos 6 incógnitas, isto é, 3 em cada apoio: direção, grandeza e ponto de aplicação.

Dispomos de 3 equações da estática; restam ainda 3 incógnitas, que são resolvidas com o auxílio da teoria do trabalho de deformação.

Antes de estudo mais apurado, vamos comentar os processos que eram empregados para contornar a indeterminação, fora do campo hiperestático.

1) *MÉTODO DE MERY* (curva hipotética de pressão)

Baseando-se nas experiências de Boistard, dos pequenos arcos carregados até atingir a ruptura, Mery observou que os pontos fracos do arco localizavam-se na chave do lado do intradorso e nos rins do lado extradorso.

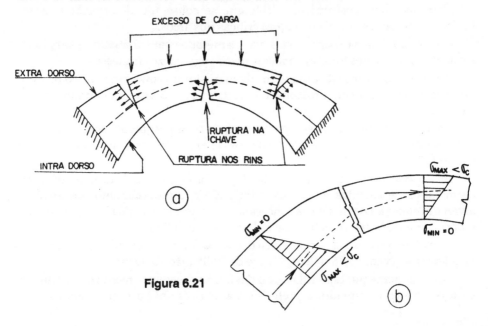

Figura 6.21

Arcos e abóbadas

Diante desses resultados experimentais da ruptura por tração, Mery estabeleceu condições limites para a posição dos centros de pressão nas seções perigosas, formulando as seguintes hipóteses.

1.ª Hipótese — O ponto de aplicação do empuxo na chave deve se localizar no terço à partir do extradorso.

2.ª Hipótese — A resultante nos rins deve passar no terço da seção à partir do intradorso.

3.ª Hipótese — A reação na chave será horizontal.

Segundo Mery: ausência de tração, centro de pressão no limite do n. central (lei triangular), correspondem à 1.ª e 2.ª hipóteses.

Quanto à 3.ª hipótese, é facilmente justificada, pois havendo simetria e prevalecendo a carga do peso próprio, a resultante na chave é de fato horizontal.

O carregamento assimétrico poderia inclinar a resultante na chave, mas essa inclinação é desprezível, em face da influência da carga permanente simétrica.

Concluindo, Mery resolveu a questão fazendo a funicular das cargas passar por três pontos obrigatórios, solução genial e de grande alcance para a época, pois hoje essa solução seria considerada como de dimensionamento no regime plástico, admitindo estado limite de resistência, dentro da segurança.

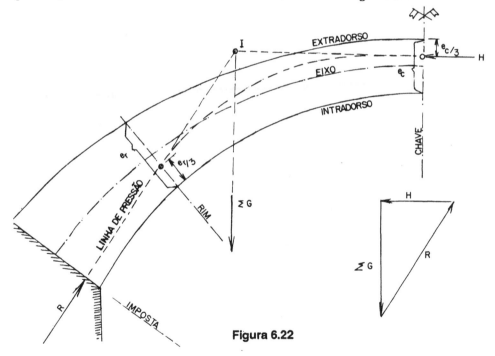

Figura 6.22

2) *MÉTODO DE YVON VILLANCEAU*

Villanceau determinou analiticamente as curvas do intradorso e extradorso, de modo a fazer a linha de pressão coincidir com o eixo do arco para um dado valor do empuxo, após o decimbramento.

236 Estruturas em alvenaria e concreto simples

Isto daria um maciço ideal, em que as tensões seriam uniformes em todas as seções transversais.

Essa hipótese não é muito verdadeira, devido à pequena elasticidade do material.

Se o material fosse elástico, ainda seria possível. Na prática, o perfil teórico fica modificado pela variação das cargas, o que obriga a um estudo de várias hipóteses de cargas, tornando os cálculos trabalhosos.

As curvas do intradorso e do extradorso obtidas eram de difícil execução, razão pela qual a aceitação prática não se verificou.

3) *MÉTODO DE DURAND CLAYE*

Esse método procurou estabelecer o equilíbrio elástico das seções transversais.

O método, apesar da vantagem e superioridade, ao anterior, tornou-se praticamente sem uso, por ser muito trabalhoso na sua construção gráfica.

Exemplo 1 — Vejamos a aplicação do método Mery.

Dados:

Vão teórico ... L = 10,00 m

Flecha ... f = 2,50 m

Eixo circular - R = 6,25 m - Desenvolvimento = 11,60 m

Figura 6.23

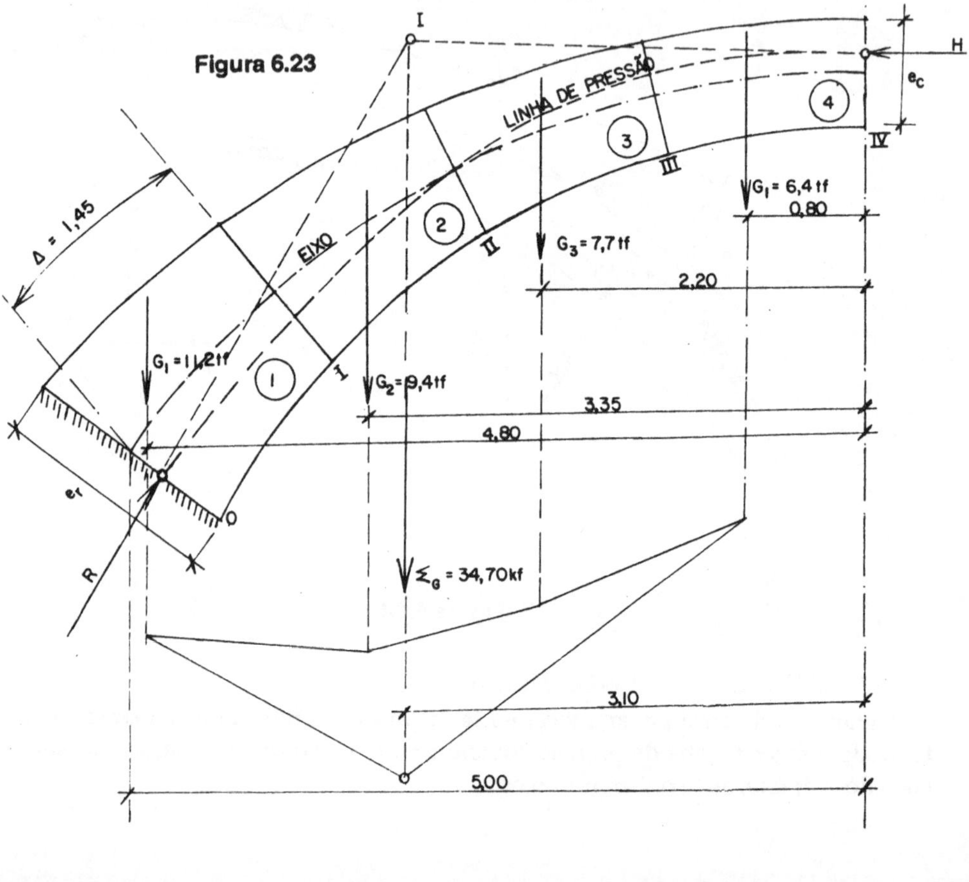

Arcos e abóbadas

Tensão admissível na alvenaria $\overline{\sigma}_c$ = 20 daN/cm²
Cargas e respectivos pontos de aplicação
Comprimentos das aduelas Δ = 1,45 m
Espessura da chave ... e_c = 0,70 m
Espessura das impostas e_r = 1,40 m
Curvas do intradorso e extradorso traçadas graficamente

Passos construtivos

1) Com pólo qualquer 0', traçamos diagrama polar e funicular para determinar a linha de ação de Σ G.

2) A partir do terço superior da chave, prolongamos H até obter a interseção I em Σ G.

3) Unimos o ponto I ao terço inferior da imposta (no arco abatido os rins confundem-se com as impostas); temos a direção da reação R.

4) Transportamos R e H para o diagrama polar, temos assim determinadas graficamente suas grandezas e o pólo 0, que representa o pólo da linha de pressão.

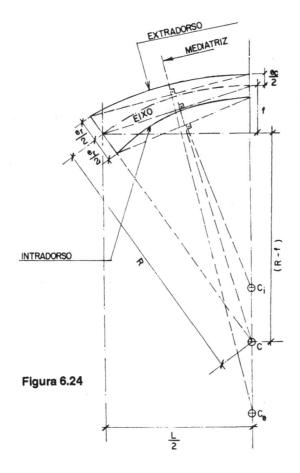

Figura 6.24

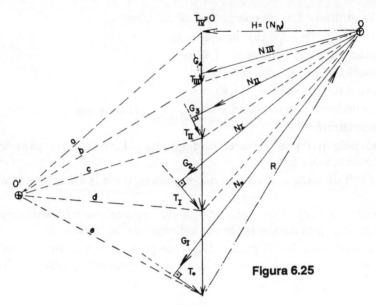

Figura 6.25

5) Traçamos com o pólo 0 os raios polares, partindo do terço superior da chave, terminando com o último raio R que passa pelo terço inferior da imposta; temos assim determinada a linha de pressão.

Verificação da estabilidade das juntas

a) *Tensões normais*

No extradorso ... $\sigma_e = \dfrac{M_{Ke}}{W} \leq \overline{\sigma}_c$

No intradorso ... $\sigma_i = \dfrac{M_{Ki}}{W} \leq \overline{\sigma}_c$

$M_{Ke} = N(k + e)$ $M_{Ki} = N(k - e)$

$W = \dfrac{1 \cdot d^2}{6}$

$k = \dfrac{d}{6} \therefore W = kd$

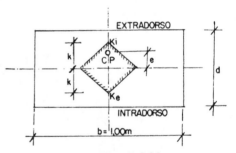

Figura 6.26

Valores de e medidos no gráfico; o sinal ajustado às fórmulas de σ_e, σ_i.

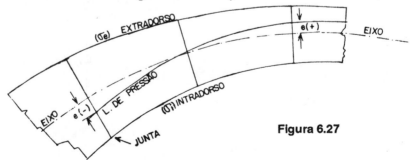

Figura 6.27

Arcos e abóbadas

b) *Tensão tangencial* — Pela resistência do atrito

$$\varepsilon = \mu \cdot \frac{N}{T} = 0{,}75 \frac{N}{T} \geq 1{,}5$$

c) *Determinação gráfica dos esforços normais e tangenciais*

1) No diagrama polar pelas extremidades das forças G_1, G_2, G_3 e G_4, traçamos paralelas às juntas 0, I, II, e III, respectivamente, pois a junta IV coincide com alinha de ação de G_4.

2) Pelo pólo 0 tiramos normais às paralelas, obtemos assim as grandezas dos esforços normais (N_0, N_I, N_{II} ...) e tangenciais (T_0, T_I, T_{II} ...) nas respectivas juntas (Fig. 6.25).

4) *MÉTODO DA CURVA REAL DE PRESSÃO*

O método de Mery apresenta-nos a vantagem na aplicação da estabilidade do arco para efeito de anteprojeto, mas não pode ser considerado como exato.

Admitindo-se a elasticidade da alvenaria (experiências em Autriche), vamos considerar um método mais exato, conhecido como da curva real de pressão.

Esse método baseia-se numa única hipótese: "o empuxo na chave é horizontal", o que é perfeitamente justificável, em face do peso próprio da alvenaria ser muito maior da sobrecarga, além da simetria da estrutura.

Eixo do arco ... AA'

Curva real de pressão ... SS'

Paralela à curva real de pressão ... AS"

Curva funicular auxiliar ... AK

Para satisfazer as condições de rigidez do arco engastado, devemos anular as deformações nos apoios.

Pelo teorema de Castigliano:

$$d\,\varphi = \int_o^l \frac{M\,dS}{EJ} \ \dots \ (1)$$

$$d_x = \int_o^l \frac{M\,y\,d\,S}{EJ} \ \dots \ (2)$$

$$d_y = \int_o^l \frac{M\,x\,d\,S}{EJ} \ \dots \ (3)$$

Sendo o arco rígido biengastado

$d\,\varphi = 0$

$d_x \ = 0$

$d_y \ = 0$

Lembrando a determinação gráfica dos momentos fletores, podemos escrever $M = He$ ... (H ... distância polar).

Pela figura $e = (m - y - z)$

$M = H\,(m - y - z)$

Na solução gráfica, variando a distância polar, varia também proporcionalmente a ordenada, porém o valor do momento é o mesmo.

TABELA 6.1 - VERIFICAÇÃO DE ESTABILIDADE

JUNTAS	VALOR MEDIDO NO GRÁFICO				ELEM. GEOM.		CÁLC. AUXILIARES			TENSÕES t f/m²		Segurança contra escorregamento
	Espessura (m)	Excentr. (m)	Esforços (t f)		Raio resist.	Módulo de resist.	(k+e)	(k-e)	$\frac{N}{W}$	Ext.	Int.	
	d	e	N	T	K	W				σe	σi	ε
0	1,40	-0,23	40,0	4,5	0,233	0,326	0	0,46	1,22	0	56	6,7
I	1,10	-0,20	31,5	4,2	0,183	0,200	0,017	0,383	1,58	1,6	61	5,6
II	0,90	+0,02	25,0	2,8	0,150	0,135	0,170	0,130	1,85	32	24	6,7
III	0,75	0,12	22,0	1,3	0,124	0,093	0,244	0,004	2,36	58	1	12,8
IV	0,70	0,188	21,0	0	0,118	0,082	0,236	0	2,55	60	0	∞

TABELA 6.2 - DETERMINAÇÃO DAS REAÇÕES

ADUELAS Δ=1,45m	VALORES MEDIDOS			CÁLC. AUXIL.		m/d³	my/d³	y/d³	y²/d³	i/d³
	d	mi	y	d³	y²	K	S	N	T	L
1	1,30	0,90	0,50	2,20	0,25	0,41	0,20	0,23	0,11	0,45
2	1,00	2,50	1,50	1,00	2,25	2,50	3,75	0,50	2,25	1,00
3	0,80	3,65	2,10	0,51	4,41	7,13	14,97	4,10	8,61	1,95
4	0,75	4,20	2,40	0,42	5,16	9,95	23,89	5,69	13,65	2,37
					Σ	19,99	42,81	11,52	24,62	5,77

Arcos e abóbadas

Nestas condições, podemos escrever:

Hm = H₁m₁

H ... distância polar da curva real de pressão (SS')

H₁ ... distância polar da curva auxiliar (AK)

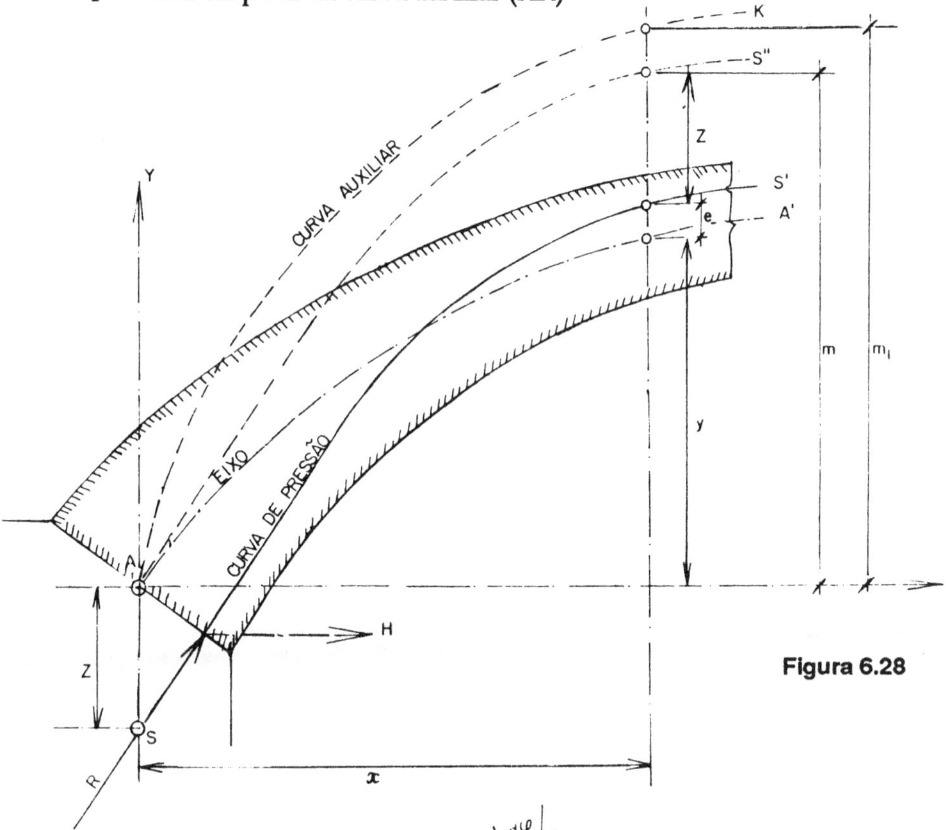

Figura 6.28

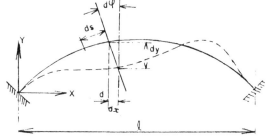

Figura 6.29

Substituindo-se temos:

M = Hm - Hy - Hz

M = H₁ m₁ - Hy - Hz

Lembrando as deformações elásticas:

Pela (1)

$$d\varphi = \int_0^l \frac{M\,dS}{EJ} = 0 \qquad \int_0^l \frac{(H_1 m_1 - Hy - Hz)\,y\,dS}{EJ} = 0 \quad (3)$$

Pela (2)

$$\int_0^l \frac{(H_1 m_1 - Hy - Hz)\, y\, dS}{EJ} = 0 \quad (4)$$

Desenvolvendo   E = const.

$$\int_0^l \frac{H_1 m_1\, dS}{J} - \int_0^l \frac{Hy\, dS}{J} - \int_0^l \frac{hy\, z\, dS}{J} = 0 \quad (5)$$

$$\int_0^l \frac{H_1 m_1\, y\, dS}{J} - \int_0^l l\frac{Hy^2\, dS}{J} - \int_0^l \frac{Hy^2\, z\, dS}{J} = 0 \quad (6)$$

Temos duas equações com duas incógnitas; vamos substituir dS por um comprimento finito Δ, medido ao longo do eixo do arco. Desta forma podemos substituir as integrais por somatórias.

$$H_1 \Sigma \frac{m_1 \Delta}{d^3} - H\Sigma \frac{y\,\Delta}{d^3} - Hz\Sigma \frac{\Delta}{d^3} = 0 \quad (7)$$

$$H_1 \Sigma \frac{m_1 y\, \Delta}{d^3} - H\Sigma \frac{y^2 \Delta}{d^3} - Hz \frac{y\,\Delta}{d^3} = 0 \quad (8)$$

$$\Sigma m_1 \cdot \frac{\Delta}{d^3} = K$$

$$\Sigma \frac{\Delta}{d^3} = L$$

$$\Sigma y\, \frac{\Delta}{d^3} = N$$

$$\Sigma m_1 y\, \frac{\Delta}{d^3} = S$$

$$\Sigma y^2 \frac{\Delta}{d^3} = T$$

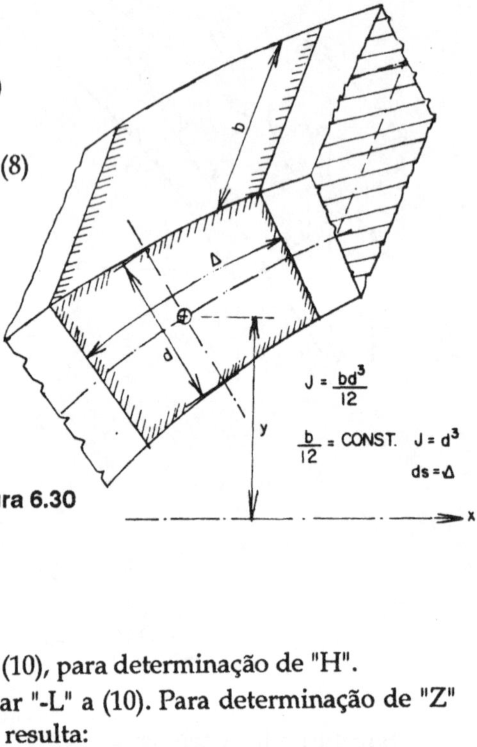

Figura 6.30

$J = \dfrac{bd^3}{12}$

$\dfrac{b}{12} = CONST.$ $J = d^3$

$ds = \Delta$

$H_1 K - H N - Hz L = 0 \quad (9)$

$H_1 S - H T - Hz N = 0 \quad (10)$

Resolvendo simultaneamente a (9) e (10), para determinação de "H".

Multiplicar por "N" a (9) e multiplicar "-L" a (10). Para determinação de "Z" multiplicar por "T" a (9) e por "-N" a (10) resulta:

$$H = H_1 \frac{K N - S L}{N^2 - L T}$$

$$Z = \frac{K T - N S}{K N - S L}$$

Arcos e abóbadas

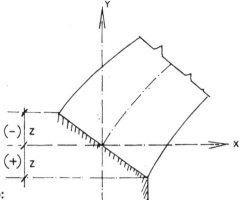

Aplicação do método:
1.°) traça-se um diagrama polar, com distância H₁ qualquer.
2.°) traça-se a curva arbitrária passando por A, com distância polar H₁.
3.°) medem-se as ordenadas y, m₁ e as espessuras d.
4.°) cálculam-se H e Z, observando S constante.
5.°) traça-se um novo diagrama polar, com a distância H conhecida.
6.°) marca-se o valor de Z.
7.°) traça-se o polígono funicular que corresponde à curva real de pressão.
8.°) verificação da estabilidade, conforme exemplo 1.

Exemplo 2 — Determinar as reações no exemplo n.° 1, pelo método da curva real de pressão.

DADOS
L = 10,00m
f = 2,50m
R = 6,25m
G₁ = 11,2tf
G₂ = 9,7tf
G₃ = 7,2tf
G₄ = 6,6tf
d₁ = 1,30m
d₂ = 1,00m
d₃ = 0,80m
d₄ = 0,75m

y₁ = 0,50m
y₂ = 1,50m
y₃ = 2,10m
y₄ = 2,40m

Figura 6.31

$$Z = \frac{KT - NS}{KN - SL}$$

KT = 20 x 25 = 500,00
- NS = 11,5 x 43 = 494,50
            ─────────
                     -5,50

KN = 20 x 11,5 = 230,0
- SL = 43 x 5,8 = 249,4
         ─────────
                  - 19,4

$$Z = \frac{5,50}{19,40} = 0,28 \sim 0,30 \text{ m}$$

$$H = H_1 \frac{KN - SL}{N^2 - LT}$$

$N^2 = 11,5^2$ = 132,25
- LT = 5,8 x 25 = 145,00
          ─────────
                   12,75

H_1 = 16 tf

$$H = 16 \times \frac{19,4}{12,7} = 24,4 \text{ tf} \sim 24 \text{ tf}$$

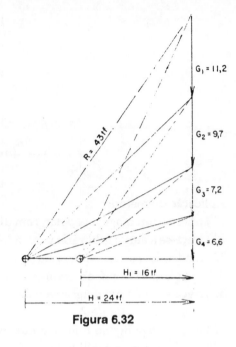

Figura 6.32

Conclusão

No exemplo anterior, a determinação da reação horizontal determinada, aplicando-se o método aproximado segundo Mery, foi de H = 20 tf, sendo o "esforço normal aplicado na chave no terço médio da seção a partir do extradorso".

Neste exemplo 2, a determinação da reação por método exato foi de H = 24 tf, portanto, na mesma ordem de grandeza da solução anterior.

Pode-se notar, pelas Figs. 6.22 e 6.32, que neste caso o esforço normal na chave fica aplicado no terço médio a partir do intradorso.

Portanto, por ambos os métodos, o empuxo na chave localiza-se nos limites do núcleo central de inércia da seção do fecho. Desde que o arco de alvenaria seja geometricamente simétrico, o método de Mery é digno de confiança.

6.2.3 — Abóbadas de túneis

Atualmente, o fator preponderante na definição do projeto para revestimento ou abóbada de um túnel é a metodologia executiva da escavação, condicionada com a mecânica dos solos ou das rochas.

Isto nos conduzirá à opção de um dos seguintes métodos:

a) Atirantamento, acompanhado do revestimento aplicando "concreto projetado", técnica austríaca (NATAM);

b) Avanço com pranchas metálicas, apoiadas em pórticos camboteados de

Arcos e abóbadas

aço, técnica francesa (ENFILAGE);

c) Escoramento com perfis de aço (pórtico poligonal) e pranchões de madeira. Este tipo de escoramento deve ficar perdido com a concretagem da abóbada;

d) Implantação de emboque e túnel piloto, com posterior alargamento apoiado no solo com o escoramento de madeira roliça, técnica implantada por engenheiros italianos;

e) Emprego de perfuratrizes e explosivos para a escavação em rocha.

1) *PERFIS DAS ABÓBADAS*

A forma do perfil depende da natureza do terreno atravessado.(28) Procura-se dar ao perfil a forma da linha de pressão, passando pelo núcleo central de inércia.

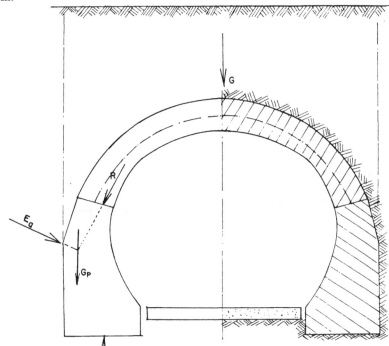

Figura 6.33 — Terreno em rocha alterada ou fendilhada - perfil alargado

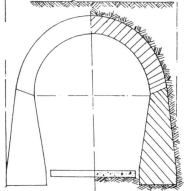

Figura 6.34 — Terreno argiloso

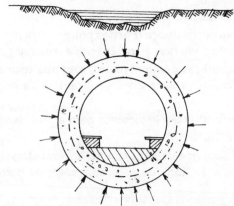

Figura 6.35 — Terrenos fluidos ou de pouca resistência; deve-se construir a fundação em arco invertido

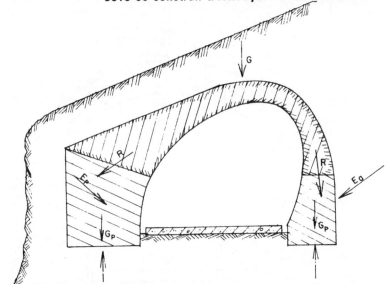

Figura 6.36 — Túnel à meia encosta. Alargar um dos encontros e evitar carregamento inclinado [29] (solução do trecho da serra - Via Anchieta - SP).

2) *CARGAS*

Até 20,00 m, pode-se considerar como carga no teto toda a montanha. Além de 20,00 m, deverá ser fornecido, por especialistas de solos, a forma de carregamento do teto (podendo ser neste caso parabólica ou elíptica) os empuxos nos encontros e as reações do terreno na soleira. O atirantamento em solo (NATAM), já não se enquadra neste conceito de carga no teto.

3) *VERIFICAÇÃO DA ESTABILIDADE*

Consiste na determinação do traçado da linha de pressão, fazendo-a passar pelo núcleo central das juntas e a reação do terreno pelo centro de gravidade das sapatas dos encontros.

Arcos e abóbadas

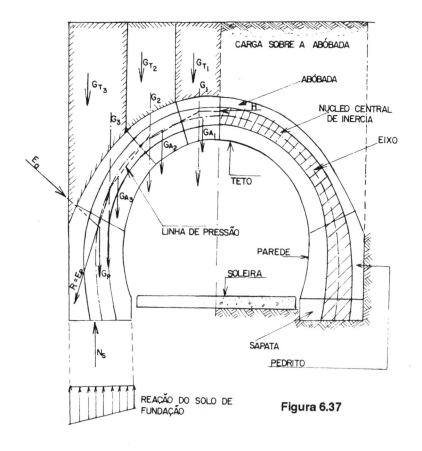

Figura 6.37

Ea ... Empuxo ativo (terra contra o pedrito)
Ep ... Empuxo passivo (reação do arco)
Gt_1, Gt_2, Gt_3 ... Peso da terra sobre o teto
Ga_1, Ga_2, Ga_3 ... Peso das aduelas do arco
Gp ... Peso do encontro e sapata.
Ns ... Reação do solo de fundação.

6.3 — ARCOS DE EDIFÍCIOS

As abóbadas e arcos, antigamente muito utilizadas nas edificações, atualmente perdem no custo e facilidade de execução em relação às lajes (maciças, nervuradas ou mistas).

Mesmo os tetos e forros de grande dimensões, das igrejas e museus, são construídos de estuque ou madeira, suspensos nas tesouras metálicas.

O objetivo do nosso estudo serve de caráter informativo para o exame da estabilidade de estruturas ainda existentes.

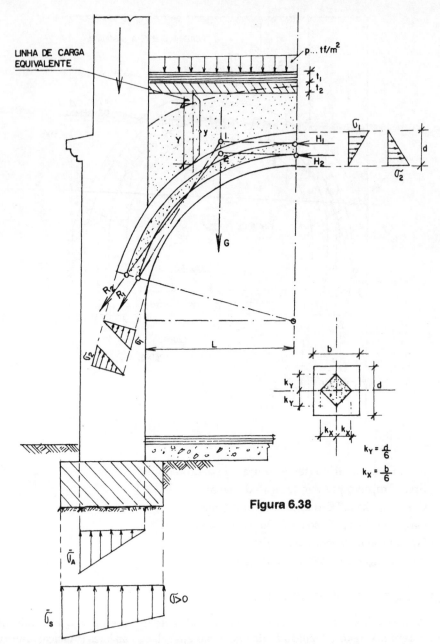

Figura 6.38

6.3.1 — Posições limites da linha de pressão para ausência de tensões de tração

Partindo do projeto da abóbada, cujas espessuras das aduelas, geralmente constantes (d), são escolhidas por tentativas e determinadas as linhas de pressão para as hipóteses da ausência de tração, através do emprego de recurso grafo-estático.

6.3.2 — Homogeneização das cargas

Como mostramos para o caso das pontes em arco, aplica-se o mesmo processo para a equivalência dos materiais sobre o arco, em relação ao peso do mesmo.

6.3.2.1 — *Materiais*

γ_A ... Massa específica aparente do arco ou abóbada. No caso de construído em alvenaria de tijolos maciços ... $\gamma_A = 1{,}6 \ tf/m^2$.

t_1 ... Espessura do piso de ladrilhos, hidráulicos ou cerâmicos....$t_1 = 0{,}02 \ m$ a $0{,}03 \ m$.

γ_1 ... Massa específica aparente do material do piso. Para ladrilhos cerâmicos ... $\gamma_1 = 1{,}8 \ tf/m^3$

Para ladrilhos hidráulicos ... $\gamma_1 = 2{,}2 \ tf/m^3$

t_2 ... Espessura do contrapiso de concreto magro ($f_{ck} = 9 \ MPa$):

geralmente $t_2 = 0{,}07 \ m$ a $0{,}10 \ m$, incluindo a argamassa de cimento e areia para o assentamento dos ladrilhos.

γ_2 ... Massa específica aparente do concreto magro $\gamma_2 = 2{,}4 \ tf/m^3$

y ... Ordenada do tímpano, correspondente ao enchimento com material leve (coque, argila expandida, ou mesmo entulho da própria obra), varia com a curva do extradorso.

γ_t ... Massa específica aparente do material de enchimento do tímpano

coque ... $\gamma_t = 0{,}6 \ tf/m^3$

Argila expandida $\gamma_t = 0{,}8 \ tf/m^3$

Entulho ... $\gamma_t = 1{,}0 \ tf/m^3$

6.3.2.2 — *Coeficientes de redução ou acréscimo das cargas*

Piso de ladrilhos ... $k_1 = \dfrac{\gamma_1}{\gamma_A}$ ... $a_1 = k_1 t_1$

Contrapiso ... $k_2 = \dfrac{\gamma_2}{\gamma_A}$ ... $a_2 = k_2 t_2$

Tímpano ... $k_t = \dfrac{\gamma_t}{\gamma_A}$ ... $t = k_t y$

Sobrecarga acidental ... "p" (tf/m^2) ... $a_p = \dfrac{P}{\gamma_A}$

Ordenadas da linha de carga equivalente:

$a = a_1 + a_2 + a_p$ ... Valor constante

a_t ... Valor variável

Ordenadas para o traçado da linha de carga equivalente (Fig. 6.39):

$Y = a_t + a$ ou $Y = K_t y + a$

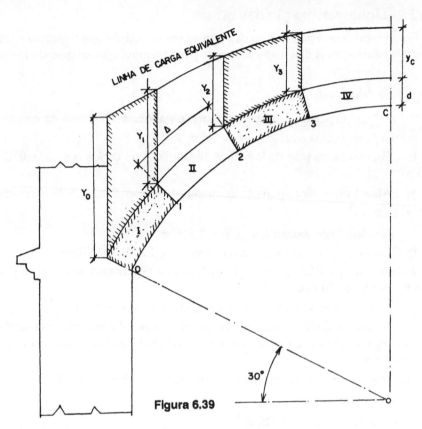

Figura 6.39

6.3.3 — Pré-dimensionamento dos encontros

Pode-se adotar a solução gráfica para a determinação da espessura dos encontros, como primeira tentativa, segundo Viollét-le-Duc.

1) Divide-se o intradorso da abóbada em três partes iguais, AB = BC = CD.
2) Prolonga-se CD, fazendo DF = CD.
3) FG representa a espessura do encontro, na seção da imposta, como indicado na Fig. 6.41.

6.3.4 — Trincas no arco, devidas aos deslocamentos dos encontros

6.3.4.1 — *Trincas no arco, devido à aproximação dos encontros*

1) Trinca na chave do lado do extradorso;
2) Trincas nas impostas do lado do intradorso.

Embora muito raro os encontros se deslocarem para dentro, sob a ação dos empuxos de arcos adjacentes, de terra ou recalques diferenciais do terreno, dá-se um rebaixamento da linha de pressão na chave, fugindo do perímetro do núcleo central de inércia, provocando a trinca com maior abertura do lado do extradorso.

Arcos e abóbadas

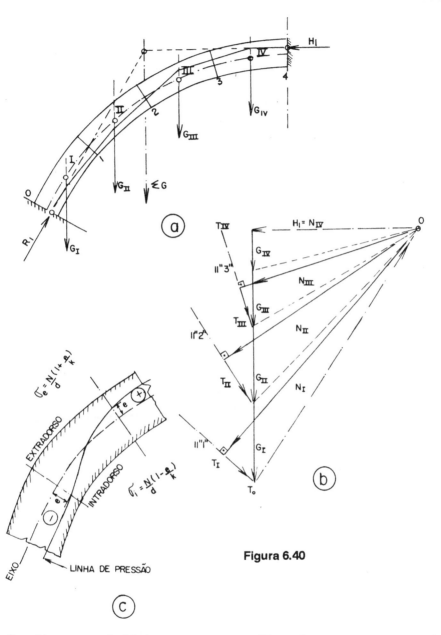

Figura 6.40

Consideram-se três hipóteses para as condições das tensões máximas de compressão não excederem o valor da tensão admissível do material do arco, assim como a condição fundamental da ausência de tensões de tração (Lei triangular - Cap. 2). Estas considerações nada mais são do que aplicação do Método de Mery.

1.ª *Hipótese*: Os empuxos na chave do arco são horizontais (H_1 e H_2, respectivamente). Isto somente é válido para arcos geometricamente simétricos e carre-

252 Estruturas em alvenaria e concreto simples

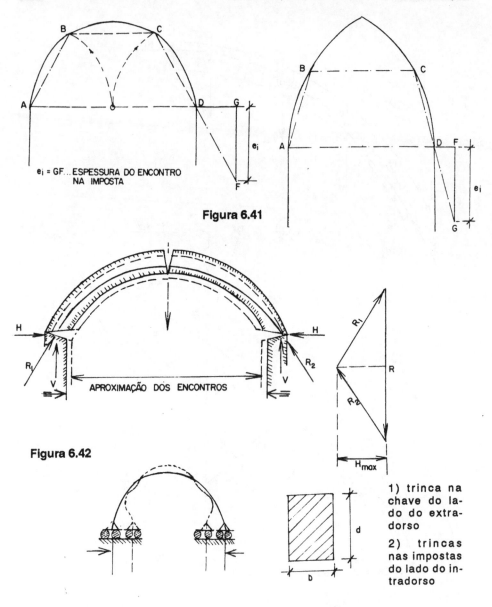

Figura 6.41

Figura 6.42

1) trinca na chave do lado do extradorso
2) trincas nas impostas do lado do intradorso

gamento acidental simétrico. Para o carregamento assimétrico, os empuxos na chave passam a ser ligeiramente inclinados, mas podemos desprezá-los, face ao valor da carga permanente bem mais elevada.

2.ª *Hipótese*: Empuxo H_1, aplicado na chave a partir do terço do extradorso, fazendo a linha de pressão passar no interior do núcleo central de inércia das seções transversais das aduelas. A reação R_1 nas impostas deverá ficar aplicada no terço da seção, a partir do intradorso (Fig. 6.38)

3.ª *Hipótese*: Valem as mesmas condições da hipótese anterior, sendo o empuxo H_2 aplicado na chave, a partir do terço do intradorso. A reação R_2, nas impostas, deverá ficar aplicado no terço da seção a partir do extradorso.

Conhecidas as linhas de pressão, traçadas atendendo às hipóteses mencionadas, obtemos os esforços normais (N), as excentricidades (e ≤ k) e os esforços transversais (T), para a verificação das tensões solicitantes nas várias seções.
Tensões:

$$\sigma_{máx} = \frac{N}{b\,d}(1 + \frac{e)}{k_y}) \leq \overline{\sigma}_c, \quad \sigma_{mín} = \frac{N}{b\,d}(1 - \frac{e)}{k_y}) \geq 0$$

Para $\sigma_{mín} = 0$ (Ausência de tração), $e = k$ $\sigma_{máx} = \frac{2N}{db} \leq \overline{\sigma}_c$

Atrito - Coef. de segurança, $\mu = 0{,}70$

$$\varepsilon = \mu \frac{N}{T} \geq 1{,}5 \qquad \mu \ldots \text{Coef. de atrito } \frac{\text{ALVENARIA}}{\text{ALVENARIA}}$$

Já junto às impostas, a linha de pressão se eleva acima do limite do núcleo central de inércia, ocorrendo as trincas do lado do intradorso (Fig. 6.42)

6.3.4.2 — *Trincas no arco, devido ao afastamento dos encontros*

Neste caso, a chave do arco sofre rebaixamento, a linha de pressão se desloca para cima nesta seção, ao contrário do caso anterior, onde ocorre maior abertura da trinca ao lado do intradorso, havendo diminuição do empuxo horizontal.

Já nas impostas a linha de pressão desloca-se para baixo, além do limite do núcleo central de inércia, ocorrendo trincas com maior abertura do lado do extradorso.

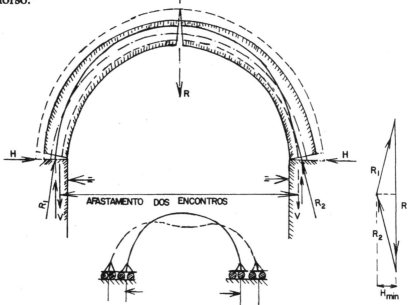

Figura 6.43

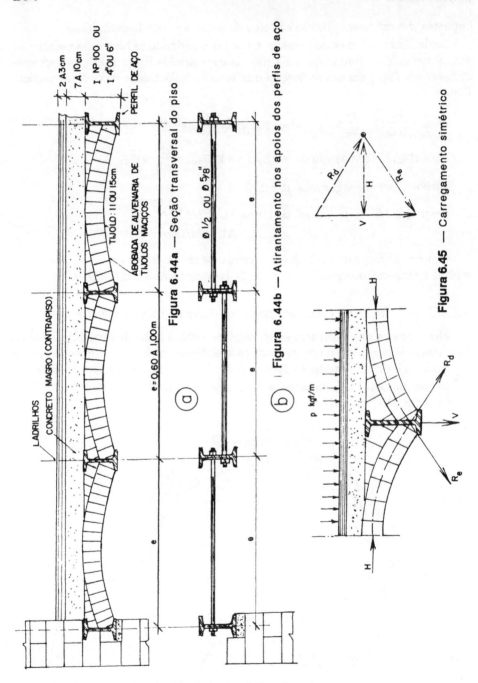

6.3.5 — Pisos abobadados (abobadilhas)

Os pisos construídos num sistema misto, alvenaria de tijolos, funcionando como abóbadas, rebaixados ou abatidos, apoiados em vigas de perfis laminados de aço, servindo de encontro, teve sua época marcante, quando ainda existia certa

Arcos e abóbadas

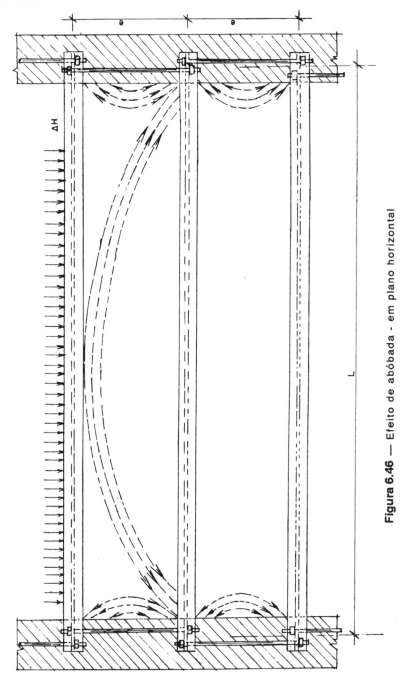

Figura 6.46 — Efeito de abóbada - em plano horizontal

desconfiança nas lajes de concreto armado. Atualmente, esta técnica vem ressurgindo com o emprego das peças pre-fabricadas em concreto armado.

Neste caso, as abobadilhas são executadas em concreto curado a vapor, sem armação, dependendo do vão (até 0,60 m) e com espessura de 5 cm.

256 Estruturas em alvenaria e concreto simples

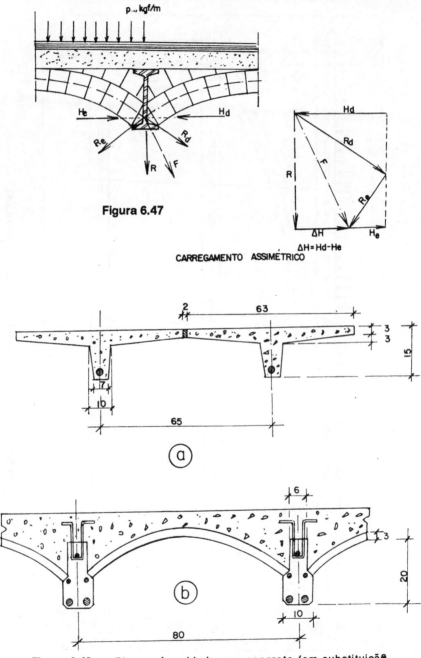

Figura 6.47

Figura 6.48 — Pisos pré-moldados em concreto (em substituição aos sistemas abobadados)

As vigas de aço são substituídas por vigotas pré-moldadas, de concreto protendido com armadura aderente (sistema Hoyer), Fig. 6.48.

Nestes pisos abobadados seria desejável que houvesse equilíbrio dos empu-

Arcos e abóbadas

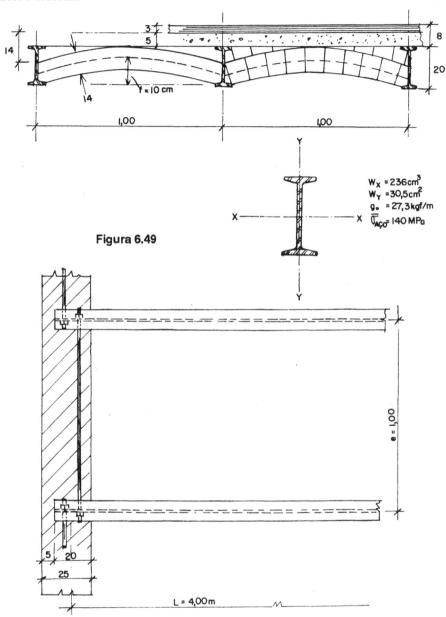

Figura 6.49

xos "H", portanto que o carregamento fosse simétrico, solicitando as vigas de aço à flexão, devido ao carregamento vertical (Fig. 6.46).

Para o carregamento assimétrico, (Fig. 6.47), haverá desigualdade dos empuxos "H_c" e "H_d", resultando a diferença "ΔH", que provocará solicitação de flexão oblíqua nas vigas de aço.

Para absorver essa diferença do empuxo (ΔH), deve-se colocar tirantes nos apoios extremos, e mesmo intermediários, quando L > 3,00 m > 3e (Fig.6.45).

Esta diferença de empuxo ΔH provoca um efeito de arco nas paredes, daí a necessidade do atirantamento recíproco das vigas sobre apoios (paredes de alvenaria).

Exemplo: Verificar as vigas I-8 — 1.ª alma de um piso em abobadilha para um vão teórico de L = 4,00 m.

O espaçamento entre perfis, e = 1,00 m. Abóbadas de $^1/_2$ tijolo, h = 14, cm.
CARGAS:
Carga permanente
Ladrilhos ... 0,03 x 1.800 kgf/m^3 = 54 ≈ 60 kgf/m^2
Enchimento - Concreto magro:

(f_{ck} = 9 MPa) $e_m = \dfrac{(5 + 14)}{2}$ = 0,095 x 2.400 kgf/m^3 = 228 ~ 230 kgf/m^2

Abóbada: 0,14 x 1.600 kgf/m^3 = 224 ~ 230 kgf/m^2
Argamassa do revestimento inferior: ~ 30 kgf/m^2
$\quad\quad\quad\quad\quad\quad\quad\quad\quad\quad\quad$ g = 550 kgf/m^2
Peso próprio da viga I-8" - 1.ª alma ... 27,3 ≈ 30 kgf/m^2
g + g$_0$ = 550 + 30 = 580 kgf/m
Carga acidental: q = 300 kgf/m^2
Verificação da abóbada:
p = 550 + 300 = 850
p = g + Q = 850 kgf/m

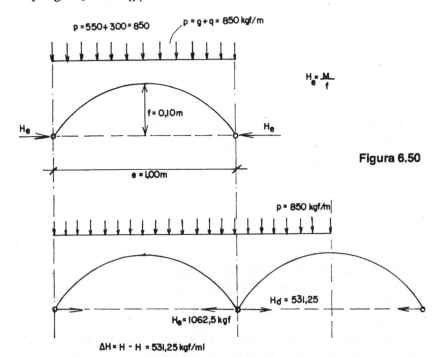

Figura 6.50

Arcos e abóbadas   259

A) *Carga simétrica*

$M = \dfrac{p\,e^{-2}}{8} = \dfrac{850 \times 1,00}{8} = 106,25$ kgf/m $H_e = \dfrac{M}{f}$

$H_e = \dfrac{106,25}{0,10} = 1.062,50$ kgf $\sigma_c = \dfrac{H}{100 \times 14} = \dfrac{1.062,5}{1.400} = 0,76$ kgf/cm^2

$\overline{\sigma}_c = 5$ kgf/cm^2

B) *Carga assimétrica*

$H_d = \dfrac{M}{f}$ $M = \dfrac{p\,e^{-2}}{16}$ $M = \dfrac{850 \times 1,00}{16} = 53,125$ kgf/m

$H_d = \dfrac{53,125}{0,10} = 531,25$ kgf

C) *Carga vertical*
a) Carregamento simétrico: $V = (850 + 30)e = 850$ kgf
b) Carregamento assimétrico: $V = (580)\,e + (300)\,{}^e/_2 = 580 + 150 = 730$ kgf

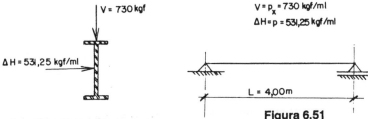

Figura 6.51

Viga de aço — Carga assimétrica:

$M_x = p_x \dfrac{L^2}{8} = 730 \times \dfrac{4,00^{-2}}{8} = 1.460$ kgf/m ≈ 146.000 kgf/cm

$M_y = p_y \dfrac{L^2}{8} = 531,25 \times \dfrac{(4,00)^2}{8} = 1.063$ kgf/m ≈ 106.310 kgf/cm

$\sigma_x = \dfrac{M\,x}{W\,x} = \dfrac{146.000}{236} = 619$ kgf/cm^2 $\leq \overline{\sigma}_{aço} = 1.400$ kgf/cm^2

$\sigma_y = \dfrac{M\,y}{W\,y} = \dfrac{106.300}{30,5} = 3.485$ kgf/cm > $\overline{\sigma}_{aço}$ = Temos que colocar tirantes intermediários

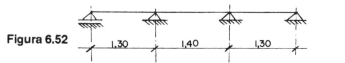
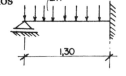

Figura 6.52

$M_y = \dfrac{531,25 \times 1,30^{-2}}{8} = 11.223$ kgf/cm $\sigma_y = \dfrac{11.233}{30} = 374$ kgf/m^2

$\sigma = \sigma_x + \sigma_y = 619 + 374 = 993$ kgf/cm^2 < 1.400 kgf/cm^2

Satisfaz com dois tirantes intermediários.

Esforço de tração nos tirantes: T = 531 × 1,35 = 717 kgf = 1 ø 1/2

7 Morfologia das trincas nas alvenarias e fissuras nas peças estruturais de concreto armado

7.1 — FISSURAS NAS PEÇAS DE CONCRETO POR ADENSAMENTO DA MASSA DURANTE A CURA

A) *Por excesso de agregado graúdo*

B) *Sobre os apoios demasiadamente rígidos da armadura superior*

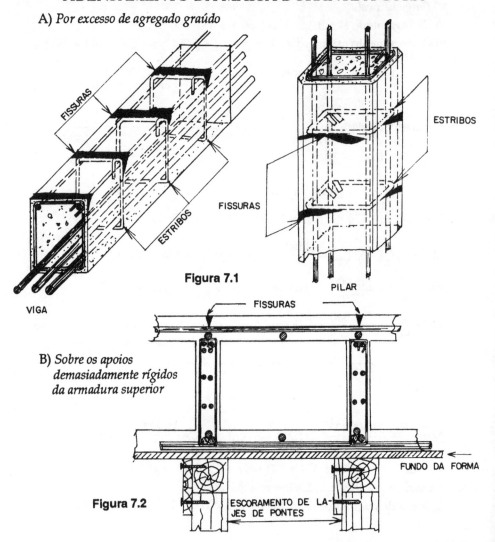

Figura 7.1

Figura 7.2

C) *Abertura da fôrma após o início da cura*

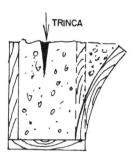

Figura 7.3

7.2 — DEFORMAÇÕES E FISSURAS PROVOCADAS POR FLUÊNCIA DO CONCRETO

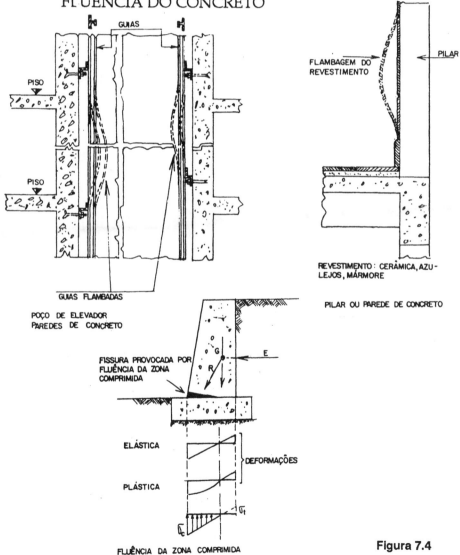

Figura 7.4

7.3 — FISSURAS NO CONCRETO DEVIDO ÀS TENSÕES INTERNAS DE ORIGEM TÉRMICA

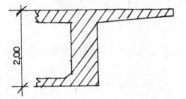
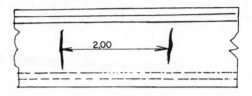

Figura 7.5

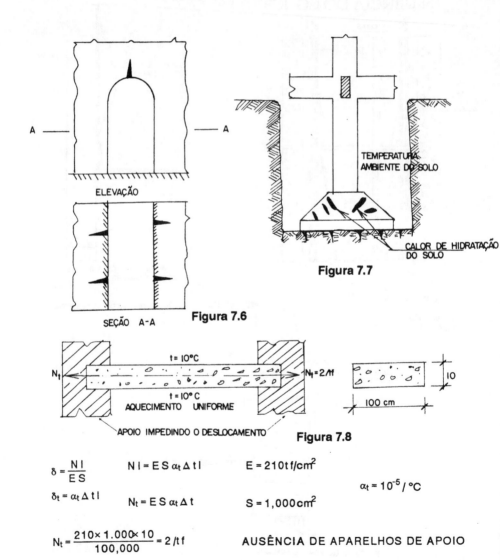

Figura 7.6

Figura 7.7

Figura 7.8

$$\delta = \frac{N l}{E S}$$

$$N l = E S \, \alpha_t \, \Delta t \, l$$

$$\delta_t = \alpha_t \, \Delta t \, l$$

$$N_t = E S \, \alpha_t \, \Delta t$$

$E = 210 \, tf/cm^2$

$\alpha_t = 10^{-5} / \, °C$

$S = 1.000 \, cm^2$

$$N_t = \frac{210 \times 1.000 \times 10}{100.000} = 2 \, /tf$$

AUSÊNCIA DE APARELHOS DE APOIO

Morfologia das trincas nas alvenarias e fissuras ...

Perfis de aço engastado em lajes: (parapeitos)

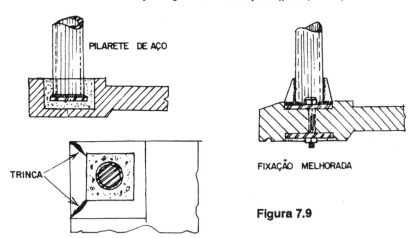

Figura 7.9

7.4 — TENSÕES RESIDUAIS NA ARMADURA DEVIDO AO DOBRAMENTO (tensões internas)

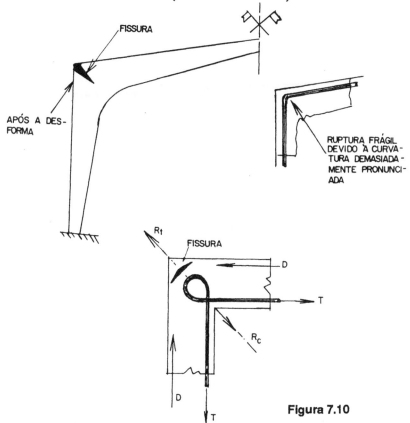

Figura 7.10

264   Estruturas em alvenaria e concreto simples

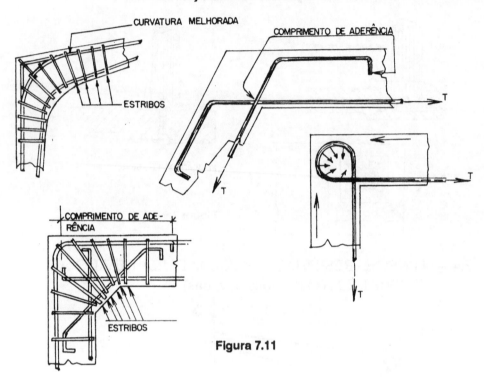

Figura 7.11

7.5 — FORMAÇÃO DAS FISSURAS NO CONCRETO

7.5.1 — Hipóteses de cálculo e outras variáveis

7.5.1.1 — *Conceito teórico*

As diferentes deformações unitárias do concreto e do aço, devido às cargas de serviço da peça de concreto armado, produzem fissuras, cujas aberturas não devem superar 0,3 mm, devido ao perigo de corrosão da armadura.

7.5.1.2 — *Encurtamento e alongamento do concreto* - f_{ck} = 30 MPa

$$\text{concreto } f_c 28 = 300 \text{ daN/cm}^2 \begin{cases} f_{cd} = 10\text{MPa} - \varepsilon'_c \begin{cases} 0{,}3\% \\ 0{,}5\% \end{cases} & \text{* pela NBR-6118} \\ & \text{para } f_{ck} \le 18 \text{ MPa} \\ {}^*f_{ct} = 4 \text{ MPa} - \varepsilon_c \begin{cases} 0{,}15\% \\ 0{,}20\% \end{cases} \\ & f_{ct} \le 1 \text{ MPa} \end{cases}$$

* aço para concreto protendido

TABELA 7.1 - TENSÃO NO AÇO E ENCURTAMENTO DO CONCRETO

DIN-1045	NBR-6118	Tensão no aço	Encurtamento do concreto					
			$\varepsilon_c\%$	1	2	3	4	5
Aço I	CA 25	$\overline{\sigma} \text{ adm} \cong f_{yd} = 140$						
Aço II	CA 32	$\overline{\sigma} \text{ adm} \cong f_{yd} = 180$						
Aço III	CA 40	$\overline{\sigma} \text{ adm} \cong f_{yd} = 240$						
Aço IV	CA50	$\overline{\sigma} \text{ adm} \cong f_{yd} = 280$						
Aço 160**	CP / 160	$\overline{\sigma} \text{ adm} \cong f_{yd} = 880$						

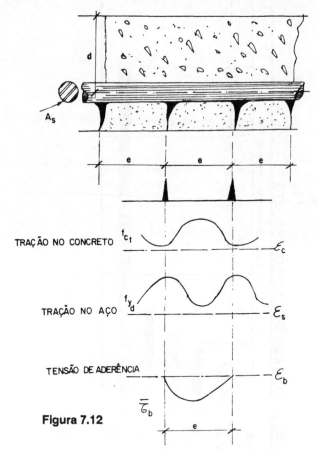

Figura 7.12

O espaçamento entre fissuras, além de depender da tensão do aço depende também da resistência à tração do concreto e da porcentagem e distribuição das barras de aço no concreto (aderência).

7.5.2 — Fissuras por retração do concreto

Revelam-se após semanas ou meses após a concretagem.

A) *Peças lineares extensas*

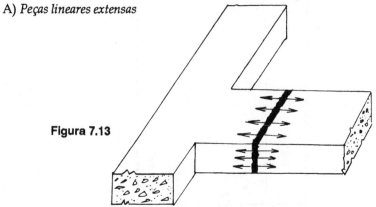

Figura 7.13

B) *Pouca densidade de armação*

C) *Peças em lâmina*

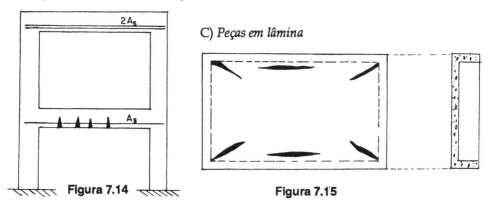

Figura 7.14   **Figura 7.15**

D) *Concretos ricos em pasta de cimento e areia grossa*

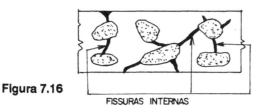

Figura 7.16

FISSURAS INTERNAS

Mesmo sem aparecer fissuras ocorrem tensões internas, que podem provocar redução da resistência à compressão.

Poderá ocorrer casos de regressão, isto é, a resistência aos 28 dias menor do que a resistência dos 7 dias.

7.5.3 — Fissuras devidas ao carregamento

A) *Tração axial* (tirantes)   B) *Compressão axial*

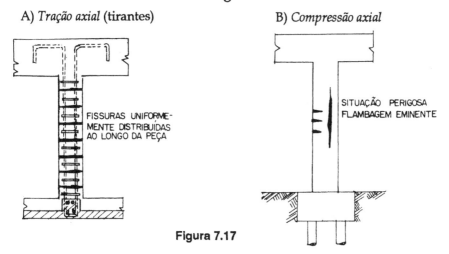

Figura 7.17

Estruturas em alvenaria e concreto simples

Disposição das trincas conforme a concentração do carregamento nas peças.

$\sigma = \dfrac{F}{A}$

$\tau = \dfrac{\sigma}{2} \operatorname{sen} 2\beta$

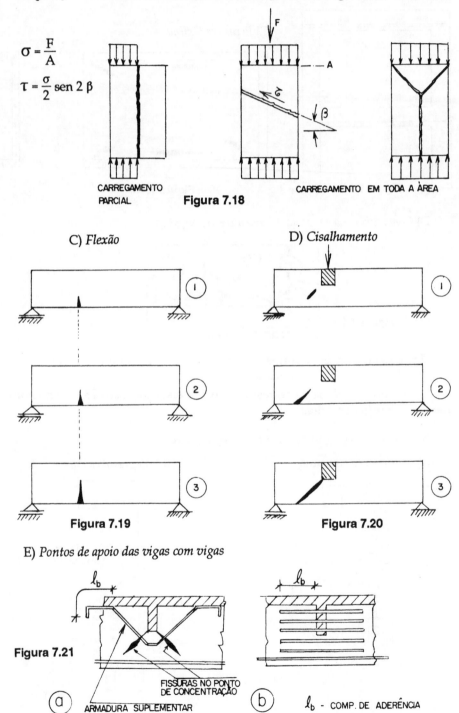

Figura 7.18

C) *Flexão*

D) *Cisalhamento*

Figura 7.19

Figura 7.20

E) *Pontos de apoio das vigas com vigas*

Figura 7.21

FISSURAS NO PONTO DE CONCENTRAÇÃO

ARMADURA SUPLEMENTAR

ℓ_b - COMP. DE ADERÊNCIA

7.5.4 — Fissuras por corrosão da armadura

Oxigênio no ar, anidrido carbônico e água oxidam o aço — se o concreto for poroso, a cal vai sendo carburatada pelo CO_2 do ar, baixando o PH do concreto, que é da ordem de 12 a 13 para 8, atacando o aço. Os primeiros indícios são constatados com o aparecimento de manchas de óxido que aparecem no concreto, segue-se o inchamento do aço e a desagregação aço-concreto.

7.6 — FISSURAS POR FALHAS DE DETALHAMENTO DAS ARMADURAS

A) *Colocação inadequada das armaduras*

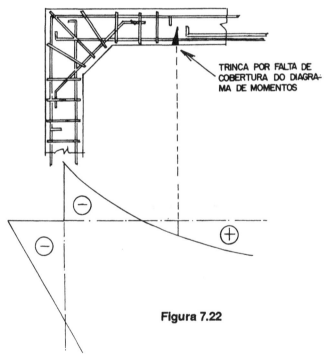

Figura 7.22

B) *Ausência de armação nas mísulas*   C) *Má colocação da armação*

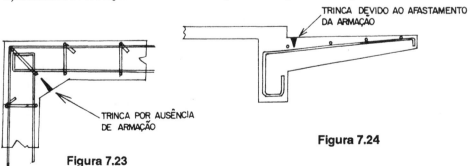

Figura 7.23

Figura 7.24

1) PILARES CONCRETADOS "IN SITU" — FALHAS DE EXECUÇÃO

A) *Ganchos — quando necessários, deverão ser retos*

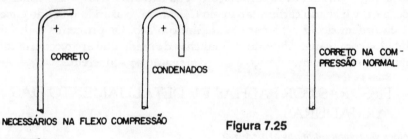

Figura 7.25

B) *Engarrafamento*

C) *Má colocação adequada dos estribos ou ausência*

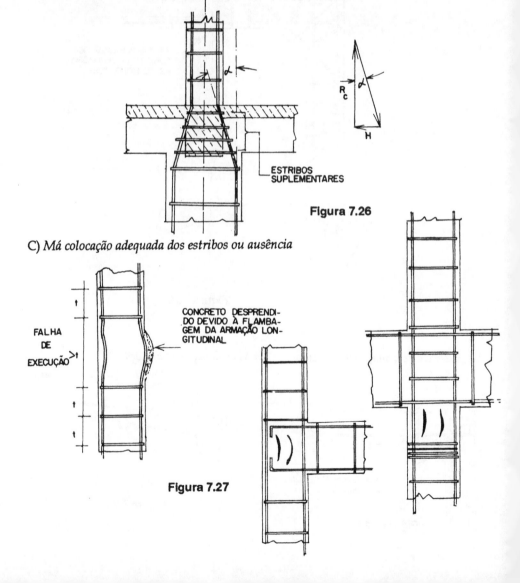

Figura 7.26

Figura 7.27

2) DIMENSÕES REDUZIDAS NO PERÍMETRO DA SEÇÃO RESISTENTE DE CONCRETO.

Conseqüência: pilar fortemente armado

Figura 7.28

3) CONCRETAGEM DA BASE DOS PILARES

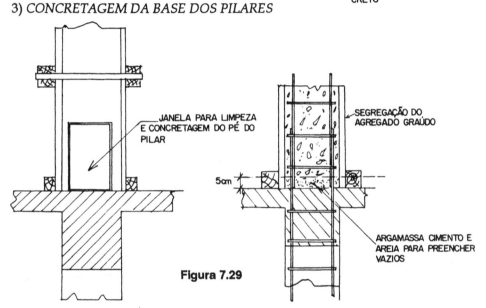

Figura 7.29

7.7 — ESQUEMAS DAS TRINCAS NAS LAJES

A) *Lajes armadas em cruz - trincas por excesso de carga*

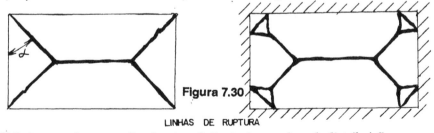

Figura 7.30

LINHAS DE RUPTURA

B) *Lajes armadas numa direção - insuficiência de armadura de distribuição*

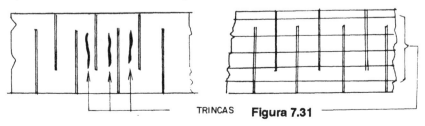

TRINCAS   Figura 7.31

C) *Punção devido à carga concentrada*

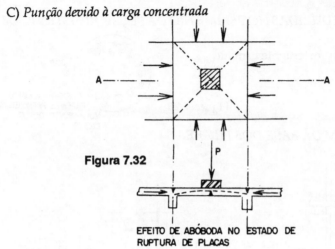

Figura 7.32

D) *Falta de viga de bordo*

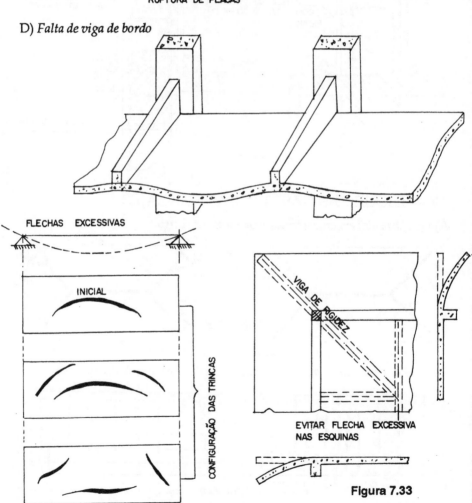

Figura 7.33

Morfologia das trincas nas alvenarias e fissuras ...

E) *Fissuras causadas pela secagem*

Perda d'água rápida por evaporação nas primeiras horas de endurecimento, pela ação dos raios solares e do vento.

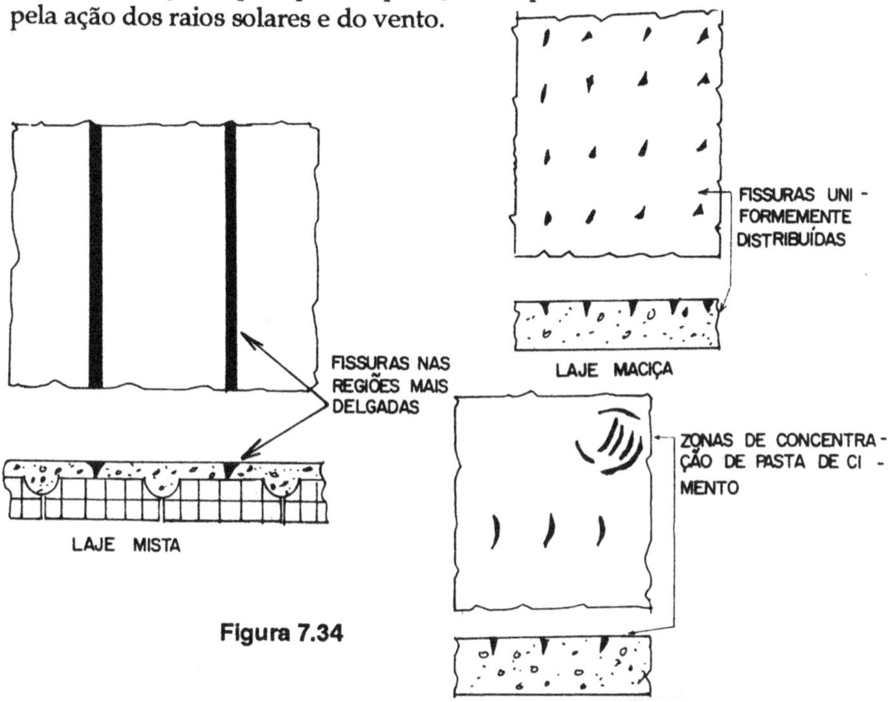

Figura 7.34

7.8 — SINTOMAS PATOLÓGICOS DO CONCRETO

1.º) Aparecimento de rugosidades nas superfícies

2.º) Aparecimento de película aderente ou inaderente devido à reação química com agentes agressivos.

3.º) Mudança de coloração do concreto e aparecimento de esfoliações, desagregações superficiais ou profundas.

4.º) Aparecimento de fissuras

7.9 — DANOS NA ALVENARIA PROVOCADOS PELA DEFORMAÇÃO DOS ELEMENTOS ESTRUTURAIS DE CONCRETO ARMADO

A) *Problemas de rigidez - torção do apoio*

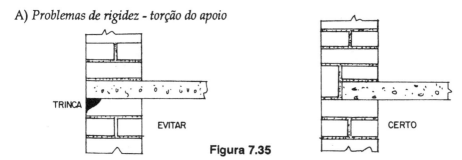

Figura 7.35

Devido à rotação do apoio por flexão da laje

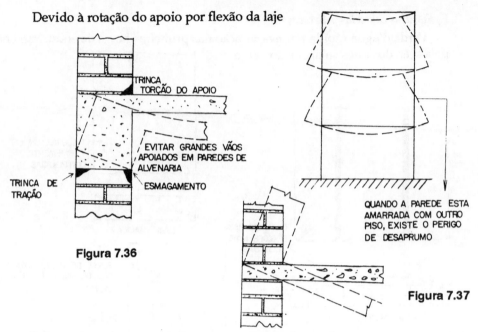

Figura 7.36

Figura 7.37

Lajes e marquises engastadas em paredes de alvenaria

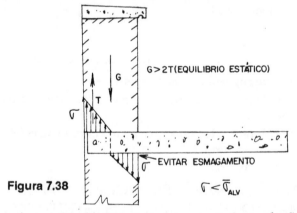

Figura 7.38

B) *Alvenaria apoiada sobre laje esbelta ou nervuras de grande vão*

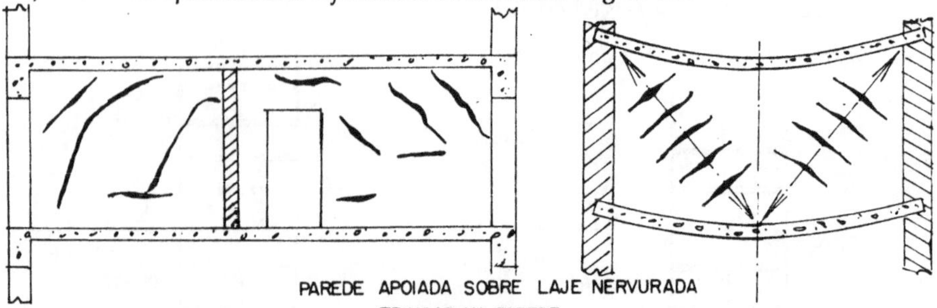

PAREDE APOIADA SOBRE LAJE NERVURADA
TRINCAS NA PAREDE

Figura 7.39

Morfologia das trincas nas alvenarias e fissuras ... 275

C) *Alvenaria de blocos leves*

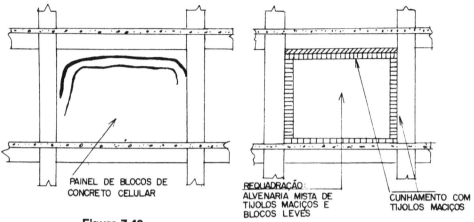

Figura 7.40

Figura 7.41

D) *Alvenaria dos balanços*

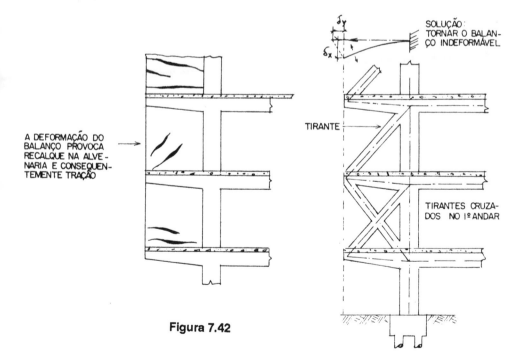

Figura 7.42

Figura 7.43

276 Estruturas em alvenaria e concreto simples

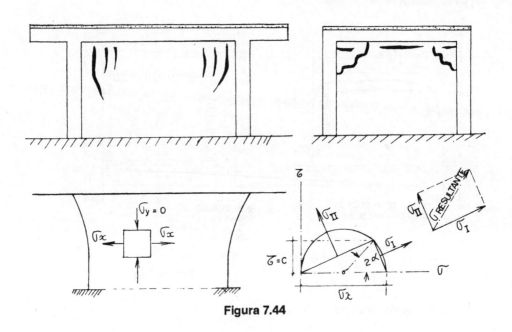

Figura 7.44

A) *Recalques uniformes*

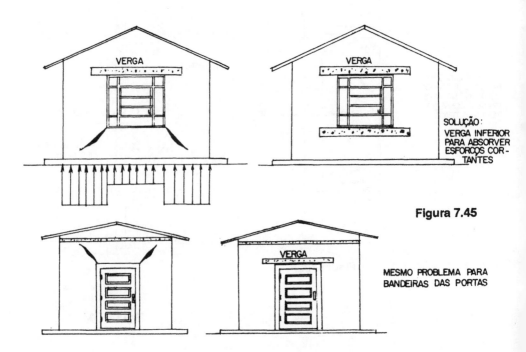

Figura 7.45

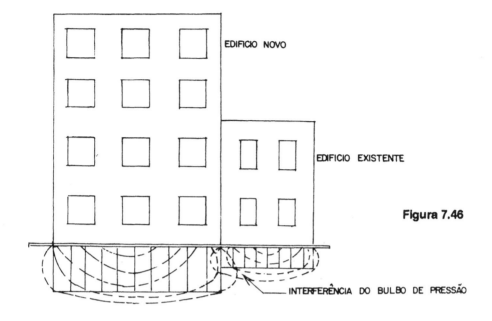

Figura 7.46

SOLUÇÃO

Para amenizar os efeitos, adotar fundações profundas para o novo edifício, com alavancas na divisa do edifício existente.

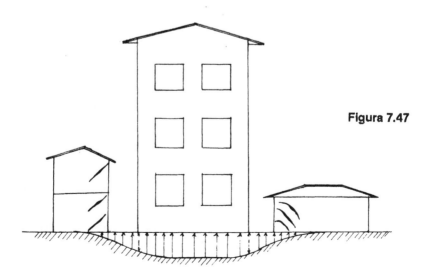

Figura 7.47

B) *Recalques diferenciais*

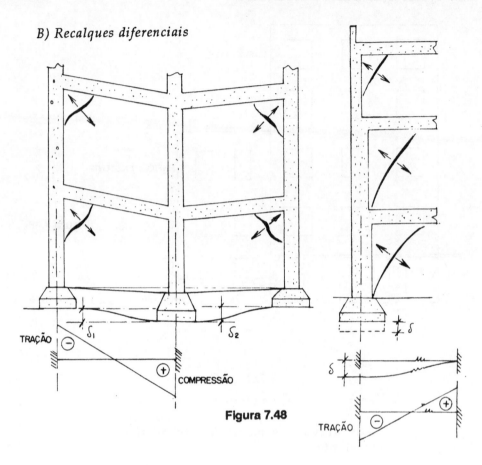

Figura 7.48

A) Punção das lajes cogumelos (evitar a falta de capitel)

B) Consolos curtos (armadura contra efeito de corte)

C) Dentes gerber (igual aos consolos curtos) — utilizar quando indispensáveis.

D) Juntas de dilatação (abandonar o critério empírico e procurar dimensionar a abertura)

E) Fundações — Bielas

F) Lajes — Charneiras plásticas (armar os cantos)

G) Vigas paredes (analisar a colocação das armaduras ao longo da altura)

H) Chapas (analisar o problema da estabilidade lateral)

Ancoragens de adutoras

8.1 — CONSIDERAÇÕES PRELIMINARES

8.1.1 — Esforços atuantes

Conceitualmente, pela estabilidade das construções, uma linha adutora ou rede de distribuição para abastecimento de água nada mais é do que uma *estrutura plana*, apoiada sobre base elástica (solo) ou sobre aparelhos de apoios (berços), com um trecho autoportante.

Abstendo-se do plano de situação, horizontal ou vertical (planta ou perfil), vamos imaginar o eixo da tubulação, onde os trechos retos correspondem às "barras" de um trecho de uma estrutura isolada e as curvas e derivações aos "nós" ou entroncamentos.

O carregamento será considerado, no caso particular o da pressão hidráulica, embora existam outras ações.

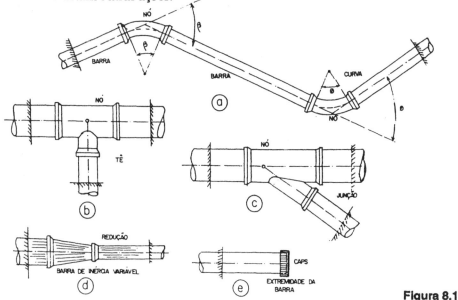

Figura 8.1

280 Estruturas em alvenaria e concreto simples

1) FORÇA HIDROSTÁTICA

Para se estabelecer as fórmulas fundamentais, imaginaremos o nó representado por uma curva vertical convexa ou uma curva horizontal.

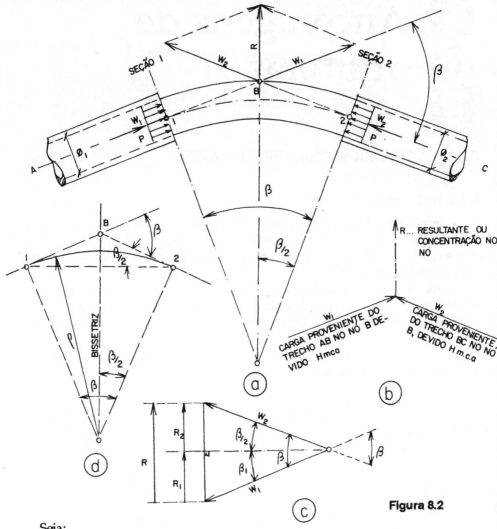

Figura 8.2

Seja:

H ... Pressão no local onde se situa o Nó B, dado em (metros de coluna d'água)

S_1 ... Área da seção 1 $S_1 = \dfrac{\pi}{4} \varnothing_1^2$

S_2 ... Área da seção 2 $S_2 = \dfrac{\pi}{4} \varnothing_2^2$

$\varnothing_1, \varnothing_2$ ... respectivamente diâmetro interno dos tubos, nos trechos "AB" e "CB".

β ... Ângulo central na curva

Ancoragens de adutoras

W_1 ... Resultante longitudinal ao longo do trecho AB, atuando na seção 1

W_2 ... Resultante longitudinal ao longo do trecho BC, atuando na seção 2

W_1 e W_2 ... Dirigem-se para o Nó "B", devido à mudança de direção da tubulação

R ... Resultante na bissetriz do ângulo β, proveniente das componentes W_1 e W_2

p ... Pressão unitária do Nó B, vértice da curva. Na prática, adota-se o mesmo valor de "p" nos pontos 1 e 2

$p = H \gamma_a$ ... γ_a Massa específica aparente da água

Valores de p

Para $\gamma_a = 1.000$ kgf/m^3 $p = 1.000H$ kgf/m^2

Para $\gamma_a = 1$ tf/m^3 $p = H$ tf/m^2

Tendo-se:

$p = 1$ atm $= 10,33$

$p = 1$ atm $= 1$ kgf/cm^2

$p = 1$ kgf/cm$^2 = 10.000$ kgf/m^2

$p = 1$ kgf/cm$^2 = 10$ tf/m^2

$p = 1$ psi (pound per square inch $=$ lbs/pol^2)

1 psi $= 0,7$

Unidades S.I — 1 kgf = 10 N

1 kgf/cm$^2 = 10$ N/cm$^2 = 1$ bar

1 kgf/cm$^2 = 98$ Pa $= 98.000$ N/m^2

10 kgf/cm$^2 = 1$ MPa

1 daN/cm$^2 = 1$ kgf/cm^2

Pa - Pascal

MPa - megapascal

N - Newton

kN - kilonewton

daN - decanewton

Nestas condições temos:

$W_1 = S_1 p = 0,7854\ \varnothing_1^2\ H\gamma_a$ ... kgf, tf ou kN

$W_2 = S_2 p = 0,7854\ \varnothing_2^2\ H\gamma_a$ ... kgf, tf ou kN

Determinação da resultante na bissetriz da curva: pelas considerações estáticas:

$\vec{R} = \vec{R_1} + \vec{R_2}$

$\vec{R_1} = W_1\ \text{sen}\ \beta_1$

$\vec{R_2} = W_2 \text{sen}\ \beta_2$

$\vec{R} = W_1\ \text{sen}\beta_1 + W_2\ \text{sen}\beta_2$

Geralmente $\varnothing_1 = \varnothing_2 = \varnothing_i$

Portanto $W_1 = W_2 = W$ e sen $\beta_1 =$ sen$\beta_2 =$ sen $\dfrac{\beta}{2}$ → $S_1 = S_2 = 0{,}7854\ \emptyset_i^2$

A expressão de R' fica:

$R' = W$ sen $\dfrac{\beta}{2} + W$ sen $\dfrac{\beta}{2}$

Sendo $W = 0{,}7854\ \emptyset_i^2\ Hp$

$R = 2\ W$ sen $\dfrac{\beta}{2}$

2) OUTRAS AÇÕES
A) *Força centrífuga*

Admitindo a velocidade dos filetes iguais a do eixo médio, aproximação válida para os diâmetros usuais dos tubos que vem sendo empregados nas adutoras enterradas.

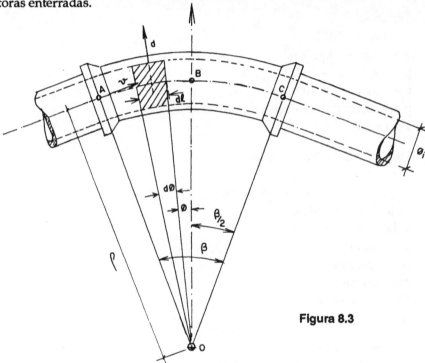

Figura 8.3

A força centrífuga no elemento infinitesimal hachurado será

$dF = \dfrac{m\ v^2}{\rho}$

$p = m\ g$

$m\ ...\ massa\ ...\ m = \dfrac{S\ dl\ \gamma_a}{g}$

$S = \dfrac{\pi}{4}\ \emptyset_i^2\ ...\ v =$ Velocidade m/s

$dl = \rho\ d\theta$

$\gamma_a = 1.000\ kgf/m^3$ ou $1\ tf/m^3$

$g = 9{,}81 \sim 10\ m/s^2$

$dF = \dfrac{S\ \rho\ d\theta\ \gamma_a}{g} \times \dfrac{v^2}{\rho}$

Ancoragens de adutoras

Projetando-se essa força sobre o eixo OB, temos aproximadamente:

$$dF = \frac{S \, \rho \, d \, \theta \, \gamma_a}{g} \times \frac{v^2}{\rho} \times \cos \theta$$

Sendo a vazão $Q = S \, v$

Substituindo-se

$$dF = Q\gamma_a \frac{v}{g} \cos\theta \; d\,\theta$$

Integrando, determinamos a força centrífuga na bissetriz

$$F = 2\int_A^B Q\gamma_a \frac{v}{g} \cos\theta \; d\,\theta$$

$$F = 2\gamma_a \frac{Q \, v}{g} \operatorname{sen} \frac{\beta}{2}$$

A maioria dos tratados permite que seja desprezada a ação da força centrífuga, face ao seu valor, comparada com a força hidráulica R.

Seja por exemplo:

$\gamma_a = 1 \text{ tf/m}^3$

$\varnothing_i = 1{,}0 \text{ m} \quad Q = SV = 0{,}7854 \times \overline{1{,}00}^2 \times 2{,}4 = 1{,}88 \sim 2 \text{ m}^3/\text{s}$
   (valor dificilmente conseguido na prática)

$\beta = 90° \qquad \operatorname{sen} 45° = 0{,}707$

$g = 9{,}81 \sim 10$

$v = 2{,}4 \text{ m/s}$, valor considerado como limite elevado.

(Manual de hidráulica - Prof. J M. Azevedo Neto)

Nestas condições temos:

$F = 2 \times 1 \times 2 \times 2{,}4 \times 0{,}1 \times 0{,}71 = 0{,}68 \text{ tf} \sim 1 \text{ tf}$

Vamos comparar com o caso de uma pressão de 10 na mesma curva, caso de uma carga baixíssima para uma adutora; $R = 2W \operatorname{sen} \dfrac{\beta}{2}$

$W = S \, p \, \gamma_a = 0{,}7854 \times 1{,}00 \times 10 \times 4 = 7{,}854 \text{ tf}$

$S = \dfrac{\pi}{4} \varnothing_i^2$

$R = 2 \times 7{.}854 \times 0{,}70 = 11{,}1 \text{ tf}$

$\gamma_a = 1 \text{ tf/m}^3$

O valor da grandeza $\overline{F}$, de fato pouco representa em relação à intensidade $\overline{R}$ (menos 10%).

B) *Temperatura*

Excluindo o caso das tubulações enterradas, e no caso de se utilizar uma junta de dilatação (junta elástica), os esforços, provenientes da ação da diferença de temperatura numa adutora, são gerados por uma elevação até ± 20 °C.

A ação da temperatura produzirá, sobre a seção 1 e seção 2, uma pressão cuja tendência é expulsar a curva de apoio.

Figura 8.4

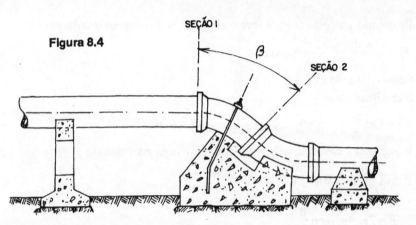

O acréscimo de temperatura Δ *t* provocará um esforço adicional na bissetriz, e vice-versa; o decréscimo provocará uma redução.

Seja:

α_t ... Coeficiente de dilatação do material da tubulação
   Para o caso de aço α_t = 0,000012/ °C

Δt ... Diferença de temperatura

E ... Módulo de elasticidade do material do tubo
   Para o aço E = 2.100.000 kgf/cm² = 2.100 tf/m²

δt ... Deformação devido à temperatura

δ ... Deformação elástica do tubo

W_t ... Esforço longitudinal na tubulação, devido à variação da temperatura

R_t ... Esforço na bissetriz da curva devido ao efeito da temperatura

$\varnothing_e$ ... Diâmetro externo do tubo

$\varnothing_i$ ... Diâmetro interno do tubo

S_t ... Área transversal da seção do tubo

L ... Comprimento da tubulação exposta

$\delta_t = \alpha_t \Delta_t L = 0{,}000012\, \Delta_t L$

$\delta l = \dfrac{W_t L}{E S_t}$ $S_T = \dfrac{\pi}{4}(\varnothing_e^2 - \varnothing_i^2)$

Fazendo $\delta l = \delta_t$ $Wt = \alpha_t E \Delta_t \cdot S_T$

Para os tubos de aço: $W_t = 0{,}025\, \Delta_t\, ST$ ... tf

$$R_t = \pm 2 W_t \quad \text{sen}\, \frac{\beta}{2}$$

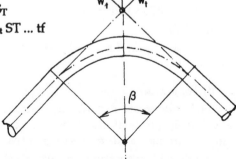

Figura 8.5

Ancoragens de adutoras

8.1.2 Dados para elaboração do projeto de uma ancoragem

Para a elaboração do projeto de uma ancoragem, são necessários ter em mãos os seguintes elementos:

A) *Características da tubulação* — Tais como material, tipo de junta, espessura, diâmetro interno e peso por metro linear.

B) *Características da conexão* — Ângulo da curva, raio, espessura, posição (vertical ou horizontal), diâmetro interno e peso da peça.

No caso de Tê, junção ou redução, devem ser fornecidas as relações entre os diâmetros (internos).

NOTA — O fundamental é o conhecimento do diâmetro nominal, visto que os demais elementos podem ser obtidos dos catálogos dos fabricantes.

C) *Planta e perfil cadastral* — Situação do local com as interferências amarradas (da superfície e do subsolo)

NOTA — A omissão desse dado obrigará o projetista a visitar o local, para obter tais elementos.

D) *Natureza do solo* — Paredes da vala e terreno de fundação (preferível pelo menos um furo de sondagem)

E) *Cota de localização da peça, referida à tubulação* (profundidade do assentamento quando enterrada)

F) *Pressão hidráulica, no ponto da peça a ser ancorada.*

Este último dado faz parte do projeto da linha adutora ou da rede, como mostra a Fig. 8.6a.

8.1.3 — Linha adutora de gravidade

Sem registro intermediário.

a) Teoricamente: $p = (C3 - C1)\,\gamma_a$

Pressão em tf/m^2

b) Praticamente pode-se calcular H, desprezando-se a perda de carga no ponto, a pressão atmosférica e a cota do tubo.

H = Cota do NA 1 (C4) menos cota do terreno (C2)

H ... m.c.a.

286   Estruturas em alvenaria e concreto simples

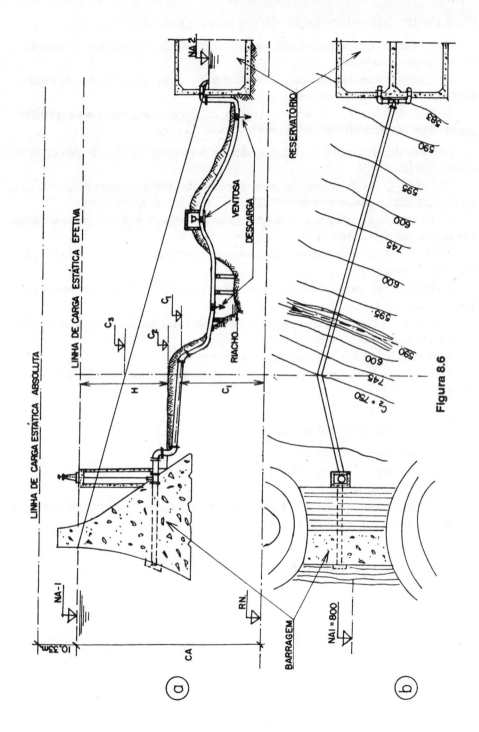

Figura 8.6

8.1.4 — Linha adutora de recalque

Considerações válidas também para o caso de linha de gravidade com registro intermediário.

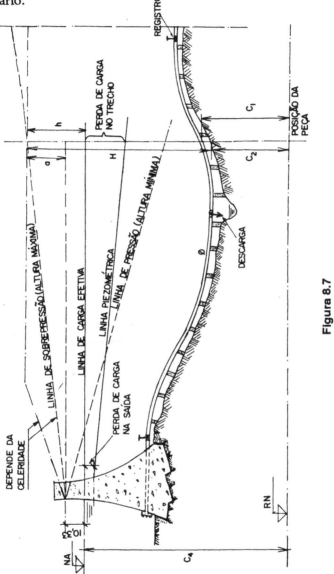

Figura 8.7

8.2 — TIPOS DE ANCORAGEM PARA CURVAS HORIZONTAIS

Dependendo da pressão hidrostática, diâmetro da tubulação, tipo de conexão e natureza do terreno, pode-se lançar mão da solução que oferece melhor adequação, entre os seguintes tipos de ancoragens:

8.2.1 — Tubos de grande diâmetro (Ø ≥ 600 mm)

8.2.1.1 — *Ancoragem por gravidade*

Executada em concreto simples ou ciclópico.

O empuxo hidrostático é adsorvido pelo elevado peso próprio de um bloco rígido, cuja função é criar uma resistência de atrito com a junta do terreno de fundação.

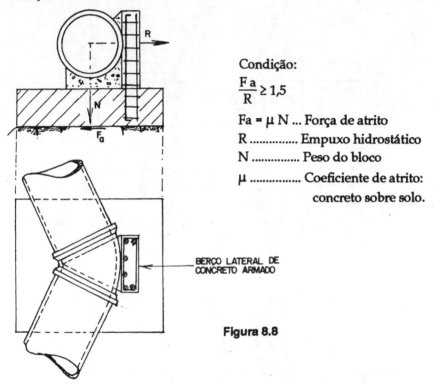

Condição:

$$\frac{F_a}{R} \geq 1{,}5$$

$F_a = \mu\, N$ ... Força de atrito
R .... Empuxo hidrostático
N .... Peso do bloco
μ .... Coeficiente de atrito: concreto sobre solo.

Figura 8.8

Este é o tipo de ancoragem que oferece a melhor segurança e facilidade de execução.

Injustamente é taxada de antieconômica, porém é impossível absorver força horizontal, sem contarmos com uma elevada carga vertical.

8.2.1.2 — *Ancoragem de concreto armado*

Constitui-se numa estrutura elástica, exigindo-se um terreno de fundação com elevada resistência à pressão passiva.

Devido ao menor consumo em volume de concreto, resulta aparentemente mais econômica, porém de execução mais difícil, comparada com o tipo anterior.

8.2.1.3 — *Ancoragem sobre estacas*

Esta condição somente se justifica quando não há alternativa para fundação direta, nem mesmo com substituição de solo.

Ancoragens de adutoras

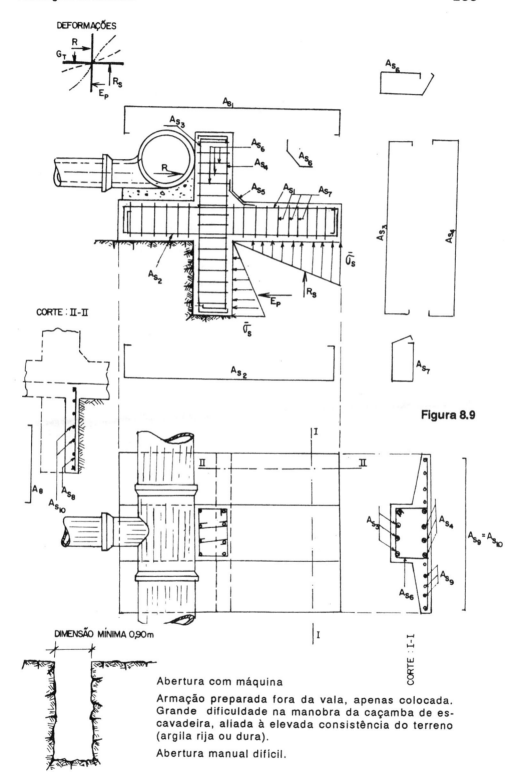

Figura 8.9

Abertura com máquina

Armação preparada fora da vala, apenas colocada. Grande dificuldade na manobra da caçamba de escavadeira, aliada à elevada consistência do terreno (argila rija ou dura).

Abertura manual difícil.

A solução do problema resume-se no cálculo de uma ancoragem por gravidade, apoiada sobre as estacas.

A) *Estacas inclinadas*: menor quantidade, porém de execução mais difícil, razão pela qual encontra pouca receptividade por parte das firmas empreiteiras, visto que a inclinação possível de ser executada pela maioria das construtoras está em torno de 15° (27%).

B) *Estacas verticais*: maior quantidade e pouco aproveitamento da capacidade, devido ao empuxo hidrostático.

As estacas devem ter ficha suficiente para transferir o empuxo ao terreno.

Outra desvantagem é a deformabilidade das estacas, razão da necessidade do grande número e elevado peso próprio do bloco.

8.2.1.4 — *Ancoragem por atrito lateral do solo envolvente ao tubo*

Esta solução é adotada quando se deseja fazer a conexão de um tubo de aço com a extremidade de uma bolsa de um tubo de F° F°.

Também pode ser considerada para a ancoragem da extremidade de uma linha de aço, para ancorar o flange cego.

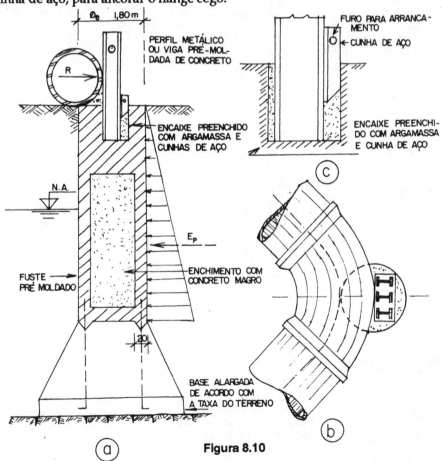

Figura 8.10

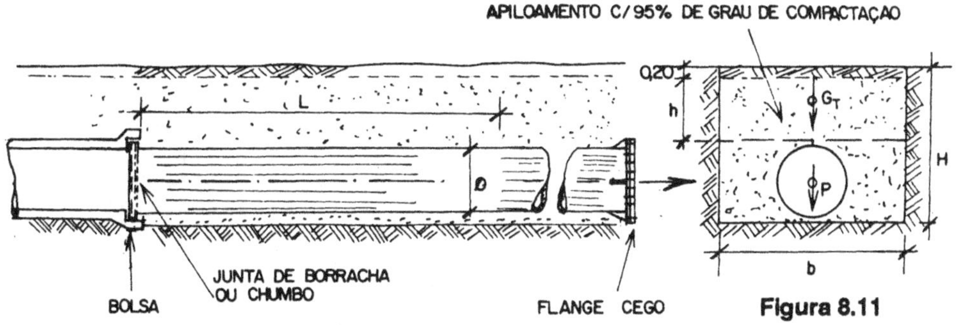

Ancoragens de adutoras

Figura 8.11

Cálculo do comprimento de ancoragem

Bibliografia: Design Standard for Steel Water Pipe - "Russel & Barnard - 1948". - Jornal A.W.W.A.

Rf - Resistência de atrito (tubo no terreno)

$Rf = 30\% \; N \; \therefore \; Rf = 0,3 \; N$

$N = P + G$ ... Peso do tubo + Peso d'água = P

Peso do aterro sobre o tubo = $G_T = bh \, \gamma_t$

γ_t ... Massa específica aparente da terra (tf/m^3)

W = Força hidrostática longitudinal

$$W = S \, p = \frac{\pi}{4} \, \varnothing^2 \, p$$

p ... Pressão hidrostática

$p = H \, \gamma_a$ ... carga estática

γ_a ... Massa específica aparente d'água

$\gamma_a = 1 \; tf/m^3$

S ... Área da seção

L ... Comprimento de ancoragem

ν ... Coeficiente de segurança $\nu = 2,5$

$$L \geq \frac{\nu \, W}{R \, f}$$

8.3 — TUBULÃO ABSORVENDO O EMPUXO HIDROSTÁTICO

Essa solução, acredito que ainda não tenha sido empregada; apresento apenas como sugestão, para o caso de não se dispor de área para executar um bloco no plano horizontal. Funciona no mesmo princípio do caso anterior, contando-se com a área de confinamento lateral que oferece o fuste do tubulão.

8.4 — ESTACAS BARRETE

Podendo-se dispor dos equipamentos para preparação e aplicação da lama bentonítica, adotando-se a técnica de concretagem submersa por meio de trompa, a solução em estaca barrete, ou módulo em cortina diafragma, merece ser considerada como alternativa prática em muitos casos onde existem interferências no subsolo.

Estruturas em alvenaria e concreto simples

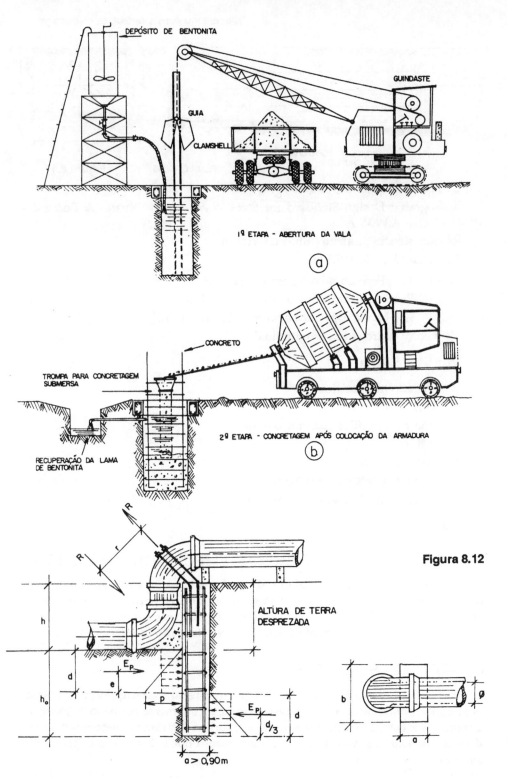

Figura 8.12

Ancoragens de adutoras

8.5 — TUBOS DE PEQUENO DIÂMETRO (Ø < 600 mm)

Normalmente, a pressão nas redes de distribuição não atinge valores que ultrapassam a 50 e o diâmetro máximo 600 mm, o que nos permite executar ancoragens de porte bem mais modesto do que aquelas até aqui abordadas. As soluções para esses casos podem ser:

8.5.1 — Ancoragem contra a parede da vala

Neste tipo de ancoragem, aproveita-se a resistência passiva do terreno entre 0,60 m a 1,00 m de profundidade, executando-se um enchimento entre a peça e a parede com concreto magro.

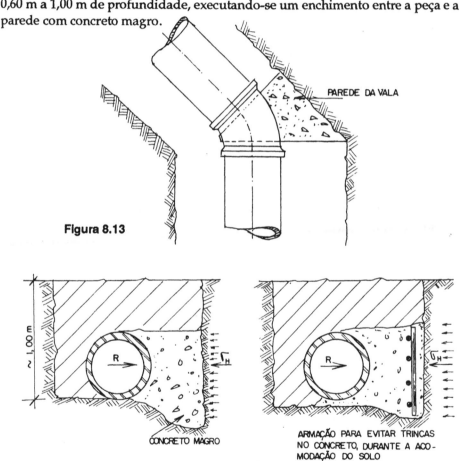

Figura 8.13

8.5.2 — Ancoragem contra estaca de madeiras

A estaca de peroba ou eucalipto é cravada como uma ficha suficiente para absorver o empuxo hidrostático. Esta solução é adotada no caso das tubulações de redes de pequeno diâmetro; até Ø = 100 mm não oferece problemas. O critério de cravação é pelo puro sentimento do encarregado da obra.

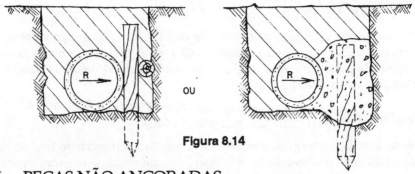

Figura 8.14

8.6 — PEÇAS NÃO ANCORADAS

Pode-se dispensar a ancoragem das peças e conexões em certos trechos das tubulações flangeadas ou soldadas.

Esta solução é de uso corrente na montagem das canalizações das torres de distribuição e nas casas de bombas (colar ou "manifold"), resultando em melhor utilização do espaço útil se tivéssemos que ancorar todas as peças especiais de uma estação elevatória.

Neste caso, deve-se verificar se o dimensionamento da espessura dos tubos, reduzida pelo torneamento para rosquear os flanges, é suficiente para absorver os empuxos previstos, como peça auto-resistente.

Geralmente os projetistas se preocupam com o dimensionamento hidráulico e o desenho de montagem da instalação, obedecendo às condições e gabaritos fixados nos catálogos dos fabricantes. Deixam-se de se preocupar com a resistência dos tubos, pois nos projetos são omitidas as pressões nos vários pontos do "manifold", sem a preocupação do traçado do diagrama piezométrico desse trecho de tubulação.[32]

8.6.1 — 1.º Exemplo: projeto de ancoragens por gravidade p/curva horizontal

1) *DADOS*

A) *Esquema*

B) *Diâmetro da tubulação em ferro fundido*
Interno $\emptyset_i$ = 600 mm   Externo $\emptyset_e$ = 630 mm

C) *Curva de 45° bolsa e bolsa* — Desenvolvimento do eixo, L = 818 mm
   Raio do eixo = 1.049 mm

D) *Pesos*
1) Concreto ciclópico ... 2.200 kgf/m^3
2) Tubulação (vazia) ... 235 kgf/m
3) Curva (vazia) ... 426 kgf   Catálogo de fabricante

E) *Carga estática* ... p = 80

F) *Taxa do terreno* σ_s = 1,0 kgf/cm^2 = 10 tf/m^2

G) *Concreto* - dosagem de 5 sacos de cimento/m^3, com f_{ck} = 90 kgf/cm^2

Ancoragens de adutoras

H) *Altura de terra sobre o tubo* = 1,50 m

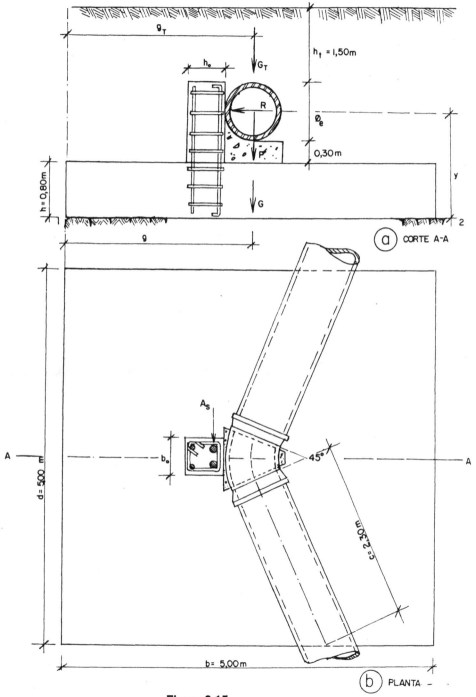

Figura 8.15

296 Estruturas em alvenaria e concreto simples

2) *PRÉ-DIMENSIONAMENTO*

A) *Cálculos hidrostáticos*: pressão p = 80

Força longitudinal

$W = p\,\gamma_a S$ tf

$\gamma_a = 1\ tf/m^3$

$S = \dfrac{\pi}{4}\,\varnothing_i^2 = 0,7854 \times 0,36 = 0,28\ m$ $\varnothing_i = 0,60\ m$

$W = 80 \times 1 \times 0,283 = 22,6\ tf$

Pelo triângulo das forças:

$F = 2\,w\,sen\,\dfrac{\beta}{2}$ ... resultante na bissetriz

(provoca a expulsão da curva).

$\beta = 45°$ $\dfrac{\beta}{2} = 22°30'$

$R = 2 \times 22,6 \times 0,383 = 17,3\ tf$

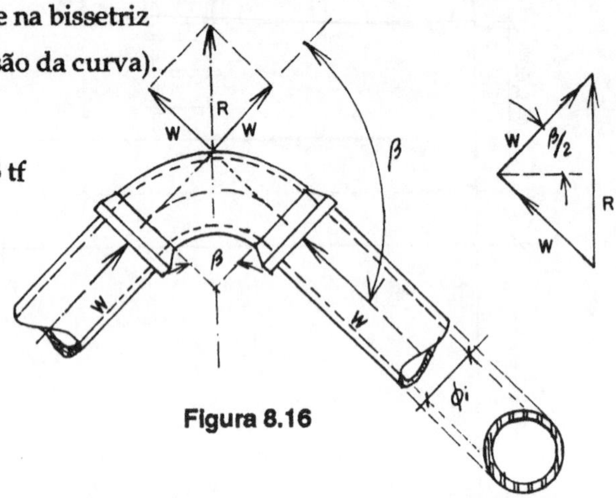

Figura 8.16

B) *Cálculo das dimensões*

Critério — Obra por gravidade — a resultante "R", deve ser equilibrada pelo peso próprio "G" do bloco, através do atrito desenvolvido entre o concreto e a terra na superfície (1-2) de apoio.

NOTA: O cálculo, levando-se em conta o empuxo passivo, deve ser evitado, já que no futuro haverá necessidade de se ter que escavar outra vala ao lado da face resistente passiva da ancoragem.

Nestas condições: $\varepsilon\,R \leq Fa$

$Fa = \mu\,G$ ... Força de atrito

   G ...   Peso próprio do bloco

$\varepsilon = 1,5$ ... Coeficiente de segurança

μ ... Coeficiente de atrito: $\dfrac{CONCRETO}{TERRENO\ SECO}\ \mu = 0,6$

.a) Peso do bloco

$\varepsilon R = \mu\,G \therefore G = \dfrac{\varepsilon\,R}{\mu} = \dfrac{1,5 \times 17,3}{0,6} = 43,25\ tf$

b) Volume do bloco $V = \dfrac{G}{\gamma_c}$

$\gamma_c = 2,2\ tf/m^3$ ... Massa específica aparente do concreto

Ancoragens de adutoras

$$V = \frac{43,25}{2,2} = 19,66 \sim 20 \text{ m}^3$$

c) Altura do bloco: Adotamos h = 0,80 m

d) Área da base: $S = \frac{V}{h} = \frac{20}{0,80} = 25 \text{ m}^2$

e) Dimensões: S = bd ... Fazendo b = d
$b = \sqrt{S} = 5,00$ m   d = 5,00 m

3) VERIFICAÇÃO DA ESTABILIDADE

1.ª hipótese: Excluindo o peso da terra sobre a tubulação (escavação aberta)

A) *Cargas*

a) Peso do bloco - G = bdh γ_c = 5,00 x 5,00 x 0,8 x 2,2 = 44,0 tf

b) Peso da tubulação cheia

Curva .... 0,426 tf
Tubos 2 x c x 235 = 4,60 x 0,235 = 1,081 tf
Água
S(1 + 2c) γ_a = 0,28 (0,82 + 4,60) = $\underline{1,518}$ tf
                                            3,025 tf ~ 3 tf

c) Berço e consolo lateral (desprezados)

Carga vertical ... N = G + P = 47 tf
Carga horizontal ... R = 17,3 tf

B) *Braços de alavanca* (em relação ao ponto 1)

$g = \frac{b}{2} = 2,50$ m $y = \frac{\varnothing_e}{2} + 0,30 + h = \frac{0,63}{2} + 0,30 + 0,80 = 1,415$ m

C) *Momento estático* em relação ao bordo 1

M_N = Nxg = + 47 x 2,50 = 117, 50 tfm
M_F = Fxy = -17,3 x 1.415 = $\underline{24,48 \text{ tfm}}$
$M_1 = M_N - M_F$ =   93,02 tfm

D) *Ponto de aplicação da resultante "F"*

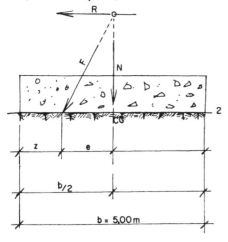

$Z = \frac{M_1}{N} = \frac{93,02}{47,0} = 1,98$ m

Figura 8.17

E) *Excentricidade*

$$e = \frac{b}{2} - z = 2{,}50 - 1{,}98 = 0{,}52 \text{ m}$$

F) *Equilíbrio estático*
a) Estabilidade contra escorregamento

$$\varepsilon_1 = \mu \frac{N}{R} \geq 1{,}5 \qquad \varepsilon_1 \ldots \text{Coeficiente de segurança}$$

$$\varepsilon_1 = 0{,}6 \frac{47}{17{,}3} = 1{,}6 \qquad \text{Satisfaz } \varepsilon_1 > 1{,}5$$

b) Estabilidade contra rotação

$$\varepsilon_2 = \frac{M_N}{M_F} \geq 1{,}5 \qquad \varepsilon_2 \ldots \text{coeficiente de segurança}$$

$$\varepsilon_2 = \frac{117{,}5}{24{,}5} = 4{,}8 \qquad \text{Satisfaz } \varepsilon_2 > 1{,}5$$

G) *Equilíbrio elástico — Tensões no solo*

$$\sigma_1 = \frac{N}{S}(1 + \frac{6\,e}{b}) \leq \overline{\sigma}_s = 10 \text{ tf/m}^2$$

$$\sigma_2 = \frac{N}{S}(1 - \frac{6\,e}{b}) > 0 \text{ (ausência de tração)}$$

$$\frac{N}{S} = \frac{47}{25} = 1{,}9 \text{ tf/m}^2 \qquad \sigma_1 = 1{,}9 \times 1{,}624 = 3{,}1 \text{ tf/m}^2 < 25$$

$$\frac{6\,e}{b} = \frac{6 \times 0{,}52}{5{,}00} = 0{,}624 \qquad \sigma_2 = 1{,}9 \times 0{,}376 = 0{,}7 \text{ tf/m}^2 > 0$$

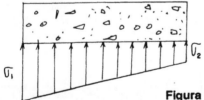

Figura 8.18

2.ª *hipótese*: Considerando o peso da terra sobre o tubo
A) *Cargas*
   a) Bloco G = 44,0 tf
   b) Tubo cheio P = 3,0 tf

Ancoragens de adutoras

c) Terra ... aproximadamente: volume total — volume do tubo

$$G_T = \left\{ (h_t + \varnothing_e + 0{,}30)\, S - \left[\frac{(\pi\, \overline{0{,}63^2})}{4} \times (2c + L) \right] \right\} \gamma_t$$

$G_T = \{(1{,}50 + 0{,}63 + 0{,}30)25 - [0{,}7854 \times 0{,}397 \times (4{,}60 + 0{,}82)]\}\, 1{,}6$

$G_T = \{60{,}75 - 1{,}70\}\, 1{,}6 = 94{,}5 \text{ tf}$

$\gamma_t = 1{,}6 \text{ tf/m}^3$ Massa especifica aparente da terra sobre a tubulação

Carga vertical $N = G + P + G_T = 141{,}5 \text{ tf}$

B) *Resultados*

a) Estabilidade contra escorregamento

$$\varepsilon_1 = \mu\, \frac{N}{R} \geq 1{,}5 \qquad \varepsilon_1 = 4{,}9$$

b) Estabilidade contra rotação

$$\varepsilon_2 = \frac{M_N}{M_R} \geq 1{,}5 \qquad\qquad \varepsilon_2 = 14{,}0$$

c) Tensões

$\sigma_1 = 7 \text{ tf/m}^2 < 10 \text{ tf/m}^2 \dots$ Não ultrapassamos a taxa do terreno $\overline{\sigma}_s = 10 \text{ tf/m}^2$

$\sigma_2 = 4 \text{ tf/m}^2 > 0 \dots$ Ausência de tração

4) *CONSOLO LATERAL*

O consolo lateral geralmente é executado em concreto armado.

a) *Vão teórico*

$$l = 1{,}05 \frac{(\varnothing_e}{2} + 0{,}30)$$

$$l = 1{,}05 \times 0{,}615 = 0{,}65 \text{ m}$$

b) *Momento fletor*

$M = Rl = 17{,}3 \times 65 = 1.124 \text{ tf/cm}$

c) *Força cortante*

$Q = R = 17.300 \text{ kgf}$

d) *Dimensionamento - fórmula:*

$$d_0 = \frac{1{,}15\, Q}{b_0\, \tau_c} \quad \text{cm}$$

Estruturas em alvenaria e concreto simples

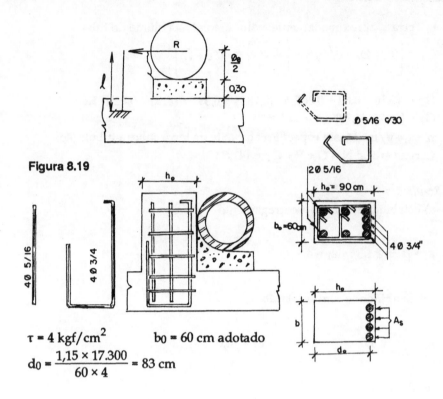

Figura 8.19

$\tau = 4 \text{ kgf/cm}^2$ $b_0 = 60$ cm adotado

$d_0 = \dfrac{1{,}15 \times 17.300}{60 \times 4} = 83$ cm

$h_0 = d_0 + 3$ cm $h_0 = 86$ cm   Adotamos $h_0 = 90$ cm

$d_0 = 87$ cm

$A_s = \dfrac{M \times 1{,}4}{0{,}9 d_0\, f_{yd}}$ cm² $f_{yd} = 2{,}0$ tf/cm

$A_s = \dfrac{1.124 \times 1{,}4}{0{,}9 \times 87 \times 2{,}0} = 10{,}0$ cm² $4 \varnothing\, ^3/_4" = 11{,}4$ cm

NOTA: consultar NBR-6118
1.4 - Coeficiente de majoração de esforço
τ_c - Tensão admissível a cisalhamento no concreto
f_{yd} - Tensão admissível no aço
Para CA-50 - $f_y = 2{,}5$ tf/cm²
1.25 — coeficiente de minoração da resistência do aço
$f_{yd} = \dfrac{2{,}5}{1{,}25} = 2{,}0$ tf/cm²

Foi calculado "d_0", para evitar a colocação de armadura para combater a força cortante "Q".

Ancoragens de adutoras

8.6.2 — 2.º Exemplo: ancoragem de tubos de aço por atrito do solo confinante:

Determinar o comprimento necessário para ancorar a curva de uma tubulação de aço.

A tubulação destina-se ao prolongamento de uma antiga adutora, já assentada em tubos de ferro fundido.

1) *DADOS DA TUBULAÇÃO EM AÇO A SER CONECTADA*
Prolongamento:
a) Diâmetro interno do tubo $\emptyset_e$ = 1.000 mm
b) Espessura do tubo t = 3/8" = 10 mm
c) Peso do tubo por ml = 250 kg
d) Carga estática p = 70 m.c.a.
e) Profundidade da vala: 3,50 m
f) Terreno — Argila vermelha, porosa, de consistência média — Massa específica do material de aterro da vala γ_t = 1,6 tf/m^3

2) *DESENHO*

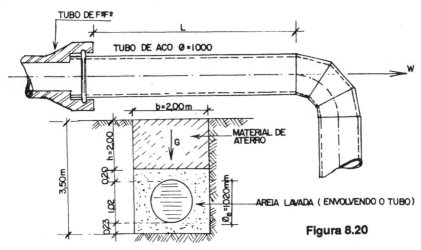

Figura 8.20

3) *CÁLCULO DA FORÇA HIDROSTÁTICA*

a) Área do tubo ... A = 0,7854 x $\emptyset_i^2$ = 0,785 m^2
b) Força longitudinal W = Ap γ_a = 0,785 x 70 x 1 = 55 tf

4) *PESO DA TERRA SOBRE O TUBO*
G = h $\emptyset_e$ γ_t = 2,00 x 1,02 x 1,6 = 3,264 tf/m

302 — Estruturas em alvenaria e concreto simples

5) PESO DO TUBO CHEIO

Tubo ... $= 0{,}250$ tf/ml

Água $0{,}785 \times \gamma_a$ ... $= 0{,}785$ tf/ml

$$P = 1{,}035 \text{ t/ml}$$

6) PESO DA TERRA + TUBO

$N = G + P = 4{,}3$ tf/ml

7) RESISTÊNCIA DE ATRITO POR ml

$R_f = 0{,}3$ N $R_f = 0{,}3 \times 4{,}3 = 1{,}29$ tf/ml

8) COMPRIMENTO NECESSÁRIO

$$L = \frac{v\,W}{R_f} \qquad v = 2{,}5 \dots \text{Coeficiente de segurança}$$

$$L = \frac{2{,}5 \times 55}{1{,}29} = 106{,}6 \text{ m}$$

Admitimos $L \geq 110{,}00$ m

NOTA: No caso, não fora possível contarmos com a extensão $L = 110{,}00$ m, deveríamos executar um bloco de ancoragem na curva. A força na bissetriz, $R = 2$ $(W\text{-}R_f)$ sen $\dfrac{\beta}{2}$, isto é, contando com o que fosse possível com a resistência de atrito.

8.6.3 — 3.° Exemplo: projeto de ancoragem para curva vertical

A) Esquema (conforme o desenho)

B) Tubulação - ferro fundido

   a) Diâmetro interno $\varnothing = 0{,}30$ m   b) Diâmetro externo $\varnothing = 0{,}322$ m

C) Ângulo das curvas $\beta = 45°$

D) Carga estática $p = 70$ m.c.a.

E) Peso do tubo vazio $= 83$ kg/ml

F) Peso da curva $= 105$ kg/unidade

G) Desnível entre as tubulações $H = 2{,}20$ m

H) Taxa do terreno $\overline{\sigma}_s = 1$ kgf/cm^2

Ancoragens de adutoras

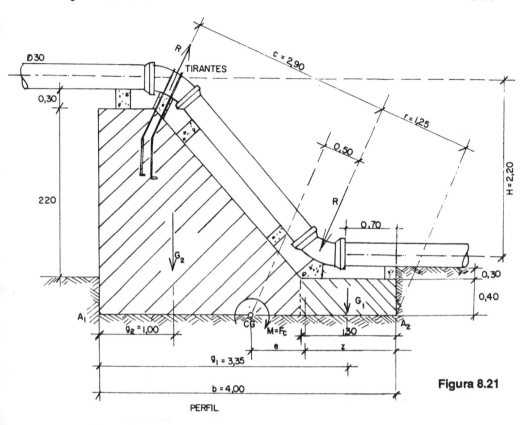

PERFIL

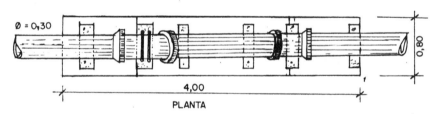

PLANTA

Figura 8.21

1) CÁLCULOS HIDROSTÁTICOS

Área interna $A = \frac{\pi}{4} \varnothing_i^2 = 0,7854 \times 0,30 = 0,07 \, m^2$

Força ao longo do trecho reto: $W = p \cdot A \cdot \gamma_a$

$\gamma_a = 1 \, tf/m^3$ (massa específica aparente da água)

$p = 70$ m (pressão estática)

$W = 70 \times 1 \times 0,07 = 4,90$ tf

Força na bissetriz ... $R = 2 \, W \, sen \, \frac{\beta}{2}$ $\beta = 45°$

sen 22°30′ = 0,383

$R = 2 \times 4,9 \times 0,383 = 3,75 \sim 4$ tf

304 Estruturas em alvenaria e concreto simples

2) PRÉ-DIMENSIONAMENTO

Desenhamos a ancoragem, estimando a sentimento as dimensões como primeira tentativa, conforme mostra o esquema.

Após a verificação da estabilidade do conjunto, aceitamos ou modificamos as medidas escolhidas.

Neste caso, as componentes verticais e horizontais das forças R correspondentes às duas curvas, anulam-se mutuamente, eliminando-se assim a possibilidade de escorregamento do bloco.

Haverá, devido à solicitação do binário $M = R \times c$, efeito de rotação e solicitação de tensões no terreno de fundação.

Para a verificação da estabilidade do conjunto, bastará considerar o equilíbrio do binário $M = R \times c$, contando apenas com o peso próprio do bloco, desprezando-se o peso da tubulação, curvas e berços de apoio.

3) CÁLCULO DAS CARGAS - PESO PRÓPRIO DO BLOCO

Admitidas as dimensões, conforme o esquema escolhido, bastará calcular o volume e multiplicar pela massa específica do concreto simples, $\gamma_c = 2,2 \text{ tf/m}^3$.

$G_1 = 0,40 \times 1,30 \times 0,80 \times 2,2 = 0,91 \text{ tf}$

$G_2 = [0,40 + (2,20 + 0,40)] \times \dfrac{1}{2} (4,00 - 1,30) \times 0,8 \times 2,2$

$G_2 = 1,50 \times 2,70 \times 0,80 \times 2,2 = 7,15 \text{ tf}$

$N = G_1 + G_2 = 0,91 + 7,15 = 8,06 \text{ tf}$

4) LINHA DE AÇÃO DAS FORÇAS

Os braços das forças, em relação ao ponto A_1 e A_2, foram medidos no desenho.

5) CÁLCULO DO MOMENTO EM RELAÇÃO AO PONTO A_2

$M_{A2} = -G_1(b - g_1) - G_2 (b - g_2) - R \cdot r + R(c+r)$

$b - g_1 = 4,00 - 3,34 = 0,65 \text{ m}$

$b - g_2 = 4,00 - 1,00 = 3,00 \text{ m}$

$r = 1,25 \text{ m}$

$c + r = 2,90 + 1,25 = 4,15 \text{ m}$

$M_{A2} = -0,91 \times 0,65 - 7,15 \times 3,00 - 4 \times 1,25 + 4 \times 4,15$

$M_{A2} = -0,59 - 21,45 - 5,00 + 16,60$

$M_{A2} = -27,04 + 16,60 = -10,44 \text{ tfm}$

6) POSIÇÃO DO CENTRO DE PRESSÃO

$Z = \dfrac{M_{A2}}{N} = -\dfrac{10,44}{8,06} = -1,29 \text{ m}$

7) EXCENTRICIDADE

$e = \dfrac{b}{2} - Z = 2,00 - 1,29 = 0,71 \text{ m}$

8) VERIFICAÇÃO DA ESTABILIDADE

Ancoragens de adutoras

A) *Equilíbrio Estático*
   Coeficiente de segurança contra rotação:
   $$\rho = \frac{G_1(b-g_1) + G_2(b-g_2) + R \cdot r}{R(c+r)} = \frac{27{,}04}{16{,}60} = 1{,}63 > 1{,}5$$

B) *Equilíbrio elástico*

   Tensão máxima no bordo A_2 ... $\sigma_2 = \frac{N}{S}(1 + \frac{6e}{b})$

   $\frac{N}{S} = \frac{8{,}06}{4{,}00 \times 0{,}80} = \frac{8{,}06}{3{,}20} = 2{,}5 \text{ tf/m}^2$ $\sigma_2 = 2{,}5(1+1{,}06) = 5{,}2 \text{ tf/m}^2$

   $\frac{6e}{b} = \frac{6 \times 0{,}71}{4{,}00} = \frac{4{,}26}{4{,}00} = 1{,}06$ $\sigma_2 = < \overline{\sigma}_s = 10 \text{ tf/m}^2$

   Tensão mínima no bordo A_1 ... $\sigma_1 = \frac{N}{S}(1 - \frac{6e}{b})$

   $\sigma_1 = 2{,}5(-0{,}06) = -0{,}15 < 0$ (tração)

   Excluindo tração $\sigma_{máx} = \frac{2N}{3dz} = \frac{2 \times 8{,}06}{3 \times 0{,}8 \times 1{,}29}$

   $\sigma_{máx} = \frac{16{,}12}{3{,}10} = 5{,}3 \text{ tf/m}^2 < \sigma_s = 10 \text{ tf/m}^2$

9) DIMENSIONAMENTO DOS TIRANTES
   $R = 4 t$ $f_{yd} = 1{,}2 \text{ tf/cm}^2$ tensão admissível no aço

   $A_s = \frac{R}{f_{yd}}$ $A_s = \frac{4}{1{,}2} = 3{,}4 \text{ cm}^2 + 10\% \text{ (rosca)} = 3{,}7 \text{ cm}^2 = 2\emptyset 5/8"$

   Aço - CA.25

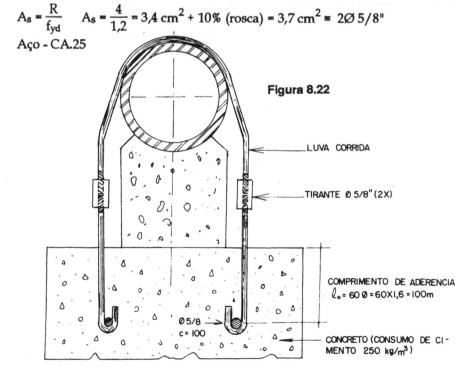

Figura 8.22

Barragens de gravidade

9.1 — CONSIDERAÇÕES PRELIMINARES

O assunto sobre projeto e construção de barragens é muito amplo e complexo para ser tratado num capítulo deste modesto livro. Pensamos em dar algumas informações sucintas e de caráter geral.

Torna-se indispensável definir e citar as finalidades da construção de uma BARRAGEM. Deve ser esclarecido que esta atividade exige o concurso de todas as ciências aplicadas.

9.1.1 — Definição e finalidades

A água que corre na superfície gasta sua energia, vencendo obstáculo que se opõem ao seu livre curso, provocando erosão nas margens e fundo dos rios, transportando materiais etc.

Esta energia cinética depende da declividade do terreno, da rugosidade do "talweg" e velocidade da corredeira.

Podemos contornar e até eliminar muitos desses problemas, elevando o nível do rio principal, provocando remanso, com represamento e conseqüente redução da velocidade.

A solução mais comum nestes casos é obstruir o curso d'água, com a construção de uma estrutura, definida como "*barragem*", derivando o excesso d'água para um canal ou túnel, de modo a transformarmos este energia cinética em energia potencial.

Solução esta bem remota do aproveitamento da energia hidráulica, desde os toscos moinhos de roda d'água as mais modernas turbinas.

A construção de uma barragem poderá atender as seguintes finalidades:

a) Abastecimento de água;

b) Fornecimento de energia elétrica;

c) Irrigação

d) Regularização dos regimes dos rios, mantendo-se a vazão constante para o calado da navegação ou controle da vazão durante as épocas das enchentes ou de estiagem.

Barragens de gravidade

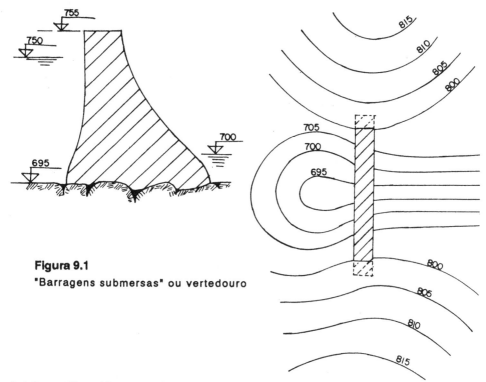

Figura 9.1
"Barragens submersas" ou vertedouro

9.1.2 — Classificação das barragens

1) SEGUNDO O FUNCIONAMENTO

Podemos construir barragens que mantenham um represamento que se destine apenas à acumulação, que chamamos de *barragens fixas*, podendo ser de reservatório ou acumulação, destinadas geralmente ao abastecimento de água ou reservatório de sobras para usinas hidrelétricas.

"Barragens submersas" ou vertedouro — Construídas à jusante, destinadas a elevar o nível d'água para dar calado para a navegação à montante.

"Barragens móveis" — Estrutura mista — Contrafortes de concreto e comportas metálicas. Destina-se a evitar a formação de grandes remansos e à proteção contra enchentes.

"Barragens de derivação" — Servem para o desvio das águas do rio (ensecadeira).

2) SEGUNDO A ALTURA

O critério desta classificação pode ser até pessoal, razão pela qual nos limitamos a apresentar a classificação do Bureau of Reclamation (EUA).

Pequena altura ... $H \leq 30$ m
Altura média ... $30 < H < 90$ m
Grande altura ... $H > 90$ m.

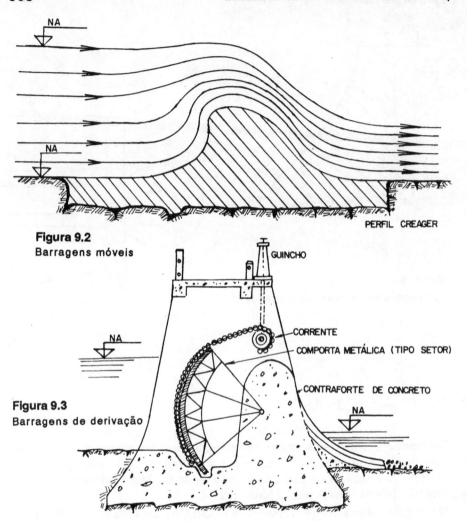

Figura 9.2
Barragens móveis

Figura 9.3
Barragens de derivação

3) *SEGUNDO O MATERIAL EMPREGADO E TIPO DE CONSTRUÇÃO*

"Barragens de material aglomerado" — Alvenaria, concreto, concreto armado, concreto protendido e concreto rolado.

"Barragens de material solto" — Terra, enrocamento ou mistas.

"Barragens metálicas" — Geralmente para pequenas alturas, como ensecadeiras, até 20 m. Apresentam a vantagem de permitir perfeita impermeabilização, entretanto, sofrem os inconvenientes dos efeitos da oxidação nos trechos fora do contato com a permanência d'água (variação do nível junto aos paramentos).

4) *SEGUNDO O COMPORTAMENTO ESTÁTICO E ELÁSTICO*

A) *Barragens de gravidade maciça*: a estabilidade é assegurada pelo peso próprio da estrutura. Podemos executar essas estruturas com os seguintes tipos de materiais de construção:

Terra - solo cuidadosamente selecionado (argila) e rigorosamente compacta-

Barragens de gravidade

309

do. Ex.: Anderson Ranch com 139 m de altura (EUA).

Enrocamento, mistas ou "rock-fill": maciço composto de pedra compactada com núcleo de argila compactado. Ex.: no Brasil, Jupiá com 27 m de altura.

Concreto ciclópico ou concreto: executadas em concreto sob rigoroso controle tecnológico. Ex.: Grande Dixence, com 281m (Suíça) e Sahsta, com 171 m de altura (EUA).

Planta das barragens de gravidade ou peso de concreto: A opinião dos técnicos está dividida nas formas retilínea e ligeiramente curvilínea. Os favoráveis à planta curva alegam:

— A barragem calculada para funcionar por gravidade, dando-lhe a forma curva, parte dos esforços que são transmitidos aos flancos, melhorando as condições de estabilidade.

— O maciço terá melhor adaptação para os efeitos de variação de temperatura.

Os partidários da estrutura retilínea alegam:

- A barragem deve trabalhar de acordo com a concepção estabelecida no cálculo inicial do projeto.

- O quinhão da carga no arco somente teria efeito caso falhasse a resistência do muro.

- O elevado abatimento do arco provoca esforços quando atuam as cargas, de modo a provocar trincas nos intradorsos dos apoios, no extradorso e no fecho, de modo a falsear a estabilidade.

- Não existe economia que justifique a solução, tendo em vista apenas o maior custo das formas.

- Dificuldade maior de construção.

- Necessidade de injeção nas juntas de concretagem e fissuras que ocorrem durante a execução.

No caso de vales muito abertos, recaímos na escolha das barragens de terra. Quando a rocha de fundação for favorável, adotamos barragens de concreto em planta retilínea, característica das condições geológicas e topográficas no nosso País.

B) *Barragens em arco ou arco-gravidade*: Os técnicos partidários das barragens de gravidade de eixo curvilíneo, como alegação da escolha pelo aumento do coeficiente de segurança, que ainda é ignorado, chegam às chamadas barragens de arco-gravidade.

Não existe diferenciação clara entre barragens de arco-gravidade e as de arco. Vamos esclarecer: quando nas barragens de gravidade de eixo curvo, levamos em consideração o efeito de arco, chegamos a obter condições mais reais de funcionamento estático e elástico do que barragens em arco.

A concepção estrutural da barragem em arco-gravidade consiste em considerar o equilíbrio da pressão hidrostática, distribuída parcialmente no plano vertical, como no caso de barragens de gravidade e o saldo de carga no plano horizontal, como arcos engastados nos flancos.

Disso tudo, resulta que as barragens de arco-gravidade são consideradas

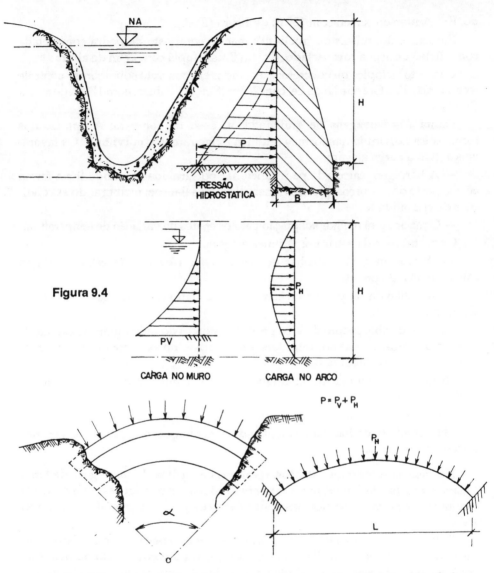

Figura 9.4

como parte de uma casca cilíndrica, com espessura variável linearmente da base até a superfície.

Essa distribuição de quinhões de carregamento p_V, no muro (consolo) e p_H no arco, é obtida pela igualdade de deformações nos pontos de interseção de arcos e consolos fictícios em que é dividido o maciço para efeito de cálculo. Acontece que nas barragens em arco consideramos também uma série de faixas fictícias recebendo pressão hidrostática. Disto resulta um perfil escalonado de espessura variável da superfície até a base.

Acontece que no cálculo estático consideramos várias faixas de arcos a partir da altura, mas como as faixas desses arcos se deformam desigualmente, temos zonas de perturbação entre as várias faixas horizontais de arcos, o que nos faz

Barragens de gravidade

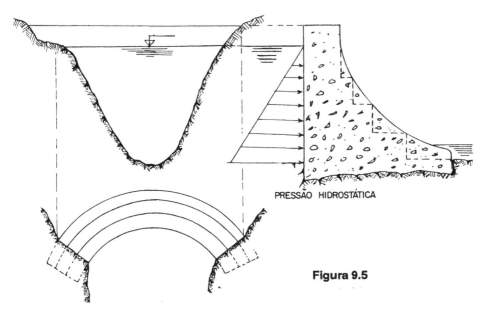

Figura 9.5

levar em consideração os efeitos das deformações no plano vertical.

Nestas condições, as barragens em arco confundem-se com as barragens de arco-gravidade.

A experiência recomenda empregar este tipo de barragem arco-gravidade para as seguintes relações:

$\alpha \approx 134°$ sendo: H ... altura

$\dfrac{H}{L} \geq 0{,}66$ L ... corda

α ... ângulo central

A escolha desse tipo de barragem exige que tenhamos vales fechados e com flancos rochosos. Como exemplo desse tipo, temos a barragem de Hoover com 222 m de altura (EUA) e Castelo do Bode com 151m de altura (Portugal).

C) *Barragens abóbadas*: A experiência tem demonstrado que as barragens de gravidade, para alturas elevadas, exigem considerável aumento de resistência do concreto.

$H_{máx} = \dfrac{\overline{\sigma}_c}{\gamma c}$ H = altura máxima da barragem

$\overline{\sigma}_c$ = Tensão admissível à compressão

γc = Massa específica aparente

Por outro lado, não se pode deixar de considerar as tensões secundárias, que são mais preponderantes nas grandes massas de concreto e difíceis de serem calculadas.

Quanto às barragens arco-gravidade, temos também certos inconvenientes, como tensões de tração na junta da fundação provocadas pela retração (desligamento), fissuração horizontal e transversal, deformações nos flancos (encostas).

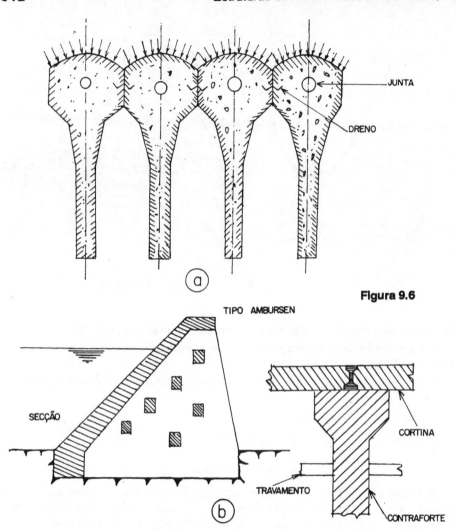

Figura 9.6

Para contornar esses problemas, dependendo das condições geológicas e topográficas, procurando solucioná-los poderemos recair no caso de uma barragem abóbada, que sem duvida são as mais econômicas e seguras, visto que somente predominam tensões de compressão.

O cálculo dessas barragens é bastante complicado, devido ao problema de contorno (engastamento), exigindo a colaboração de análise dos resultados com o auxílio de modelos reduzidos. Os modelos são utilizados tendo em vista as seguintes finalidades:

- pré-dimensionamento e fixação da forma;
- confirmação dos cálculos analíticos;
- apreciação de simplificações e aferições de novos métodos de cálculo e seu comportamento em relação ao protótipo.

Barragens de gravidade

As barragens abóbadas podem ser:

- de raio de curvatura constante ou cilíndricas — quando todas as seções horizontais apresentam raio constante, e empregam-se nos vales abruptos em forma de triângulo ou de V;

- de ângulo de abertura constante — apresentam melhor comportamento ao efeito de arco, mais elasticidade, e empregam-se nos vales em forma de U, exigindo condições especiais nos flancos para receber grandes empuxos.

- de dupla curvatura — juntamos às curvaturas anteriores em planta a dupla curvatura no plano vertical, isto é, em ambos os parâmetros. As curvaturas verticais visam descentrar a linha de pressão do peso próprio, somado com a pressão hidrostática, para que resulte tensões de compressão nas seções transversais horizontais.

Devido esta última consideração, somos obrigados a calcular essas barragens como "cúpulas".

Como exemplo, citamos as mais altas barragens do mundo neste tipo de construção: Mauvoisin, com ângulo central constante, 237 m de altura (Suíça) e Vanjont, com dupla curvatura, 265 m de altura (Itália).

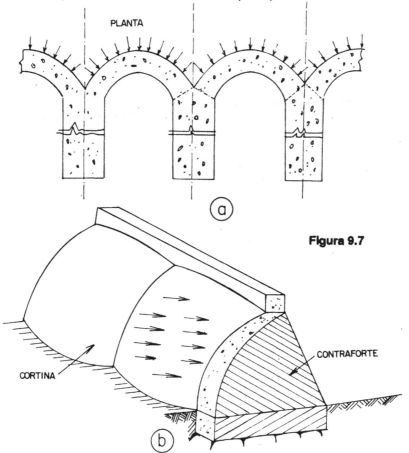

Figura 9.7

314 Estruturas em alvenaria e concreto simples

Processos de cálculo: dissemos que o cálculo das barragens abóbadas é bastante complicado, abstraindo-se das soluções particulares e aproximadas; citando apenas os processos fundamentais, temos:

• *Processos baseados na resistência dos materiais e estática das construções (estado triplo de tensões)* — citamos primeiramente o mais conhecido, que é o Processo das Cargas de Prova (Trial Load Method), desenvolvido pelos americanos; é bastante trabalhoso, exige calculistas adestrados e emprego de computador.

• *Processos dos ajustamentos* — mais simples que o Trial Load Method, porém, ainda pouco divulgado. O processo foi desenvolvido pelos engenheiros portugueses; no Brasil foi empregado no cálculo da Barragem da Usina do Funil.

• *Processos baseados na Teoria das Cascas* — sugerido em 1922 por Pigeaud, foi aplicado na barragem experimental de Stevenson Creek; pela primeira vez em 1928 por Westergaard.

Em 1938, Tölke apresentou processo de cálculo para o caso de espessura variável.

Em 1954, Herzog apresentou processo para o cálculo com dupla curvatura.

D) *Barragens de contrafortes*

Com o objetivo de reduzir os efeitos de subpressão, retração e melhor utilização do material, aumentando a estabilidade sem acréscimo de volume, fomos conduzidos a substituir as barragens de gravidade maciça pelas de contrafortes.

Podem ser construídas em concreto simples, armado e protendido.

Podemos classificar as barragens de contrafortes nos seguintes tipos:

• Segundo a cortina de retenção Barragens de cabeça maciça (Fig. 9.6a)

• Barragens de cortina plana (tipo Ambursen) (Fig 9.6b).

• Barragens de cortina curva: abóbadas múltiplas (Fig 9.7a)

• Cúpulas múltiplas (Fig. 9.7b)

Segundo os contrafortes — Contrafortes singelos (Figs. 9.8a, b, c);

Contrafortes geminados (Fig. 9.9), são ligados entre si, deixando um vazio.

Barragens de gravidade aliviada

Considerações sobre o cálculo dos contrafortes

O estudo dos contrafortes pode ser feito em seções horizontais ou normais à face de jusante, devendo-se verificar particularmente as tensões de cisalhamento e as tensões principais.

As barragens de concreto armado devem ser calculadas no Estádio I.

E) *Barragens de concreto protendido*: Tudo indica que o concreto protendido resolve a possibilidade de se eliminar o risco da fissuração e os estados de tração e cisalhamento. Para os especialistas em barragens, porém, continuam as objeções das armaduras de protensão, a corrosão, acelerada ainda sob tensão (stress-corrosion). Por outro lado, a redução das seções de concreto, leva-nos às objeções quanto a estanquidade da obra (percolação d'água no concreto).

O emprego da protensão só atende aos carregamentos (água) que causam flexão, porém, a obra descarregada e carregada exige que a resultante em todas as ações passe pelo núcleo central das diferentes seções do maciço. Nestas condi-

Barragens de gravidade

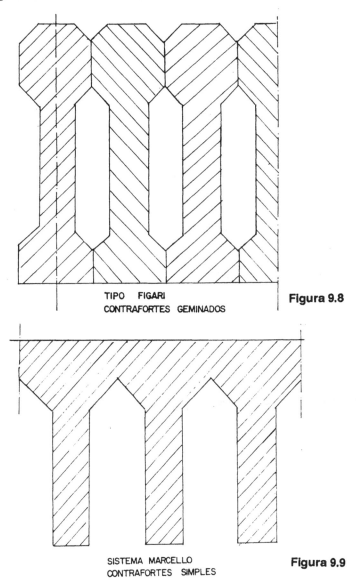

Figura 9.8

Figura 9.9

ções, a protensão não poderá ter a excentricidade do caso das vigas sujeitas à flexão, sob ação do peso próprio e sobre cargas; isto torna, à vezes, mais econômico combater os esforços nas barragens só com o peso próprio, porque a protensão se torna antieconômica. Outro fator é a necessidade do maciço rígido, para que não tenhamos deformações que prejudiquem o funcionamento das comportas, além da massa para amortecimento das vibrações das ondas d'água.

O perfil transversal do vale, estreito e alto, é bastante desfavorável para a solução estrutural em protendido. Pois nas seções, sendo muito diferentes de um ponto para o mais próximo, criam-se esforços múltiplos difíceis de serem solucionados, devido ao grau de hiperestaticidade.

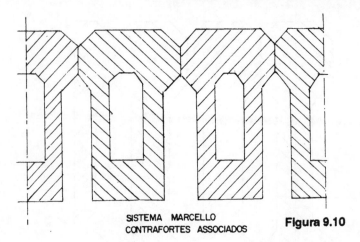

SISTEMA MARCELLO
CONTRAFORTES ASSOCIADOS

Figura 9.10

Finalmente, uma obra de barragem em concreto, e particularmente em concreto protendido, exige condições excepcionais da rocha de fundação.

Tipos de perfis em protendido

1) Lâmina de concreto protendido engastada na rocha — protensão vertical e horizontal. Ex.: Sta.Ernestina (RS, Brasil), altura 12 m, construída em 1951.

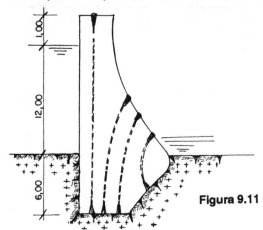

Figura 9.11

2) Perfis com reação sobre a rocha. Ex.; Cheurfas (Argélia), com 22 m de altura; projeto do eng.º Coyne em 1935. Esta solução também é empregada para aumentar altura de barragens de gravidade.

9.1.3 — Elementos que influem na escolha do tipo de barragem

Sem levar em conta o aspecto econômico do capital empregado e a sua reabilitação, mas o aspecto eminentemente técnico.

    a) Natureza do terreno de fundação
    b) Recursos locais e meios de transporte
    c) Abertura do vale
    d) Meios de desvio das águas para a construção
    e) Importância da obra e altura da barragem

Barragens de gravidade

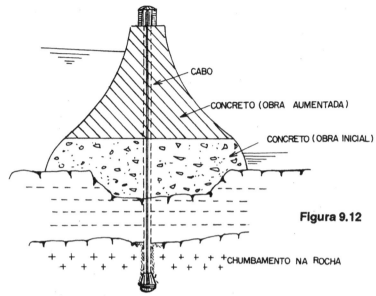

Figura 9.12

9.1.4 — Estudos preliminares

A boa localização de uma barragem exige uma série de estudos cuidadosos, como sejam:

1) *ESTUDO TOPOGRÁFICO* — Levantamento aerofotogramétrico. Neste estudo, objetivamos três itens principais:

A) *Escolha da garganta mais estreita;*

B) *Após a garganta, é necessário que a bacia se alargue;*

C) *Indagações geológicas da região.*

Para a encomenda do estudo topográfico, devemos solicitar:

a) Vôo de reconhecimento;

b) Implantação de marcos para a amarração terrestre e triangulação telurométrica;

c) Vôo fotográfico;

d) Mosaicos - para entereoscopia e traçado das curvas de nível;

e) fotogeologia.

f) Planta aérea com curvas de nível de 5 em 5 m — escala da planta 1:10.000.

g) Planta cadastral — levantamento terrestre.

2) *ESTUDO GEOLÓGICO E GEOTÉCNICO* — De posse do levantamento topográfico e dos elementos obtidos pela interpretação da fotogeologia, partimos para elaboração de um programa de coleta de dados para confirmação das condições geológicas da região (estudo geológico).

A rotina dos trabalhos de campo consta da elaboração de sondagens de percussão, rotativas, coleta de testemunhos, classificação do material, porcentagem de recuperação dos testemunhos, ensaios de perda d'água, determinação e mergulho das camadas, ensaios de resistividade para pesquisa de anomalias geológicas e complementação dos elementos obtidos das sondagens.

318   Estruturas em alvenaria e concreto simples

De posse dos elementos obtidos no campo, preparamos relatórios das sondagens e o mapeamento geológico.

Tendo em mãos o mapeamento, passamos aos programas dos ensaios " in situ", quantos forem julgados necessários (cisalhamento, compressão), admitindo definida a posição da barragem.

O estudo geológico deve pelo menos esclarecer:

a) Situação, direção e disposição das camadas, águas subterrâneas e qualidade das rochas;

b) Influência do carregamento e represamento no terreno, planos de clivagem e falhas do subsolo.

c) Permeabilidade, resistência, elasticidade, deformabilidade e decomposição da rocha junto à barragem;

d) Indicação dos perigos de prováveis escorregamentos nas regiões montanhosas.

Concluindo, podemos dizer:

Não se prestam, para a implantação das barragens, fundações sobre arenitos (estruturas estratificadas: grãos de areia ligados por cimento argiloso, ferruginoso ou calcário); basaltos e derrames basálticos não apresentam características favoráveis, geralmente são muito fraturados devido ao resfriamento rápido; gnaisses e xistos requerem estudos cuidadosos, quanto à orientação das camadas, para se evitar escorregamento (Malpasset em 1955, com 66 m de altura, foi um caso de desastre — ruptura por carregamento de camada de xisto).

Não oferecem dificuldades para fundações, desde que não estejam alterados, sendo portanto os que mais se prestam: granito, dioritos, gabros e sienitos, apesar de apresentarem-se sempre cobertos com camadas de alteração e cortadas por falhas (exigem portanto tratamento com injeção de cimento ou asfalto em emulsão).

3) *ESTUDO HIDROLÓGICO*

Pelo estudo hidrológico, tomamos conhecimento da meteorologia e das disponibilidades de água superficial e subterrâneas da região.

A rotina de trabalho consiste na coleta de dados e a organização de quadros estatísticos, para chegarmos a uma conclusão final.

Procedemos com a determinação dos seguintes elementos: de campo e escritório.

a) Pluviometria (período de 15 anos no mínimo);

b) Evaporação;

c) Infiltração;

d) Medição de vazão dos mananciais e batimetria;

e) Descargas máximas, mínimas e vazões das inundações (pesquisa);

f) Cálculo da vazão milenar, previsão da enchente máxima, para o dimensionamento dos vertedouros.

4) *ESTUDO ECOLÓGICO E IMPACTO AO AMBIENTE*

9.1.5 — Determinação da capacidade da represa e altura da barragem

De posse dos estudos preliminares, da demanda necessária de energia elétrica ou a necessidade de abastecimento de água, podemos estabelecer a capacidade de armazenamento da represa e, conseqüentemente, a *altura da barragem*, complementado com os diagramas dos volumes acumulados (Rippl) e linhas de demanda.

Determinada a cota do extravasor, devemos também levar em conta a elevação do nível e o choque das vagas, devido a ação do vento. Para estimar essa elevação, existem algumas fórmulas empíricas, sendo a altura mínima recomendada 1,50 m.

Fórmula de Stevenson (ASCE - 1924)

$h_0 = 0,76 + 0,34\sqrt{L} - 0,26\sqrt[4]{L}$

h_0 = altura em metros, chamada revanche.

L = comprimento máximo do lago em km.

Esta fórmula dá valores exatos até L ≤ 18 km

Para L > 18 km, convém adotar 50% a mais do valor calculado ou, então, a fórmula de Iribarrem

$h_0 = 1,2 \sqrt[4]{L}$

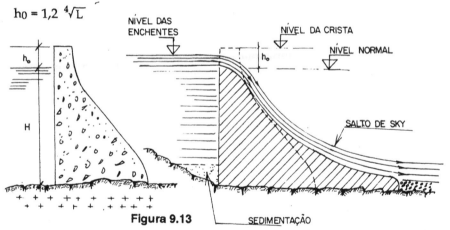

Figura 9.13

Estudo da demanda: Na determinação da altura da barragem, abordamos, sem as devidas explicações, os volumes consumidos ou demanda.

É bastante lógico que a construção de uma barragem visa atender as necessidades presentes ou futuras de uma população, num programa de abastecimento d'água ou produção de energia elétrica.

Para o abastecimento d'água, estima-se o crescimento populacional para a garantia de uma vazão de consumo com perspectivas para 30 anos.

No caso da energia elétrica, pelas previsões estatísticas do crescimento da região, e possibilidades econômicas, também podemos estimar a demanda kW para os próximos 50 anos.

320   Estruturas em alvenaria e concreto simples

Conhecida a demanda em kW/mês, procuramos calcular a vazão $Q_{máx}$ e a altura que deverá ter o salto ou, então, procuramos uma série de saltos que, somados, chegue a obter a vazão necessária.

Da hidráulica:

$$cv = \frac{Q\,H}{75}\,\eta \qquad\qquad 1\ cv = 735\ W$$

Q ... vazão em l/s

H ... altura em m

η ... rendimento do turbina.

Fórmula francesa: kW = 7 QH; sendo Q em l/s e H em m.

Tiramos o valor de $H = \dfrac{k\,W}{7\,Q}$ e, com o auxílio das plantas topográficas, procuramos situar a região e a posição possível da barragem e recalculamos novamente Q em função do equipamento.

Deve ser esclarecido, que os fabricantes de turbinas fornecem para as condições de trabalho os valores de Q, η das suas linhas de produtos, valendo-se o projetista também da sua intuição e experiência para escolher o equipamento mais apropriado.

Entre nós, temos o devido conhecimento e experiência sobre alguns tipos de turbinas, por exemplo:

Turbinas Kaplan — eixo vertical, pás em forma de hélice, indicada para saltos de vazão variável, pois é pouco influenciada pela altura.

Turbinas Pelton — eixo horizontal, pás em forma de conchas, indicada para saltos de grande altura, acima de 400 m (Usina Henry Borden - Cubatão-SP).

Turbinas Francis — eixo vertical ou horizontal, pás em forma de haletas ou ventoinhas — apresenta uma série de vantagens com relação aos alternadores acoplados; devido ao poder de aspiração, empregam-se para saltos até 400 m de altura (Usina de Itaipu).

Os catálogos fornecem todas as características técnicas dessas turbinas.

Para melhores esclarecimentos, apresentamos o Diagrama de Rippl ou das vazões acumuladas, como já mencionado, e , para complementação, a curva relacionando cotas do terreno com os volumes acumulados no "talweg".

Diagrama de Rippl

Volume disponível = volume fornecido menos perdas em cada mês.

Quanto aos volumes consumidos (demanda), conforme estudos e planejamento do projeto.

Pelos pontos "A" e "B" traçam-se, à curva dos volumes disponíveis, tangentes paralelas à reta de demanda acumulada, e temos os pontos de interseção "D" e "C" e os períodos I e II. No período I, o nível d'água do reservatório estará descendo, e, no período II , estará subindo. O ponto B representa o instante em que terminou a estiagem e inicia-se a estação chuvosa. O ponto C, instante em que o reservatório está cheio.

Barragens de gravidade

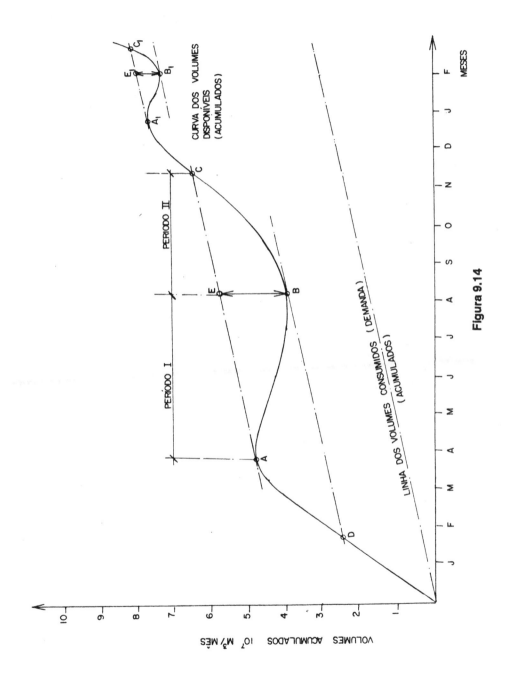

Figura 9.14

9.1.6 — Determinação da altura da barragem

Conhecida a capacidade que deve ter a represa, devemos marcar em planta aérea de armazenamento, a partir da posição da barragem e do volume correspondente a cada cota do terreno.

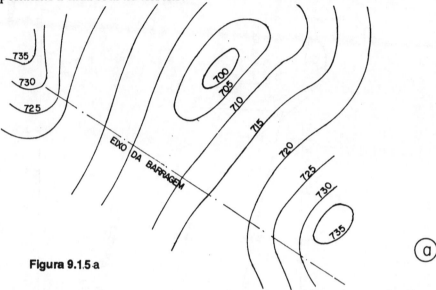

Figura 9.1.5-a

Recorrendo novamente à planta topográfica, medimos com planímetro as áreas entre as curvas de nível e calculamos os volumes entre as mesmas e, posteriormente, acumulamos os valores das várias cotas, desprezando-se a cota do "talweg" (700).

Curva 705 - $V_1 = {}^1\!/_2$ (área 700 + área 705) x 5,00

Curva 710 - $V_2 = V_1 + \dfrac{1}{2}$ (área 705 + área 710) x 5,00   Curva 715 - $V_3 = ...$

Feito isso, traçamos uma curva relacionando as cotas com os volumes:

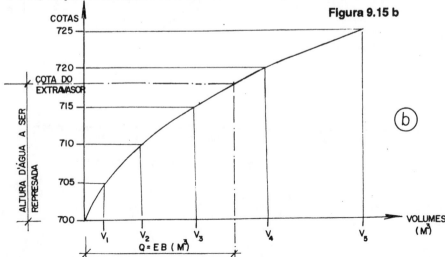

Figura 9.15 b

Barragens de gravidade

Tomando-se a ordenada EB do diagrama de Rippl, que representa a capacidade que deve ser represada, fazemos portanto EB = Q — volume d'água a ser reservado, marcamos no gráfico e assim obtemos a cota do nível do extravasor da barragem.

9.1.7 — Obras de uma represa

A) *Represa para abastecimento de águas*

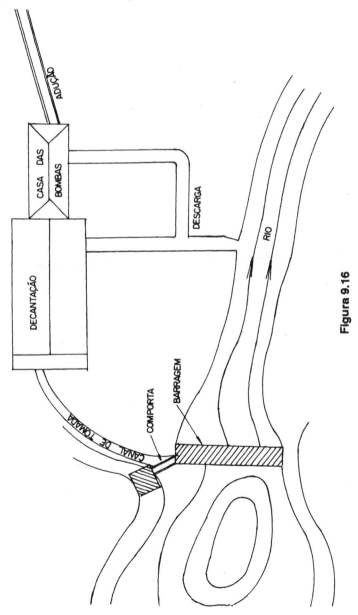

Figura 9.16

B) *Represa para usina hidrelétrica*

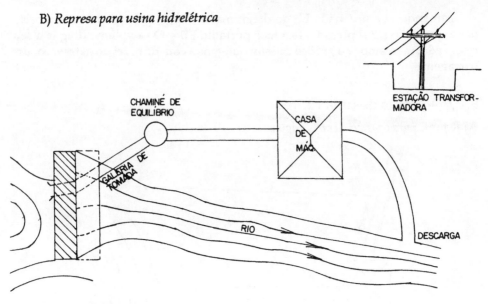

Figura 9.17

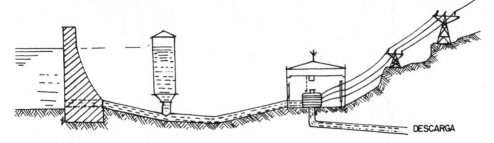

C) *Aproveitamentos simultâneos*: rio e afluentes

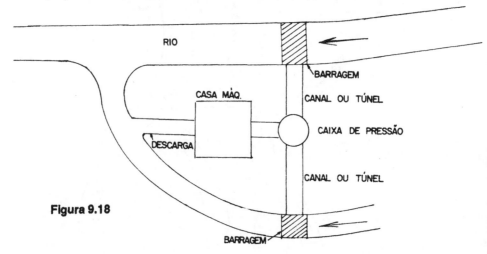

Figura 9.18

9.2 — BARRAGENS DE CONCRETO

9.2.1 — Esforços solicitantes

As barragens de alvenaria ou concreto podem ser solicitadas pelas seguintes forças ou influências:

a) *Peso próprio*: deve ser o mais elevado possível; o que se consegue com o controle do emprego do agregado, durante a execução da obra. Havendo variação de 0,05 tf/m^3, obriga à revisão do calculo. Ao peso próprio nos referidos trechos, devemos acrescer as sobrecargas fixas.

b) *Subpressão*: A subpressão depende da natureza geológica do terreno. Consideramos nos cálculos de estabilidade a subpressão hidrostática à montante.

O modo de considerar a subpressão varia com as normas em prática em diversos países. Entre nós, temos adotado a D.I.N. - 19.702, os Critérios do Bureau of Reclamation "Design Criteria for Concrete Gravity and Arch Dams" e o Regulamento Francês de 1923.

Considerações sobre subpressão:

1) Exame cuidadoso da rocha de fundação. Observar cuidadosamente a existência de fendas, as quais devem ser consolidadas e impermeabilizadas (estanquidade).

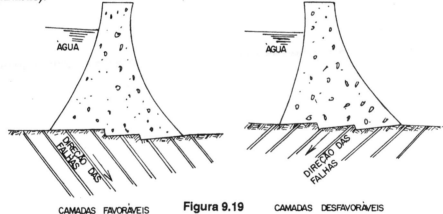

CAMADAS FAVORÁVEIS   **Figura 9.19**   CAMADAS DESFAVORÁVEIS

Direção das camadas ou falhas (resistência à compressão, cisalhamento e deformações).

Camadas favoráveis — camadas inclinadas para montante ou verticais. Para inclinações menores de 45°, devemos aprofundar a fundação.

Camadas desfavoráveis — camadas inclinadas para a jusante.

2) Aumentar a aderência da junta de fundação, fazendo-a rugosa;

3) Injeção de cimento ou asfalto em emulsão;

4) Construção de drenos — embora seja prudente não contarmos com os mesmos para a anulação do efeito de subpressão; quando muito uma redução de 25% de carga máxima.

326 Estruturas em alvenaria e concreto simples

c) *Pressão hidrostática*: A pressão hidrostática deve corresponder ao nível máximo d'água na represa, fixado pela descarga de máxima cheia. Considerar também o caso de eventual transbordamento sobre a barragem.

d) *Pressão d'água nos poros ou juntas*: A percolação da água através do corpo da barragem depende da permeabilidade do concreto; esse efeito reduzirá o peso do mesmo, portanto, de grande importância na estabilidade da barragem.

O problema é bastante complicado, devido à existência dos poços-galerias de inspeção, galerias de acesso e das juntas.

O estudo é tridimensional.

e) *Forças de deformação devido à retração e deformação lenta*: Nas barragens de concreto ou alvenaria, achando-se impedida a deformação ao longo da superfície da fundação e das encostas, aparecem tensões de tração e compressão.

Se não forem adotadas juntas de dilatação ou outras medidas, tais como resfriamento artificial (devido ao calor de hidratação do cimento), deve-se, no cálculo estático, determinar essas tensões decorrentes.

O efeito da deformação lenta deve sempre ser considerado no cálculo estático.

f) *Forças de deformação devido a oscilações de temperatura*: Devido à má condutibilidade do concreto, considera-se apenas a variação média diária em relação à temperatura média anual, a qual vai provocar no interior da barragem tensões internas análogas àquelas pela retração e dilatação.

g) *Choques das vagas*: Depende da configuração da bacia e orientação da direção dos ventos. Em bacias amplas tem-se adotado 10 tf/m^2 (determinação por meio do modelo reduzido da bacia).

h) *Deformação da fundação*: Devem-se considerar na medida da sua importância as alterações produzidas no terreno de fundação, em conseqüência da pressão e absorção de água. Para o cálculo, deve-se determinar o módulo de elasticidade da rocha de fundação.

i) *Pressão do gelo*: Depende das condições atmosférica locais. A DIN-19.702 adota de 5 a 15 tf/ml, atuando na altura do coroamento.

j) *Movimentos sísmicos*: Devem ser considerados em cada caso particular, dependendo naturalmente da região (estudos de Westergaard A.S.C.E. - 1931).

l) *Pressão dinâmica*: devida ao escorregamento d'água. Na posição do vertedouro podemos ter uma perturbação da pressão hidrostática exercida sobre a barragem. Este estudo é feito geralmente sobre modelos reduzidos.

9.2.2 — Particularidades do projeto e da execução

A) Projeto: Especificações da DIN-19.702 — Barragens de concreto

1) Tensões admissíveis Compressão

$\overline{\sigma}_c = 0,15\ \overline{\sigma}_c 90$ ... Tensões normais

$\overline{\sigma}_c = 0,12\ \overline{\sigma}_c 90$ ... Tensões principais

$\sigma_c 90$ = Tensão de ruptura de corpos de prova cúbicos com 30 cm de aresta e 90 dias de idade.

Barragens de gravidade

Tração: Tensões normais de tração, devido retração e temperatura no caso de represa vazia $\overline{\sigma}_t = 3 \text{ kgf/cm}^2$.

Tensões principais de tração devido retração e temperatura no caso de represa vazia $\overline{\sigma}_t = 4 \text{ kgf/cm}^2$.

Altura máxima de uma barragem de gravidade maciça: $\dfrac{\overline{\sigma}_c}{\gamma_c}$

B) *Execução*:

a) A cava de fundação não deve permanecer muito tempo aberta, para se evitar a decomposição da rocha com o tempo.

b) Antes de se proceder à concretagem, a rocha deve ser lavada e escovada com água sob pressão de 5 atm e escova de aço.

c) As veias d'água existentes devem ser captadas e encaminhadas para um sistema de drenagem ou fechadas com injeção de cimento.

d) Impermeabilização do paramento à montante. A impermeabilização consiste em se fazer um concreto mais rico ou empregando aditivos especiais, podendo também ser colocado um sistema de drenagem para evitar a pressão d'água nos poros.

e) A percolação no concreto provoca alterações químicas, entretanto, a cura em presença d'água represada à montante é vantajosa, enquanto se processa a retração e o resfriamento.

f) Durante a construção, devido à retração, o concreto fende-se, visto estar impedido de deformar-se pela ligação com a fundação e a desigual altura dos diversos blocos.

Podemos classificar o aparecimento de fissuras em barragens de gravidade de um modo geral, pela disposição em:

1) Fendas provocadas pela perda rápida do calor de hidratação do cimento: Periféricas — aparecem junto ao paramento de jusante por falta de represamento, e nas juntas de concretagem. Superficiais — aparecem na superfície, devido o resfriamento ser mais rápido do que no núcleo do maciço.

2) Fendas provocadas por retração do concreto:

Transversais — em blocos não carregados e na ligação entre o maciço e a rocha de fundação.

Longitudinais — na ligação dos blocos de idades muito diferentes. São perigosos, porque reduzem a seção quanto à resistência ao cisalhamento.

g) Processos para se evitar fendas ou trincas:

1) Emprego de baixo teor de cimento 150 kg/m^3;

2) Baixo fator água–cimento;

3) Granulometria do agregado (pouco agregado fino);

4) Proteção durante a cura contra raios solares (refrigeração artificial em certos casos);

5) Concretagem em blocos de pequenas dimensões, principalmente em altura (1,50 m);

6) Plano de concretagem que permita ligação dos blocos e em blocos alternados (evitando a retração);

7) Juntas de dilatação:

Fórmula prática L = 0,4 H ≤ 20 m (temos adotado L = 15 m em São Paulo).

H ... Altura ... m

L ... Espaçamento entre juntas verticais ... m

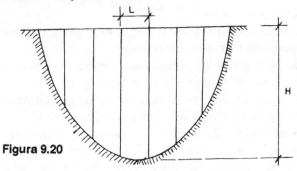

Figura 9.20

8) Bom acabamento das superfícies externas e adensamento do concreto;

9) Acumulação d'água o mais cedo possível, para se evitar a retração

9.3 — BARRAGENS DE TERRA

São as mais antigas na história da construção de represas. A primeira que se tem notícia é a de Marduk, construída na Caldéia, no Rio Tigres, derrubada nos fins do séc. XIII (não se tem notícias das suas dimensões).

Atualmente, emprega-se esse tipo de barragens no caso de vales muito abertos e terrenos de fundação que não se prestam para uma barragem de concreto.

O projeto desse tipo de barragem constitui problema puramente de mecânica dos solos e obras de terra. Portanto, vejamos apenas ligeiros detalhes:

1) *Largura do coroamento*: $a = \frac{1}{6} H$

Pequenas barragens a = 3,50 m; Grandes barragens a = 9,00 a 12,00 m.

2) *Revanche*:

$h_0 = 0,76 + 0,34 \sqrt{L} - 0,26 \sqrt[4]{L}$

h_0 ... m, Fórmula A.S.C.E.

L ... maior dimensão do lago em km.

Para pequenas barragens h_0 = 1,50 m

Grandes barragens h_0 = 6,00 a 9,00 m

3) *Taludes*: Dependem do estudo da estabilidade.

a) Paramento molhado 1:3,5 a 1:4. Casos comuns — Proteção: Pedra solta, pedra arrumada ("Rip-Rap") ou concreto.

b) Paramento seco - 1:2 a 1:3 Proteção: pedra solta ou plantação de grama ou capim.

Barragens de gravidade

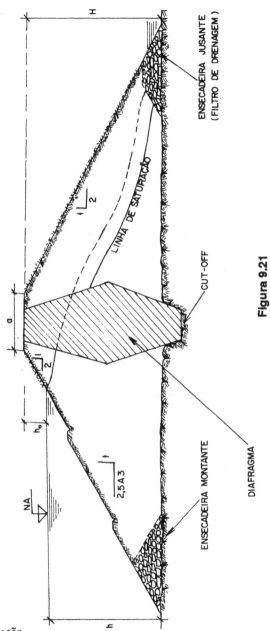

Figura 9.21

4) *Tipos de construção*

a) *Aterro compactado* — Desmonte de terra e transporte utilizando máquinas de terraplenagem, (tratores, "scrapers", "tournapull", escavadeiras e caminhões, pé-de-carneiro etc.).

b) *Aterro hidráulico* — Desmonte hidráulico sob pressão de 8 a 12 atm: o transporte por canais e decantação do material, junto ao local do aterro, que constituirá o corpo da barragem.

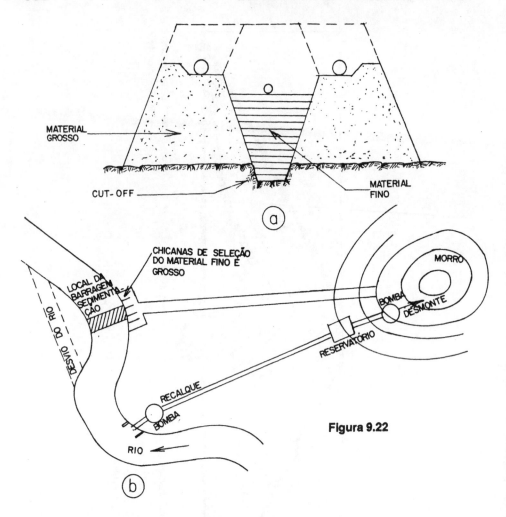

Figura 9.22

9.4 — RUPTURA DAS BARRAGENS

Segundo publicação da A.S.C.E., no estudo de 308 casos de ruptura total ou parcial, ocorridos desde 1799 até 1944, apresentam-se 18 casos distintos, merecendo destaque o quadro abaixo:

a) 20% em virtude de vertedores mal projetados (58 casos);
b) 17% em virtude de infiltração e erosão (52 casos);
c) 9% em virtude de falhas de construção (26 casos);
d) 1% em virtude de terremotos (3 casos);
e) 6% em virtude de percolação em barragens de terra (18 casos);
f) 6% em virtude de taludes mal projetados B. de terra (17 casos);
g) 17% causas indeterminadas (47 casos);
h) 24% causas várias (comportas deficientes, defeitos de projeto, pressão de gelo etc.).

9.5 — CÁLCULO DAS BARRAGENS DE CONCRETO — MASSA POR GRAVIDADE

9.5.1 — Histórico

As primeiras barragens datam de 3.000 a 4.000 anos A.C., construídas pelos caldeus e egípcios.

O perfil era trapezoidal escalonado, com base de 3 a 4 vezes a altura.

Caracterizavam-se pelo excesso de material, justificado pelo ligante que era a cal hidratada, sujeita ao perigo de dissolução. Não havia nenhuma consideração teórica que servisse de base, senão o parecer do construtor.

Em 1853, Sazilly apresentou o cálculo das juntas, segundo a lei de distribuição das tensões indicadas por Mery em 1840.

Segundo Sazilly, o perfil era escalonado.

Em 1856, Delocre aperfeiçoou os estudos de Sazilly, adotando curvas poligonais em substituição ao perfil em forma de degraus.

Rankine impôs a condição de não se admitir esforços de tração.

Em 1874, Bouvier mostrou o cálculo das tensões máximas "maximorum", através do estudo de juntas inclinadas.

Estudos de M. Levy confirmam as imposições de Bouvier e demonstram a necessidade da consideração da subpressão no cálculo da estabilidade das barragens.

Em 1919, Resal justifica o cálculo das juntas horizontais, desde que sejam levados em consideração os coeficientes de Bouvier e Levy, no que diz respeito às juntas inclinadas.

Em 1923, Pigeaud apresenta o cálculo das barragens de gravidade pela Teoria da Elasticidade.

9.5.2 — Hipóteses de carga

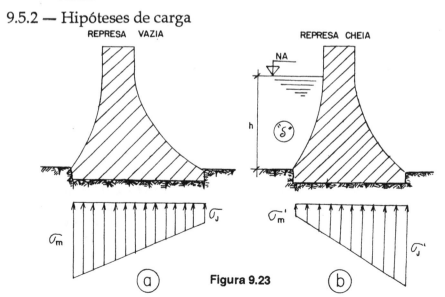

Figura 9.23

332 Estruturas em alvenaria e concreto simples

9.5.3 — Condições fundamentais

1) ... $\sigma_m < \overline{\sigma}_c$ Represa vazia — Em qualquer junta, com a represa, a tensão à montante não deve ultrapassar a tensão admissível à compressão do material $\overline{\sigma}_c$.

2) ... $\sigma_J > 0$ Rankine ... Ausência de tensões de tração.

3) ... $\sigma'_m > h\,\delta$ *Represa cheia* — Levy ... A tensão montante para a represa cheia deve sempre ser um pouco maior do que a pressão hidrostática ($\{h \cdot \delta\}$), a fim de se evitar a subpressão.

δ densidade d'água

4) ... $\sigma'_J \le \dfrac{\overline{\sigma}_c}{\nu}$ Resal ... Com a represa cheia, ao considerarmos juntas horizontais, devemos estar com tensões seguras em relação à tensão admissível $\overline{\sigma}_c$, pois as tensões máximas aparecem nas juntas inclinadas.

ν ... Coef. de seg.

9.5.4 — Barragens de gravidade

$1.^o$ — *Condições de estabilidade*
As barragens de gravidade ou peso devem satisfazer as seguintes condições;
A — *Condições estáticas:*
a) Segurança contra tombamento
b) Segurança contra escorregamento
B — Condições elásticas:
a) As tensões nos vários pontos do corpo da barragem não deverão ultrapassar as tensões admissíveis do material.
b) Ausência de tensões de tração.
C — Condição de M. Levy: as tensões de compressão, no paramento de montante, deverão ser superiores à pressão hidrostática.
$2.^o$ — *Perfil teórico*
Para um pré-dimensionamento, admitimos o perfil teórico, triangular com o paramento de montante vertical.

Depois completamos esse perfil teórico, na sua parte superior, pelo coroamento, que poderá ter uma largura mínima de 3,00 a 5,00 m, e, em altura, uma folga mínima de 1,00 m acima do nível máximo de represamento (revanche).

O maciço é calculado para a extensão de 1,00 m de comprimento.

O perfil teórico triangular, proposto por Pigeaud em 1923, faz parte do regulamento francês. Este método admite a represa cheia até o vértice do triângulo, fazendo aplicação da teoria da elasticidade plana. Pela assimetria do perfil não podemos contar com os conhecimentos da resistência dos materiais; em outros planos, não correspondem aos das juntas horizontais, daí termos que recorrer aos conhecimentos da elasticidade.

Barragens de gravidade

A grande vantagem prática é a obtenção das linhas das tensões principais, e com o seu traçado podermos limitar as várias zonas de dosagem do concreto no maciço de acordo com a solicitação, como mostra as Figs. 9.24, 9.25 e 9.26.

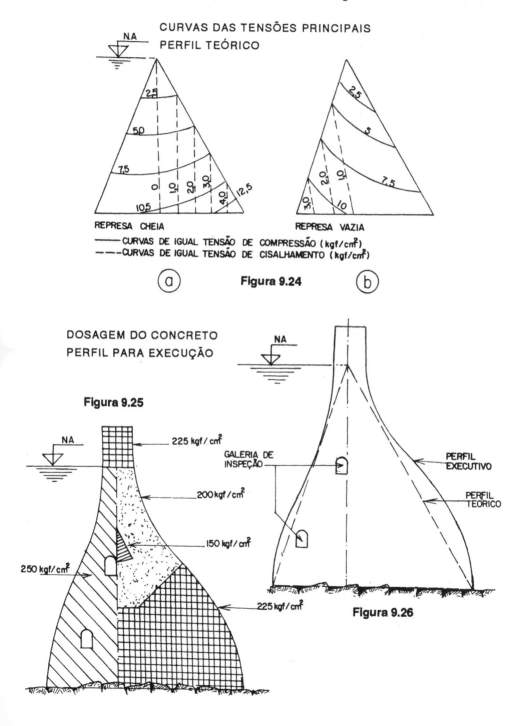

Figura 9.24
Figura 9.25
Figura 9.26

Se tivéssemos que adotar o processo de cálculo de forma a analisar apenas juntas horizontais, de acordo com as fórmulas da resistência dos materiais, a dosagem seria uniformizada para a resistência do concreto $f_{ck} = 250$ daN/cm^2, o que se justifica para barragens até 40 m de altura.

9.5.5 — Resumo das fórmulas para estabelecer o perfil teórico

A dedução mais completa, marcha das operações e respectivas demonstrações são encontradas nas obras especializadas (7), (33), (34) e (35). Vejamos as condições fundamentais:

γ ... Massa específica aparente do concreto.

δ ... Densidade da água.

A) *Condições estáticas*

a) Rotação

$$m \geq \frac{\sqrt{\delta}}{2(\gamma - \delta)}$$

b) Escorregamento

$$m \geq \frac{4\delta}{3(\gamma - \delta)}$$

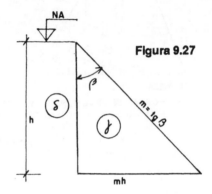

Figura 9.27

B) *Condições elásticas*

a) Altura máxima em função da tensão admissível à compressão:

$$h \leq \frac{\overline{\sigma}c}{\gamma}$$

b) Ausência de tração $m \geq \sqrt{\dfrac{\delta}{\gamma}}$

c) Igual resistência (pequenas barragens) ... $m \geq \sqrt{\dfrac{2\delta}{\gamma}}$

C) *Condição contra subpressão:*

$$m \geq \frac{\sqrt{\delta}}{\gamma - \delta}$$

NOTA: Nas fórmulas apresentadas não se considerou porosidade capilar do concreto, variável com "γ".

9.5.6 — Resumo das fórmulas para verificação da estabilidade do perfil da barragem

Estabelecido o perfil teórico, completamos com a inclinação do paramento de montante e o acréscimo com o coroamento do topo e arredondamento das arestas.

Barragens de gravidade

9.5.6.1 — *Forças e tensões*

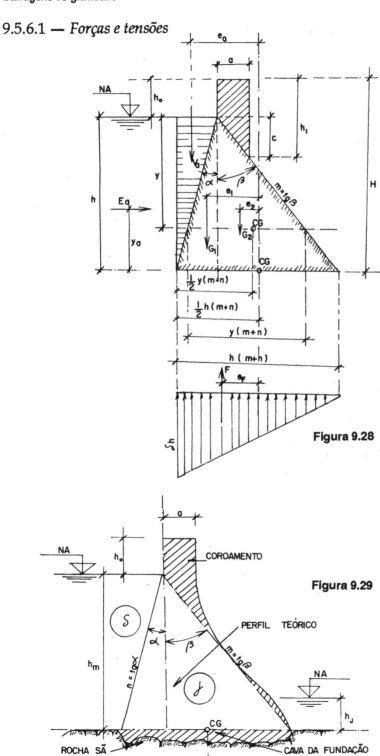

Figura 9.28

Figura 9.29

336 — Estruturas em alvenaria e concreto simples

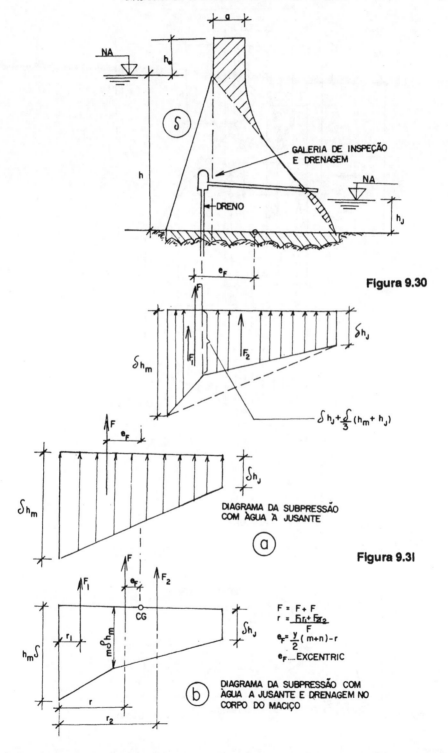

Figura 9.30

Figura 9.31

$F = F_1 + F_2$
$r = \dfrac{F_1 r_1 + F_2 r_2}{F}$
$e_F = \dfrac{y}{2}(m+n) - r$
e_F .... EXCENTRIC

Barragens de gravidade

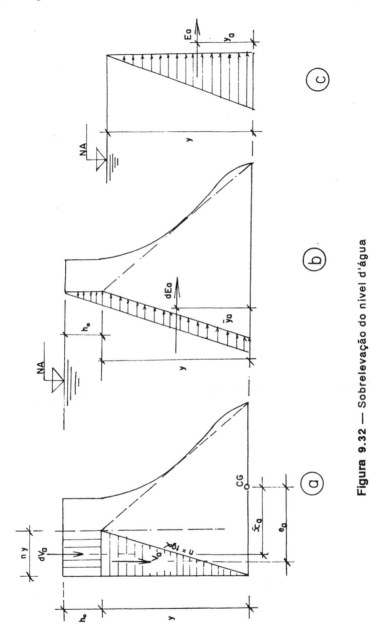

Figura 9.32 — Sobrelevação do nível d'água

9.5.6.2 — Fórmulas - Verificação da estabilidade

A) CARGAS

Coroamento ... $G_C = \dfrac{\gamma a}{2}(h_0 + h_1)$

Perfil teórico ... $G = \dfrac{1}{2}y^2 \gamma (m + n)$

338   Estruturas em alvenaria e concreto simples

Coluna d'água ... $V_a = \dfrac{n \delta y^2}{2}$

Subpressão ... F (conforme especificação adotada)

Empuxo d'água ... $E_a = \dfrac{1}{2} \delta y^2$

Elevação do nível d'água até a crista ... $\begin{cases} dV_a = ny \delta h_0 \\ dE_a = \delta h_0(y + \dfrac{h_0)}{2} \end{cases}$

(Não incluímos uma sobrecarga no coroamento)

B) *EXCENTRICIDADES*

Coroamento ... $e_c = \dfrac{y}{2}(m + n) - \left[yn + \dfrac{a}{3} \dfrac{(2h_1 + h_0)}{h_1 + h_0} \right]$

Perfil teórico ... $e_G = \dfrac{y}{6}(m + n)$

Pressão hidrostática ... $e_a = \dfrac{y}{6} \left[\dfrac{2}{n} - 3m - n \right]$

Subpressão ... e_F

Elevação do nível d'água até a Crista

$e'_a = \dfrac{1}{2\,ny} \left[y^2(1 - mn) + h_0(y + h_0) \right]$

C) *BRAÇOS DE ALAVANCA*

Fazendo $K = \dfrac{y}{2}(m + n)$

Coroamento ... $g_c = e_c + K$

Perfil teórico ... $g = e_g + K$

Coluna d'água ... $g_a = \dfrac{y}{6}(3m + n) + K$

Subpressão ... $g_F = e_F + K$

Elevação do nível ... $g'_a = \dfrac{y\,m}{2} + K$

D) *EQUILÍBRIO ESTÁTICO*

Hipóteses de carregamento

Represa vasia ... 1.ª hip.

Represa cheia até o nível normal ... 2.ª hip.

Represa cheia até o nível da crista ... 3.ª hip.

a) *Segurança contra tombamento*

NOTA: Não se considera o peso da coluna d'água (V_a)

2.ª hip.: $\dfrac{G_c g_c + G_g - F_g F}{E_a y_a} \geq 1{,}5$ 3.ª hip.: $\dfrac{G_c g_c + G_g - F_g F}{E_a y_a + dE_a y_a} \geq 1{,}2$

Barragens de gravidade

339

b) *Segurança contra escorregamento*:

$$2.^a \text{ hip.: } \mu \frac{(G_c + G + V_a - F)}{E_a} \geq 1{,}5$$

$$3.^a \text{ hip.: } \mu \frac{(G_c + G + V_a + dV_a - F)}{E_a + dE_a} \geq 1{,}2$$

E) *EQUILÍBRIO ELÁSTICO*

Tabela 16.1 — Determinação das Tensões (para as várias juntas horiz.)
Cota da Junta ...

y ... Condição de Levy: $\delta y =$

F) *Traçado da linha de pressões*

$$e = \frac{G_c e_c + G e_g + V_a x_a - E_a y_a - F_{eF} + dV_a \bar{x}_a - dE_a \bar{y}_a}{G_c + G + dV_a - F + dV_a}$$

Sendo: $\quad \bar{x}_a = \dfrac{y\,m}{2}$

$$\bar{y}_a = \frac{3y(y + h_0) + h_0^2}{3(2y + h_0)}$$

Pontos nucleares ... $k = \dfrac{y}{6}(m + n)$

TABELA 9.1 - JUNTAS HORIZONTAIS - CÁLCULO DAS TENSÕES SOLICITANTES

CARREGAMENTO	TENSÕES $t\,f/m^2 / m^2$	
	PAR. MONTANTE (σ_m)	PAR. JUSANTE (σ_J)
Coroamento (1)	$\dfrac{G_c}{y(m+n)} + \dfrac{6G_c e_c}{y^2(m+n)^2}$	$\dfrac{G_c}{y(m+n)} - \dfrac{6G_c e_c}{y^2(m+n)^2}$
Perfil teórico (2)	$\dfrac{\gamma\,y\,m}{(m+n)}$	$\dfrac{\gamma\,y\,m}{(m+n)}$
Represa vazia (1.ª hip.) $\Sigma(1)+(2)$	$((1) = (2) \leq \bar{\sigma}_c$	$((1) + (2) > 0$
Pressão hidrostática (3)	$-\delta y\,\dfrac{(2mn+n^2-1)}{(m+n)^2}$	$-\delta y\,\dfrac{(1-mn)}{(m+n)^2}$
Subpressão (4) e_F Excentricidade	$-\dfrac{F}{y(m+n)}\left[1 + \dfrac{6e_F}{y(m+n)}\right]$	$\dfrac{F}{y(m+n)}\left[1 + \dfrac{6e_F}{y(m+n)}\right]$
Represa cheia (2.ª Hip.) $\Sigma(1)+(2)+(3)+(4)$	$((1)+(2)-(3)-(4)>0)$ $((1)+(2)+(3)-(4)>\delta_y$	$((1)+(2)+(3)+(4)<\bar{\sigma}_c)$
Elevação do nível d'água até a crista(5)	$\dfrac{d\delta ho}{(m+n)} - \dfrac{3ho\delta[y^2(1-mn) +ho(y+ho)]}{y^2(m+n)^2}$	$\dfrac{d\delta ho}{(m+n)} + \dfrac{3ho\delta[y^2(1-mn) +ho(y+ho)]}{y^2(m+n)^2}$
Represa cheia até a crista (3.ª Hip.) $\Sigma(1)+(2)+(3) + (4) + (5)$	$((1)+(2)+(3)+(5)-(4) > 0)$ $((1)+(2)+(3)+(5)-(4) > \delta_y)$	$(1)+(2)+(3)+(5)-(4) \leq \bar{\sigma}_c$

9.6 — TENSÕES PRINCIPAIS

Estudamos até agora tensões nas juntas horizontais, que não são necessariamente tensões máximas.

Vejamos a investigação das tensões em outro plano, pois é do conhecimento geral que num corpo elástico existem duas direções ortogonais, em que uma tensão é máxima e a outra é mínima.

Lembrando as fórmulas estudadas na Resistência dos Materiais:

$$\sigma_{1,2} = \frac{\sigma_x + \sigma_y}{2} \pm \frac{1}{2}\sqrt{(\sigma_y - \sigma_x)^2 + 4\tau^2}$$

σ_1 ... Maior tensão de compressão

σ_2 ... Menor tensão de compressão

Direção: $\mathrm{tg}\, 2\varphi_0 = \dfrac{2\tau}{\sigma_y - \sigma_x}$

Solução gráfica: Círculo de Möhr

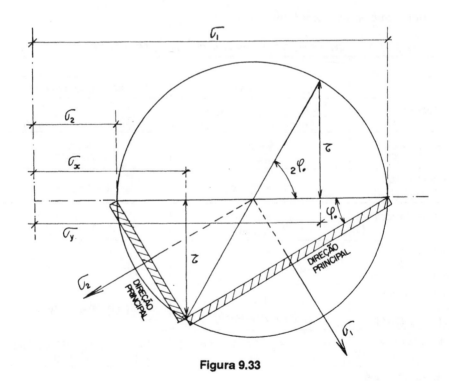

Figura 9.33

TABELA 9.2 - CÁLCULO DAS TENSÕES PRINCIPAIS

COTAS	ALTURAS	TENSÕES NAS JUNTAS HORIZONTAIS		PARAMENTO DE JUSANTE							
				CÁLCULOS AUXILIARES				TENSÕES PRINCIPAIS		DIREÇÃO DAS TENSÕES PRINC. φm
	Y	JUSANTE σy	MONTANTE σy	$tg\beta$	$tg^2\beta$	$\ell + tg^2\beta$	$2tg\beta$	máx.	mín.	
		$\Sigma\sigma_j$	$\Sigma\sigma_m$					$\sigma 1$	$\sigma 2$	

PARAMENTO DE MONTANTE											
CÁLCULOS AUXILIARES									TENSÕES PRINCIPAIS		DIREÇÃO DAS TENSÕES PRINC. φm
$tg\alpha$	$tg^2\alpha$	$\ell + tg^2\alpha$	$\delta y - \sigma y$	τ	$\tau\,tg\alpha$	σx	2τ	$\sigma y - \sigma x$	máx. $\sigma 1$	mín $\sigma 2$	

FÓRMULAS:

Paramento de jusante

$$tg^2\varphi_j = \frac{2tg\beta}{\ell - tg^2\beta}$$

$\sigma_1 = \sigma_y(\ell + tg^2\beta)$

$\sigma_2 = 0 \qquad \sigma_y = \Sigma\sigma_J$

Paramento de montante

$\tau = (\delta_y - \sigma_y)tg\alpha$

$\sigma_x = \delta_y - \tau tg\alpha$

$\sigma_2 = \delta_y$

$\sigma_1 = (\ell + tg^2\alpha)\sigma_y - \delta_y\,tg^2\alpha$

$\sigma_y = \Sigma\sigma_m$

$$tg^2\varphi_m^0 = \frac{2\tau}{\sigma_y - \sigma_x}$$

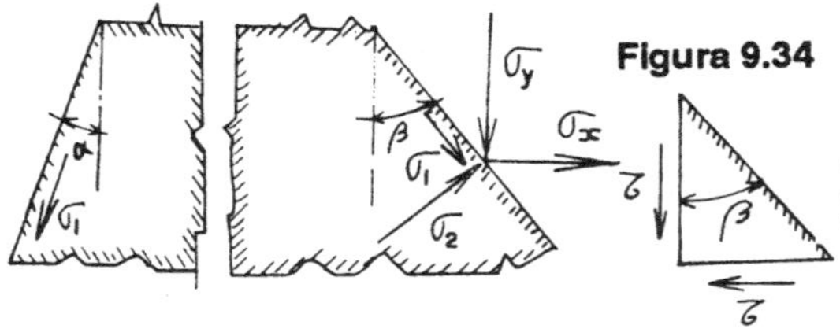

Figura 9.34

342 Estruturas em alvenaria e concreto simples

9.7 — PROJETO DE UMA BARRAGEM POR GRAVIDADE

I - *DADOS*:

   1) Largura da crista: 9,00 m

   2) Cota do coroamento 783,00

   3) Cota do nível d'água normal: 780,00

   4) Cota da fundação: 690,00

   5) Massa específica aparente do concreto 2.300 kgf/m^3

   6) Tensão admissível à compressão $\overline{\sigma}_c = 25\ kgf/cm^2$

   7) Tensão admissível de cisalhamento $\overline{\tau} = \dfrac{\overline{\sigma}_c}{4} = 6,25\ kgf/cm^2$

   8) Ângulo de atrito do material: $\varphi = 0,75$

   9) Tensão admissível na rocha de fundação $\overline{\sigma}_s = 20\ kgf/cm^2$

   10) Cota do nível d'água à jusante = 700,00

II - *DETERMINAÇÃO DO PERFIL DA BARRAGEM*

   Pré-dimensionamento do perfil teórico

a) *Segurança a tombamento*

$$m \geq \sqrt{\frac{\delta}{2\,(\gamma - \delta)}} = \sqrt{\frac{1}{2\,(1-3)}} = \sqrt{0,385} = 0,62$$

b) *Segurança a escorregamento*

$$m \geq \frac{4\,\delta}{3\,(\gamma - \delta)} = \frac{4}{3,9} = 1,026$$

c) *Altura máxima com a represa vazia*

$$h \leq \frac{\overline{\sigma}\,c}{\gamma} = \frac{250}{2,3} = 108,695 > 93,00$$

d) *Condição de Levy*

$$m \geq \sqrt{\frac{\delta}{\gamma - \delta}} = \sqrt{\frac{1}{1,3}} = \sqrt{0,769} = 0,88$$

   Adotamos n = 0,10   m = 0,90   m + n = 1,00

III - *PERFIL PRÁTICO*

1) *Desenho*

2) *Elementos geométricos*

   a = 4,00 m $h_0 = 3,00$ m

   $m = tg\beta = 0,90$ $n = tg\alpha = 0,10$

   h = 780 - 690 = 90 m $H = h_0 + h = 93$ m

   $c = \dfrac{a}{tg\,\beta} = \dfrac{9}{0,9} = 10$ m $h_1 = h_0 + c = 13$ m

   $\gamma = 2,3\ tf/m^3$

Barragens de gravidade

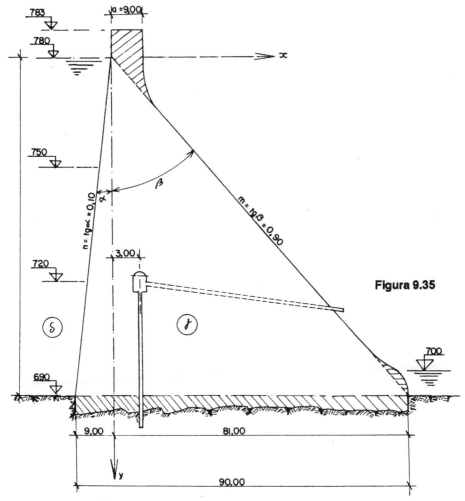

Figura 9.35

IV - *VERIFICAÇÃO DA ESTABILIDADE*
1) Cota da fundação - 690 - y = 90 m
A) *Cargas*

a) Coroamento: $G_c = \dfrac{\gamma a}{2}(h_0 + h_1) = 55{,}2$ tf

b) Perfil teórico: $G = \dfrac{1}{2}h^2\gamma(m+n) = 9.315$ tf

c) Coluna d'água: $V_a = \dfrac{n}{2}\delta y^2 = 405$ t

d) Subpressão: Normas do Bureau of Reclamation

- Represa cheia até o nível normal:

$F_1 = 768$
$F_2 = 1.872$
$F\ \ = 2.640$ tf

- Represa cheia até a crista

$F_1 = 786$
$F_2 = 1.872$
$F\ \ = 2.658$ tf

e) Empuxo d'água: $E_a = \frac{1}{2} \cdot \delta y^2 = 4.050$ tf

f) Elevação do nível d'água:
$dV_a = ny \, \delta \, h_0 = 27$ tf

$dE_a = \delta \, h_0 \, (y + \frac{h_0}{2}) = 274{,}5$ tf

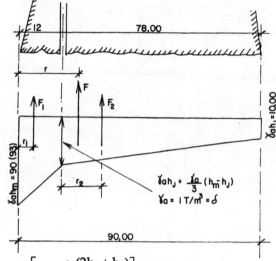

Figura 9.36

B) *Excentricidades*

a) Coroamento: $e_c = \frac{y}{2}(m+n) - \left[yn + \frac{a}{3}\frac{(2h_1+h_0)}{h_1+h_0}\right] = 30{,}60$ m

b) Perfil teórico: $e_G = \frac{y}{6}(m+n) = \frac{90}{6} = 15{,}00$ m

c) Subpressão: Represa cheia
 $r_1 = 5{,}25$ m
 $r_2 = 31{,}50$ m
 $r = \frac{F_1 r_1 + F_2 r_2}{F} = 32{,}37$ m

$e_F = \frac{1}{2} h(m+n) - r = 12{,}63$ m

Represa cheia até a crista
$r_1 = 5{,}18$
$r = \frac{F_1 r_1 + F_2 r_2}{F} = 32{,}16$

$e_F = \frac{1}{2} h(m+n) - r = 12{,}84$ m

C) *Braços de alavanca* $K = \frac{y}{2}(m+n) = 45{,}00$ m

$g_c = e_c + K = 75{,}60$
$g = e_g + K = 60{,}00$
$g_a = \frac{y}{6}(3m+n) = 42{,}00$ $y_a = 30$ m $y_a = \frac{h}{3}$

$g_F = r + \frac{h}{2}(m+n)$ $g_F = 57{,}63$ $g'_F = 57{,}84$ $\bar{y}_a = \frac{3y(y+h_0)+h_0^2}{3(2y+h_0)} = 35{,}59$ m

Barragens de gravidade   **345**

D) *Equilíbrio estático*

OBS. - com a 1.ª hipótese não ocorrerá a possibilidade do desequilíbrio estático (tombamento ou escorregamento)

a) Tombamento: 2.ª hip.

$$
\begin{array}{rl}
G_c g_c &= 4.173,12 \\
G_g &= 558.900,00 \\
G_c g_c + G_g &= 563.073,12 \\
F_{g_F} &= 152.143,20 \\
G_c g_c + G_g - F_{g_F} &= 410.929,92
\end{array}
$$

$E_a y_a = 201.500$ Coef. de seg. $= \dfrac{410.929}{201.500} = 1,99$

3.ª *hip.*

$$
\begin{array}{rl}
G_c g_c + G_g &= 563.073,12 \\
F_{g_F} &= 153.738,72 \\
G_c g_c + G_g - F_{g_F} &= 409.334,40
\end{array}
$$

Coef. de seg. $= \dfrac{409.334,40}{211.269,45} = 1,93$

$$
\begin{array}{rl}
E_a y_a &= 201.500,00 \\
dE_a y_a &= 9.769,45 \\
&\overline{211.269,45}
\end{array}
$$

b) *Escorregamento*

$$
\begin{array}{rl}
G_c &= 55,2 \\
G &= 9.315,0 \\
V_a &= 405,0 \\
G_c + G + V_a &= 9.775,2 \\
F &\quad 2.640,0 \\
&\overline{7.135,2} \times 0,75 = 5.351,4
\end{array}
$$

2.ª *hip*:

Coef.de seg. $= \dfrac{5.351,4}{4.050} = 1,32$

3.ª *hip.*:

$$
\begin{array}{rl}
G_c + G + V_a &= 9.775,2 \\
dV_a &= 27,0 \\
&\overline{9.802,2}
\end{array}
$$

$$
\begin{array}{rl}
F &= 2.658,0 \\
G_c + G + dV_a - F &= 7.144,2 \times 0,75 = 5.358,5 \\
E_a + dE_a &= 4.324,5
\end{array}
$$

Coef. de seg. $= \dfrac{5.358,5}{4.324,5} = 1,23$

OBS: Para melhorar o coef. de seg., devemos deixar a superfície de contato maciço-rocha rugosa, ou aumentar o peso do maciço para atender a 2.ª hip. (coef. de seg. $\geq 1,5$)

346 Estruturas em alvenaria e concreto simples

E) *Equilíbrio elástico - Tensões na junta horizontal*

$$y = 90 \text{ m} \qquad \delta y = 90 \text{ tf/m2}$$

a) Coroamento:

$$y\,(m + n) = 90 \text{ m} \qquad y^2\,(m + n)^2 = 8.100 \text{ m}^2$$

$$\frac{G_c\,e_c}{y^2\,(m + n)^2} = 0,21 \qquad \frac{G_c}{y\,(m + n)} = 0,61$$

$$\sigma_m = 0,61 + 0,21 = 0,82 \text{ tf/m}^2$$

$$\sigma_J = 0,61 - 0,21 = 0,40 \text{ tf/m}^2$$

b) Perfil teórico:

$$\gamma\,y = 2,3 \times 90 = 207 \qquad \frac{m}{m + n} = 0,90 \qquad \frac{m}{m + n} = 0,10$$

$$\sigma_m = 207 \times 0,90 = 186,30 \text{ tf/m}^2$$

$$\sigma_J = 207 \times 0,10 = 20,70 \text{ tf/m}^2$$

1^{a} *hip.* — *Represa vazia*

$$\sigma_m = 0,81 + 186,30 = 187,11 \text{ tf/m}^2 < 250$$

$$\sigma_J = 0,40 + 20,70 = 21,20 \text{ tf/m}^2 > 0$$

c) Pressão hidrostática

$$\frac{2mn + n^2 - 1}{(m + n)^2} = \frac{0,20 + 0,01 - 1}{1} = -0,79$$

$$\frac{1 - m\,n}{(m + n)^2} = 0,90$$

$$\sigma_m = 90 \times (-0,79) = 71,1 \text{ tf/m}^2$$

$$\sigma_J = 90 \times 0,90 = 81,0 \text{ tf/m}^2$$

d) Subpressão:

$$\frac{F}{y(m + n)} = \frac{2.640}{90} = 29,33$$

$$\frac{6 Fe_F}{y^2\,(m + n)^2} = \frac{6 \times 2.640 \times 12,63}{8.100} = \frac{200.059,2}{8.100} = 25,00 \text{ tf/m}^2$$

$$\sigma_m = -29,33 - 25,00 = 54,33$$

$$\sigma_J = -29,33 + 25,00 = -4,33$$

Barragens de gravidade

2.ª hip. — Represa cheia

- 71,11		21,10
- 54,33	187,11	81,00
125,44	- 125,44	102,10

$$\sigma_m = 61,67 > 0 \qquad -4,33$$

$$\sigma_J = 97,77 \ tf/m^2$$

De acordo com o regulamento francês, devemos ter $\sigma_m > y\delta$

187,11 Rep. vazia

-71,10 Pressão hidrostática

$$\sigma_m = 116,01 > y\delta = 90 \ tf/m^2 \ — \ \text{Condição de Levy}$$

e) Elevação do nível d'água

$$yx \ (m + n) = 90,00$$
$$yn \ \delta \ h_0 = 27$$

$$\frac{y \ n \ \delta h_0}{y \ (m + n)} = \frac{27}{90} = 0,30$$

$$y^2 \ (1 - mn) = 8.100 \times 0,91 = 7.371$$

$$h_0 \ (y + h_0) = 3 \times 93 \qquad \frac{279}{7.650} \qquad 6 \ \delta \ h_0 = 18$$

$$7.650 \times 18 = 137.700$$

$$2y^2 \ (m + n)^2 = 2 \times 8.100 \times 1 = 16.200$$

$$6 \ \delta \ h_0 \cdot \frac{y^2 \ (1 - mn) + h_0 \ (y + h_0)}{2 \ y^2 \ (m + n)^2} = \frac{137.700}{16.200} = 8,5$$

$$\sigma_m = 0,30 - 8,5 = -8,2 \qquad \sigma_J = 0,30 + 8,5 = 8,8$$

Subpressão

$$\frac{F}{y \ (m + n)} = \frac{26,58}{90} = 29,50 \ tf/m^2$$

$$\frac{6Fe_F}{y^2 \ (m + n)^2} = \frac{6 \times 2.658 \times 12,84}{8.100} = \frac{204.772}{8.100} = 25,3$$

$$\sigma_m = -29,5 - 25,3 = -54,8$$

$$\sigma_J = -29,5 + 25,3 = -4,2$$

3.ª hip. - *represa cheia até a crista*

	σ_m	σ_J
Vazia	187,11	21,10
	-71,10	81,00
	116,01	102,10
Subpressão	-54,80	4,20
	61,21	98,90
Elevação do nível	-8,20	8,50
$\sigma_m =$ 53,01		$\sigma_J =$ 106,50

348 Estruturas em alvenaria e concreto simples

Pelo regulamento francês (abolindo a subpressão)

$$116{,}01$$
$$\underline{-8{,}20}$$

$$\sigma_m = 107{,}81 > 93 = y\,\delta \quad \text{satisfaz}$$

V - TENSÕES PRINCIPAIS

A) *Paramento de montante:*

Aplicando as tensões do regulamento francês:

$$\sigma_y = 116 \text{ tf/m}^2 \ (2.^a \text{ hip.})$$

$$\sigma_y = 107 \text{ tf/m}^2 \ (3.^a \text{ hip.})$$

Verificação para a $2.^a$ hip.

$$\tau = (\delta y - \sigma_y)\,\text{tg}\alpha = -2{,}6 \text{ tf/m}^2$$

$$\sigma_x = \delta_y - \tau\,\text{tg}\alpha = 90{,}3 \text{ tf/m}^2$$

$$\sigma_y - \sigma_x = 25{,}7 \qquad\qquad \text{tg } 2\,\varphi_m = \frac{2\tau}{\sigma_y - \sigma_x} = 0{,}20 \qquad 2\varphi_m = 12°$$

$$\varphi_m = 6°$$

$$\sigma_2 = \delta_y = 90 \text{ tf/m}^2$$

$$\sigma_1 = (1 + \text{tg}^2\alpha)\,\sigma_y - \delta y\,\text{tg}^2\,\alpha = 117{,}1 \text{ tf/m}^2$$

Verificação para a $3.^a$ hip.

$$\sigma_2 = 93 \text{ tf/m}^2$$

$$\sigma_1 = (1 + \text{tg}^2\alpha)\,\sigma_y - \delta_y\,\text{tg}^2\,\alpha = 107{,}07 \text{ tf/m}^2$$

Nota: σ_1 ... Maior tensão principal de compressão

$\qquad\quad \sigma_2$ ... Menor tensão principal de compressão

B) *Paramento do jusante*

$$\sigma_y = 97{,}8 \text{ tf/m}^2 \ (2.^a \text{ hip.})$$

$$\sigma_y = 106{,}5 \text{ tf/m}^2 \ (3.^a \text{ hip.})$$

Verificação para a $2.^a$ hip.

$$\text{tg}^2\,\varphi_J = \frac{2\text{tg}}{1 - \text{tg}^2} = 9{,}50$$

$$\text{tg}\beta = 0{,}9 \quad \text{tg}^2\beta = 0{,}81 \quad 2 \cdot \varphi_J = 82° \quad \therefore \quad \varphi = 41°$$

$$\sigma_2 = 0$$

Barragens de gravidade

$\sigma_1 = \sigma_y(1 + tg^2\beta) = 177 \text{ tf/m}^2$

Verificação para a 3.ª hipótese:

$\sigma_2 = 0 \quad \sigma_1 = \sigma_y(1 + tg^2\beta) = 192,7 \text{ tf/m}^2$

Redução devido à galeria de drenagem
2.ª cota - 720   y = 60 m

A) *Elementos geométricos*:

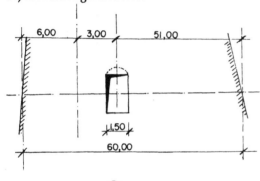

Figura 9.37

a) Área da seção transversal
$S_1 = 8,25$

$$S = S_1 + S_2 = 58,5 \text{ m}^2$$

$S_2 = 50,25$

b) Posição do centro de gravidade

50,25 × 25,125   1.262,55
8,25 × 55,875   460,96
                    ─────────
                    1.723,51

$$\frac{1.723,51}{58,5} = 29,46$$

c) Módulo resistente da seção transversal

$$J = 1 \times \frac{\overline{8,25}^3}{12} + 8,25 \times \overline{26,415}^2 + 1 \times \frac{\overline{50,25}^3}{12} + 50,25 \times \overline{4,335}^2 = 17.318,98$$

$x_m = 30,54 \qquad w_m = \dfrac{J}{x_m} = 567 \text{ m}^3$

$x_J = 29,46 \qquad w_J = \dfrac{J}{x_J} = 588 \text{ m}^3$

B) *Cargas*

a) Coroamento: ... $G_c = 55,2$ t

b) Perfil teórico ... $G = \frac{1}{2}\gamma y^2(m+n) - (\overline{1{,}50}^2 \times \gamma)$ — Galeria

$G = 4.135$ tf

c) Coluna d'água: $V_a = n\delta y^2 = 180$ tf

d) Subpressão: Bureau of Reclamation

- Represa cheia até o nível normal:

$F_1 = \dfrac{80}{2} \times 9 = \quad 360$

$F_2 = \dfrac{20}{2} \times 29{,}46 = \underline{295}$

$\quad\quad\quad\quad F = 655$ tf

- Represa cheia até a crista:

$F_1 = \dfrac{84}{2} \times 9 = \quad 378$

$F_2 = \dfrac{21}{2} \times 24{,}46 = \underline{309}$

$\quad\quad\quad\quad F = 687$ tf

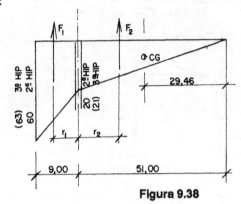

Figura 9.38

e) Empuxo d'água

$E_a = \dfrac{1}{2}\delta y^2 = 1.800$ tf

f) Elevação d'água até a crista:
$dV_a = ny\,\delta\,h_0 = 18$ tf

$dE_a = h_0\left(y + \dfrac{h_0}{2}\right) = 185$ tf

C) *Braços de alavanca*

a) Coroamento:

$d = \dfrac{a}{3}\left[\dfrac{2h_1 + h_0}{h_1 + h_0}\right] = 5{,}40$ m

$g_c = ym - d = 45{,}60$ m

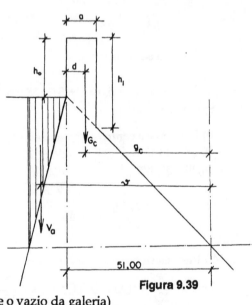

Figura 9.39

b) Perfil teórico (desprezando-se o vazio da galeria)

$g = \dfrac{y}{2}(m+n) + e_g = 40{,}00$

$e_g = \dfrac{\gamma y}{6}(m+n) = 10$

c) Coluna d'água:

$v = y(m+n) - y\dfrac{n}{3} = 58{,}00$ m

Barragens de gravidade 351

d) Subpressão: 2.ª hip.:

$$r_1 = \frac{9}{3} \frac{(40+60)}{80} = 3 \times 1{,}25 = 3{,}75$$

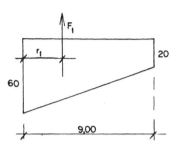

$$\frac{2}{3} \; 51{,}00 = \frac{102}{3} = 34{,}00$$

$$\begin{array}{r} 60{,}00 \\ -3{,}75 \\ \hline 56{,}25 \end{array}$$

Figura 9.40

$$360 \times 56{,}25 = 20.250$$
$$295 \times 34{,}00 = 10.030$$
$$g_F = \frac{30.280}{6{,}55} = 46{,}23$$

3.ª hip.:

$$r_1 = \frac{9}{3} \frac{(42+63)}{84} = 3 \times 1{,}25 = 3{,}75$$

$$378 \times 56{,}25 = 21.262{,}5$$
$$309 \times 34{,}00 = 10.506{,}0$$
$$g_F = \frac{31.768{,}5}{687} = 46{,}24$$

e) Empuxo d'água:

$$y_a = \frac{60}{3} = 20 \text{ m}$$

f) Elevação do nível d'água:

$$dV_a \ldots y\,(m+n) - \frac{n\,y}{2} = 57{,}00 \text{ m}$$

$$dE_a \ldots \bar{y}_a = \frac{3y\,(y+h_0) + h_0^2}{3\,(2y+h_0)} = 30{,}80 \text{ m}$$

D) *Excentricidade*: $\quad x_j = 29{,}46 \text{ m}$
 a) Coroamento: $e_c = g_c - x_j = 16{,}14$
 b) Perfil teórico: $e_g = 10{,}00$ m
 c) Coluna d'água: $e_a - x_j = 28{,}54$
 d) Subpressão
 2.ª hip. $e_F = g_F - x_J = 16{,}77$
 3.ª hip. $e_F = g_F - x_J = 16{,}78$
 e) Empuxo d'água
 f) Elevação do nível $e_{V_a} = 57{,}00 - 29{,}46 = 27{,}54$

E) *Momentos com relação ao C. de Gravidade*
 a) Coroamento $G_c e_c = 890{,}93$
 b) Perfil teórico: $G_{eg} = 41350{,}00$

352 Estruturas em alvenaria e concreto simples

TABELA 9.3 - MOMENTOS

1.ª hip. - Represa vazia	2.ª hip. - Represa cheia	3.ª hip. - Represa cheia até a crista
890,93	42.240,93	42.240,93
41.350,00	5.137,20	-35.000,00
$M_{G_1} = \overline{42.240,93}$	$\overline{47.377,13}$	$\overline{6.240,93}$
	-36.000,00	+5.137,20
	$\overline{11.377,13}$	$\overline{495,72}$
	-10.984,35	$\overline{11.873,85}$
	$M_{G_2} = \overline{392,78}$	-11.527,86
		$\overline{345,99}$
		-5.698,00
		$M_{G_3} = \overline{5.352,01}$

c) Coluna d'água: $V_a e_a = 5137,20$

d) Subpressão

2.ª hip. $F_e F = 10.984,35$

3.ª hip. $F_e F = 11.527,86$

e) Empuxo $E_a y_a = 36.000,00$

f) elevação do nível:

$dE_a y_a = 5698,00$

$dV_a Y_a = 495,72$

F) *Eq. estática:*

a) Tombamento - 2.ª hip.

$\begin{aligned}
G_c g_c &= 2.517,12 \\
G_g &= 165.400,00 \\
G_c g_c + G_g &= \overline{167.400,00} \\
F g_F &= -30.280,65 \\
G_c g_c + G_g - F g_F &= \overline{137.636,47}
\end{aligned}$

$E_a y_a = 36.000,00$

$$\text{Coef. de segurança: } \frac{137.636,47}{36.000} = 3,82$$

3.ª hip.

$\begin{aligned}
G_c g_c + G_g &= 167.917,12 \\
F g_F &= -31.766,88 \\
G_c g_c + G_g - F g_F &= \overline{136.150,24} \\
dE_a \overline{y}_a &= 5.698 \\
E_a y_a &= 36.000 \\
&\quad \overline{41.698}
\end{aligned}$

$$\text{Coef. de segurança: } \frac{136.150,24}{41.698} = 3,26$$

Barragens de gravidade

b) Escorregamento

$G_c = 55,2$ 2.ª hip.

$G = 4.135,0$

$V_a = \dfrac{180,00}{4.370,2} = G_c + G + V_a$

$G_c + G + V_a = 4.370, 2$

$$F = \frac{655,0}{3.715,2} = G_c + G + V_a$$

$$\text{Coef. de segurança} = \frac{2.786,4}{1.800} = 1,5$$

$(G_c + G + V_a - F) \times 0,75 = 2786,4$

$E_a = 1.800$

3.ª hip.   (0,75 coef. de atrito)

$G + G_c + V_a = 4.370,2$

$$dV_a = \frac{18,0}{4.388,2}$$

$$F = \frac{-687,0}{3.701,2}$$

$$\text{Coef. de segurança} = \frac{2.775,9}{1.985} = 1,39$$

$(G + G_c + V_a + dV_a - F) \, 0,75 = 2.775,9$

$E_a = 1.800$

$$dE_a = \frac{185}{1.985}$$

G - Equilíbrio elástico — Juntas horizontais

$Y = 60 \text{ m}$ $y = 60 \text{ tf/m}^2$

$S = 58,5 \text{ m}^2$ $W_m = 567 \text{ m}^3$ $W_j = 588 \text{ m}^3$

1.ª hipótese - Represa vazia

$G_c \quad = \quad 55,2$

$G \quad = 4.135,0$

$\overline{G_c + G = 4.190,2}$

$$\frac{G_c + G}{S} = \frac{4.190,2}{58,8} = 71,62 \text{ tf/m}^2 + \frac{M_g}{W_m} = 74,49 \text{ tf/m}^2$$

$$-\frac{M_g}{W_J} = -71,84 \text{ tf/m}^2$$

$\sigma_M = 71,62 + 74,49 = 146,11 \text{ tf/m}^2$

$\sigma_J = 71,62 - 71,84 = -0,22 \text{ tf/m}^2$ (tração) desprezível

354   Estruturas em alvenaria e concreto simples

2.ª hipótese — Represa cheia
$G_c + G = 4.190,2$
$V_a \quad = \quad 180$

$$\overline{}$$
$$4.370,2 = G_c + G + V_a \qquad \frac{M_G}{W_m} = -0,70$$

$$F = \quad -655,0$$
$$\overline{}$$
$$4.715,2 = G_c + G + V_a - F \qquad \frac{M_G}{W_J} = 0,70$$

$$\frac{G_c + G + V_a - F}{S} = \frac{4.715,2}{58,5} = 80,60$$

$\sigma_m = 80,6 - 0,70 = 79,4 \text{ tf/m}^2 > 60 \quad \text{(M. Levy)}$

$\sigma_J = 80,6 + 0,70 = 81,6 \text{ tf/m}^2$

3.ª hipótese — Represa cheia até a crista
$G_c + G + V_a = 4.370,20$
$dV_a \qquad = \quad 18$

$$\overline{}$$
$$4.388,2 \qquad\qquad\qquad -\frac{M_G}{W_m} = -9,5 \text{ tf/m}^2$$

$$F = \quad -687,0$$
$$\overline{}$$
$$3.701,2 = G_c + G + V_a + dV_a - F \qquad \frac{M_G}{W_J} = 9,1 \text{ tf/m}^2$$

$$\frac{G_c + G + V_a + dV_a - F}{S} = \frac{3.701,2}{58,2} = 63,30 \text{ tf/m}^2$$

$\sigma_m = 63,3 - 9,5 = 53,8 \text{ t/m}^2 < 63 \quad \text{(M. Levy)}$

$\sigma_J = 63,3 + 9,5 = 72,8 \text{ t/m}^2$

Verificação de acordo com o regulamento francês (excluindo a subpressão).

$G_c + G + V_a + dV_a = 4.388,2$

$$\frac{G_c + G + V_a + dV_a}{S} = \frac{4.388,2}{58,5} = 75,0$$

$M_{G1} = \quad 42.240,93 \quad$ — Represa vazia
$E_a y_a = \quad -36.000,00$

$$\overline{}$$
$$6.240,93 \qquad\qquad \frac{M_G}{W_m} = 1,83$$

$$dV_a \cdot v = \quad 495,72$$
$$\overline{}$$
$$6.736,65$$

$$-dE_a \bar{y}_a = -5.698,00 \qquad\qquad \frac{M_G}{W_J} = 1,76$$
$$\overline{}$$
$$M_G = \quad 1.038,65$$

Barragens de gravidade

$\sigma_m = 75,00 - 1,83 = 73,17 > 63$

$\sigma_J = 75,00 + 1,76 = 77,72 < 250$

H) *Tensões principais*

a) Paramento de montante

$\sigma y = 79,4$ (2.ª hip.)

$\sigma y = 73,2$ (3.ª hip.)

$\tau = (\delta y - \sigma_y)\, tg\alpha = -0,94\ tf/m^2$ (2.ª hip.)

$\tau = (\delta(y + h_0) - \sigma_{y})\, tg\alpha = -1,02\ tf/m^2$ (3.ª hip.)

$\sigma x = \delta y - \tau tg\alpha = 60,1$ (2.ª hip.)

$\sigma x = 63,1$ (3.ª hip.)

$tg\ 2\varphi\ m = \dfrac{2\tau}{\sigma y - \sigma x} = 0,096$ (2.ª hip.)

$2\varphi_m = 6° \ \therefore \ \varphi_m = 3°$

$tg2\varphi_m = 0,184 \ \therefore \ 2\varphi_m = 10° \ \therefore \ \varphi_m = 5°$

$\sigma_2 = y\delta = 60$ (2.ª hip.)

$\sigma_1 = [(1 + tg^2\alpha)\,\sigma y - \delta\, ytg^2\alpha] = 80,4$

$\sigma_2 = 63$ (3.ª HIP.)

$\sigma_1 = 73,9$

b) Paramento de jusante

$\sigma_y = 81,6$ (2.ª hip.)

$\sigma_y = 77,8$ (3.ª hip.)

$tg\ 2\varphi_J = \dfrac{2\ tg\ \beta}{1 - tg^2\ \beta} = 9,5 \quad 2\varphi = 82° \ \therefore \ \varphi = 41°$

$\sigma_2 = 0$

$\sigma_1 = \sigma y\ (1 + tg^2\beta)$

$\sigma_1 = 150\ tf/m^2$ (2.ª hip.)

$\sigma_1 = 141\ tf/m^2$ (3.ª hip.)

3.ª cota 750 $\quad y = 30\ m$

A) *Cargas*:

a) Coroamento $G_c = 55,2\ t$

b) Perfil teórico $G = \dfrac{1\ h^2}{2} \cdot \gamma\ (m + n) = 1.035\ tf$

c) Coluna d'água $V_a = \dfrac{n}{2} \cdot \delta \cdot y^2 = 45$ tf

d) Subpressão $F = \dfrac{\delta}{2} y^2 = 450$ tf (2.ª hip.)

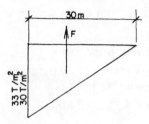

$F = \dfrac{33 \times 30}{2} = 495$ tf (3.ª hip.)

e) Empuxo d'água $E_a = \dfrac{1}{2} \delta y^2 = 450$ tf

f) Elevação do nível até a crista
$dV_a = n y \delta h_0 = 9$ tf

$dE_a = \delta h_0 \left(y + \dfrac{h_0}{2}\right) = 95$ tf

B) *Excentricidade*:

a) Coroamento: $e_c = \dfrac{y}{2}(m + n) - \left[y n + \dfrac{a}{3}\left(\dfrac{2h_1 + h_0}{h_1 + h_0}\right)\right] = 7{,}50$ m

b) Perfil teórico:

$e_G = \dfrac{y}{6}(m + n) = 5{,}00$ m

c) Coluna d'água:

$x_a = e_a = \dfrac{y}{6}(3m + n) = 14{,}00$ m

d) Subpressão:

$e_F = \dfrac{y}{6}(m + n) = 5{,}00$ m

e) Elevação do nível d'água:

$\bar{x}_a = \dfrac{y\,\dot{m}}{2} = 15{,}00$ m

C) *Braços de alavanca*

$K = \dfrac{y}{2}(m + n) = 15{,}00$

$g_c = e_c + K = 22{,}50$

$g = e_G + K = 20{,}00$

$g_F = e_F + K = 20{,}00$

$y_a = \dfrac{y}{3} = 10{,}00$ m

$\bar{y}_a = \dfrac{3y(y + h_0) + h_0}{3(2y + h_0)} = 15{,}76$

Barragens de gravidade

357

D) *Equilíbrio estático*

a) Tombamento: $2.^a$ hip.

$$G_c g_c \quad = \quad 1.242,00$$
$$G_g \quad = \quad 20.700,00$$
$$G_c g_c + G_g \quad = \quad \overline{21.942,00}$$
$$F_{gF} \quad = \quad -9.000,00$$
$$G_c g_c + G_g - F_{gF} = \quad \overline{12,942}$$

Coef. de segurança: $\dfrac{(G + G_c + V_a + dV_a)\,\mu + S\,\overline{\tau}}{E_a + dE_a} \geq 5 \ (\text{DIN } 19.700)$

$\overline{\tau} = 62,5 \ t/m^2$

$S\ \overline{\tau} = 30 \times 62,5 = 1.875 \ t$

Nestas condições:

Coef. de seg. $= \dfrac{486,9 + 1.875}{545} = 4,3$

O valor desde coef. de seg. $4,3 < 5$ pode ser aceito, visto que a DIN 19.700 fixa o valor 5, mas considera $\tau_{Rup} \approx 20 \ tf/cm^2$ e não $\overline{\tau}$ (tensão admissível).

E) *Eq. elástica — Juntas horizontais*

a) Coroamento

$y\,(m + n) = 30$

$y^2(m + n)^2 = 900$

$$\dfrac{G_c}{y\,(m + n)} = 1,84 \ tf/m^2 \qquad\qquad \dfrac{G_c\, e_c}{y^2\,(m + n)^2} = 0,46$$

$\sigma_m = 1,84 + 0,46 = 2,3 \ tf/m^2$

$\sigma_J = 1,84 - 0,46 = 1,38 \approx 1,4 \ tf/m^2$

b) Perfil teórico

$\gamma\, y = 2,3 \times 30 = 69$

$$\dfrac{m}{m + n} = 0,90 \qquad \sigma_m = 69 \times 0,90 = 62,1 \ tf/m^2$$

$$\dfrac{n}{m + n} = 0,10 \qquad \sigma_J = 69 \times 0,10 = 6,9 \ tf/m^2$$

$1.^a$ *hip. — Represa vazia*

$\sigma_m = 2,3 + 62,1 = 64,4 \ tf/m^2 < \sigma_c$

$\sigma_J = 1,4 + 6,9 = 8,3 \ tf/m^2 > 0$

358   Estruturas em alvenaria e concreto simples

c) Pressão hidrostática

$$\frac{2mn + n^2 - 1}{(m + n)^2} = 0,79$$

$$\frac{1 - mn}{(m + n)^2} = 0,91 \quad \sigma_m = 30(-0,79) = -23,7 \text{ tf/m}^2$$

$$\sigma_J = 30 \times 0,91 = 27,3 \text{ tf/m}^2$$

$$\delta y = 30$$

d) Subpressão:

$$\delta y = 30$$

$$\frac{m}{m + n} = 0,90 \qquad \sigma_m = -30 \times 0,90 = -27 \text{ tf/m}^2$$

$$\sigma_J = -30 \times 0,10 = -3 \text{ tf/m}^2$$

$$\frac{n}{m + n} = 0,10$$

$2.^a$ hip. — Represa cheia

64,4	8,3
-23,7	27,3
40,7	35,6
-27,0	-3
$\sigma_m = 13,7 > 0$	$\sigma_J = 32,6 < \overline{\sigma}_c$

Pelo regulamento francês, excluindo a subpressão $\sigma_m = 40,7 > 30$

e) Elevação do nível até a crista

$$y(m + n) = 30$$

$$yn \, \delta \, h_0 = 9$$

$$\frac{y \, n \, \delta \, h_0}{y \, (m + n)} = 0,30$$

$$y^2(1 - mn) = 819 \qquad \qquad 6 \, \delta \, h_0 = 18$$

$$h_0 \, (y + h_0) = \frac{99}{918}$$

$$918 \times 18 = 16.524$$

$$2y^2 \, (m + n)^2 = 1.800$$

$$\frac{6 \, \delta \, h_0 [\, y^2(1 - mn) + h_0(\, y + h_0)]}{2 \, y^2 \, (m + n)^2} = \frac{16.524}{1.800} = 9,2 \text{ tf/m}^2$$

$$\sigma_m = 0,30 - 9,2 = -8,9 \text{ tf/m}^2$$

$$\sigma_J = 0,30 + 9,2 = 9,5 \text{ tf/m}^2$$

Barragens de gravidade

359

Subpressão

$(y + h_0) = -33$ $\sigma_m = -33 \times 0,90 = -29,7$

$\sigma_m = -33 \times 0,10 = -3,3$

3.ª hip. — Represa cheia até a crista

$$
\begin{array}{ll}
40,7 & 8,3 \\
\underline{-8,9} & \underline{27,3} \\
31,8 < 33 \ (\text{Reg. francês}) & 35,6 \\
\underline{29,7} & \underline{9,5} \\
\sigma_m = \quad 2,1 \ \text{tf/m}^2 \ (\text{Compressão}) & 45,1 \\
& \underline{-3,3} \\
\sigma_J = \overline{41,8} < \overline{\sigma}_c
\end{array}
$$

Apesar da tensão à montante não satisfazer a condição de Levy 31,8 < 33, vamos aceitar, pois a diferença é pequena.

Com relação à subpressão do Regulamento do Bureau of Reclamation, estamos dentro do limite de ausência de tração.

F) *Tensões principais*

a) Paramento do montante

$\sigma_y = 40,7 \ \text{tf/m}^2 \quad (2.^{\text{a}} \text{hip.})$

$\sigma_y = 31,8 \ \text{tf/m}^2 \quad (2^{\cdot\text{a}} \text{hip.})$

$\tau = (\delta y - \sigma y) \, \text{tg}\alpha$

$\tau = (30 - 40,7) \, 0,10 = -1,07 \ (2.^{\text{a}} \text{hip.})$

$\tau = (33 - 31,8) \, 0,10 = -1,2 \ (3.^{\text{a}} \text{hip.})$

$\sigma_x = \delta_y - \tau \text{tg}\alpha$

$\sigma_x = 30 + 0,11 = 30,1 \quad (2.^{\text{a}} \text{hip.})$

$\sigma_x = 33 + 0,12 = 33,1 \quad (3.^{\text{a}} \text{hip.})$

$\sigma_y - \sigma_x = 10,6 \qquad \text{tg} \, 2 \, \varphi_m = \dfrac{2\,\tau}{\sigma_y - \sigma_x}$

$\sigma_y - \sigma_x = 1,3$

$(2.^{\text{a}} \text{hip.}) \ \text{tg}^2\varphi_m = \dfrac{2,1}{10,6} = 0,20 \quad 2\varphi_m = 11° \ \therefore \ \varphi \approx 6°$

$(3.^{\text{a}} \text{hip.}) \ \text{tg}^2\varphi_m = \dfrac{2,4}{2,6} = 0,93 \quad 2\varphi_m = 43° \ \therefore \ \varphi \approx 21°30'$

2.ª hip.

$\sigma_2 = y\delta = 30$

$\sigma_1 = \left[(1 + tg^2\alpha)y - y tg^2\alpha\right] = 41 tf/m^2$

3.ª Hip.

$\sigma_2 = 33$

$\sigma_1 = 32{,}1 \ tf/m^2$

b) Paramento da jusante $\sigma_y = 33 \ tf/m^2$ $tg\, 2\varphi = \dfrac{2\, tg\, \beta}{1 - tg^2\beta} = 9{,}5 \ \therefore \ \varphi = 41°$

VI — *RESUMO DAS TENSÕES SOLICITANTES*

— tf/m^2

$\sigma_y = 45 \ tf/m^2$

Represa vazia — 1.ª hip.

$\sigma_2 = 0 \quad \sigma_1 = \sigma_y(1 + tg^2\beta)$

2.ª hip. $\sigma_1 = 1{,}81 \times 33 = 60 \ tf/m^2$

3.ª hip. $\sigma_1 = 1{,}81 \times 45 = 82 \ tf/m^2$

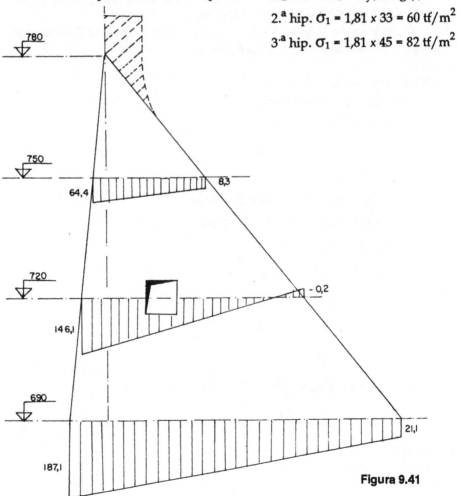

Figura 9.41

Barragens de gravidade

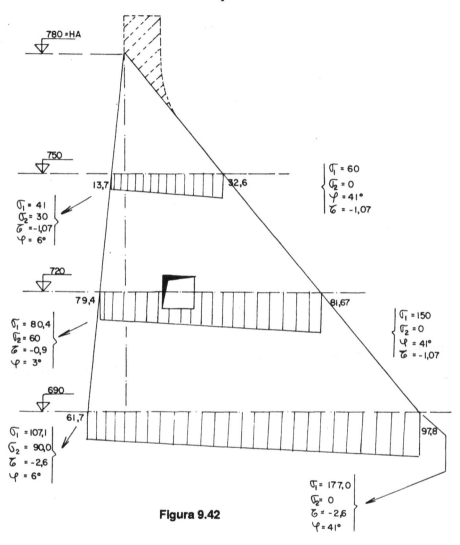

Figura 9.42

Pelos valores registrados nas juntas horizontais para as tensões solicitantes, σ_m, σ_j, τ, σ_1, σ_2, verificamos que tais valores se encontram para as várias hipóteses de carregamento abaixo dos valores admissíveis $\bar{\sigma}_c = 250$ tf/m², $\bar{\tau} = 62,5$ tf/m², $\bar{\sigma}_s = 200$ tf/m².

O cuidado principal será no projeto da drenagem no interior do maciço, a fim de satisfazer com maior segurança a solicitação da subpressão, cujo coeficiente no caso foi admitido na situação mais pessimista $\theta = 1$ (concreto permeável).

$\left\{ F = \dfrac{1}{2} h^2 (m+n)\delta_a \theta \right\}$ dependendo da permeabilidade do concreto, θ varia de 0,25 a 1,00.

Estruturas em alvenaria e concreto simples

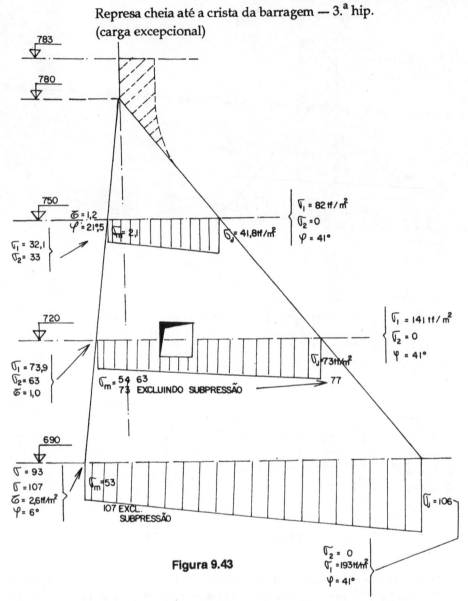

Figura 9.43

VII — TRAJETÓRIA DAS MÁXIMAS TENSÕES PRINCIPAIS DE COMPRESSÃO E CISALHAMENTO "ISOSTÁTICAS":

O traçado das curvas de iguais tensões principais permite separar as zonas de diferentes dosagens da massa de concreto, no maciço. As barragens que construímos no Brasil, tivemos a maior preocupação na tecnologia do concreto quanto a qualidade do agregado, corrigido com a adição de pozolana no cimento e garantir a impermeabilidade do maciço em presença d'água.

Por outro lado, as isostáticas permitem acompanhar o comportamento e

Barragens de gravidade

penetração de fissuras detectadas na superfície, muitas vezes provocadas por falhas de concretagem.

Para facilitar o cálculo no traçado das curvas de igual compressão e igual cisalhamento, lançamos mão da propriedade de homotetia do perfil triangular, tomando como centro o vértice, junto ao nível d'água.

Analisando as condições de equilíbrio no paralelepípedo infinitesimal, neste caso reduzido ao quadrado nas condições de elasticidade plana, (Fig.: 9.44).

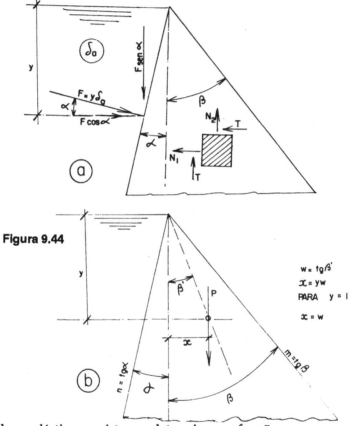

Figura 9.44

O problema elástico consiste em determinar as funções que nos permitam obter os valores de N_1, N_2 e T, cujos valores devem cumprir as condições de equilíbrio no interior e na superfície do maciço.

Utilizando-se a forma paramétrica, para uma série de pontos na mesma horizontal (fazemos $y = 1$), temos:

$$\begin{cases} N_1 = a_1 x + b_1 y \\ N_2 = a_2 x + b_2 y \\ T = cx + dy \end{cases}$$

Para $y = 1$

$$\begin{cases} N_1 = a_1 x + b_1 \\ N_2 = a_2 x + b_2 \\ T = cx + d \end{cases}$$

$\delta = \delta_a$...Massa específica aparente d'água...tfm^3

γ..........Massa específica aparente do concreto...t^f/m^3

m.........declividade do paramento de jusante $m = tg\beta$

n.........declividade do paramento de montante $n = tg\alpha$

364   Estruturas em alvenaria e concreto simples

Temos ainda para $y = 1$ $\qquad\qquad$ $x = wy$ $\quad \therefore \quad$ $x = w$

Nestas condições: $a_1 = \dfrac{\gamma\, mn\,(m-n)}{(m+n)^2} - \dfrac{\delta\, mn\,(2 - mn + m^2)}{(m+n)^3}$

$N'_1 = a_1 w + b_1$

$$b_1 = \frac{2\,\gamma\, m^2\, n^2}{(m-n)\,2} + \frac{\delta\, m^2\,(-\,2mn^2 + 3\,n + m)}{(m+n)^3}$$

$N'_2 = a_2 w + b_2$

$$a_2 = \frac{-\,\gamma\,(m-n)}{(m+n)^2} + \frac{\delta\,(2 - 3mn - n^2)}{(m+n)^3}$$

$T' = cw + d$

$$b_2 = \frac{\gamma\,(m^2 + n^2)}{(m+n)2} - \frac{\delta\,(m - n - 2m^2 n)}{(m+n)^3}$$

$$c = \gamma - b_2$$

$$d = -\,a_1$$

NOTA: para represa vazia, fazemos $\delta = 0$

A) *CURVAS DE IGUAL COMPRESSÃO MÁXIMA*

$$\sigma_c = \left\{ \frac{(N'_1 + N'_2)}{2} + \sqrt{\frac{(N'_1 - N'_2)^2}{2} + (T')^2} \right\}\, y$$

Calculamos para $\sigma_c = 100 \text{ tf}/\text{m}^2$ e por simples proporção de ordenada determinamos para outros valores de σ_c

$$y = \frac{\sigma_c}{\dfrac{(N'_1 + N'_2)}{2} + \dfrac{1}{2}\sqrt{(N'_1 - N'_2) + 4\,T'^2}}$$

B) *CURVAS DE IGUAL CISALHAMENTO MÁXIMO*

φ ... Ângulo de atrito concreto/concreto

$$y = \frac{\tau \cos\varphi}{\dfrac{1}{2}\sqrt{(N'_1 - N'_2)^2 + 4\,T'^2} - \dfrac{(N'_1 + N'_2)}{2}\, sen\,\varphi}\Big\}$$

$$\begin{cases} \mu = 0,75 \\ \mu = \text{tg}\varphi \\ sen\varphi = 0,60 \\ cos\varphi = 0,80 \end{cases}$$

$$y = \frac{0,8\,\tau}{\dfrac{1}{2}\sqrt{(N'_1 - N'_2)^2 + 4\,T'^2} - 0,3\,(N'_1 + N'_2)}$$

Barragens de gravidade

365

TABELA 9.4 - CURVA DE COMPRESSÃO PARA $\sigma_c = 100$ t f/m^2

W	N'1	N'2	T'	$\frac{1}{2}\sqrt{(N'1-N'2)^2+4T'^2}$ ①	$\frac{N'_1 + N'_2}{2}$ ②	①+②= ③	$y=\frac{100}{③}$
- 0,10	0,868	1,262	-0,025	0,198	1,065	1,263	79
0	0,860	1,250	0,080	0,210	1,055	1,265	79
0,10	0,852	1,238	0,185	0,267	1,045	1,312	76
0,20	0,844	1,226	0,290	0,347	1,035	1,382	72
0,30	0,836	1,214	0,395	0,438	1,025	1,463	68
0,40	0,828	1,202	0,500	0,534	1,015	1,549	64
0,50	0,820	1,190	0,605	0,633	1,005	1,638	61
0,60	0,812	1,178	0,710	0,733	0,995	1,728	58
0,70	0,804	1,166	0,815	0,835	0,985	1,820	55
0,80	0,796	1,154	0,920	0,937	0,975	1,912	52
0,90	0,788	1,142	1,025	1,040	0,965	2,005	50

Voltando ao exemplo: *Represa cheia — 2.ª hip.*

$m = 0,90 \qquad m + n = 1,0$

$n = 0,10 \qquad \gamma = 2,3 \text{ tf}/m^3$

$m = \text{tg } \beta \qquad \delta = \delta_a = 1,0 \text{ tf}/m^2 \quad \theta = 1 \dots$ coeficiente de subpressão

$n = \text{tg } \alpha \qquad$ para $\theta < 1$ ver [34]

$$a_1 = \frac{\gamma \, mn \, (m - n)}{(m + n)^2} - \frac{\delta \, mn \, (2 - mn + m^2)}{(m + n)^3} = -0,08$$

$$b_1 = \frac{2 \gamma \, m^2 \, n^2}{(m + n)^2} + \frac{\delta \, m^2 \, (-2mn + 3n + m)}{(m + n)^3} = 0,86$$

$$a_2 = \frac{-\gamma \, (m - n)}{(m + n)^2} + \frac{\delta \, (2 - 3mn - n^2)}{(m + n)^3} = -0,12$$

$$b_2 = \frac{\gamma \, (m^2 + n^2)}{(m + n)2} - \frac{\delta \, (m - n - 2m^2 n)}{(m + n)^3} = 1,25$$

$c = \gamma - b_2 = 1,05$

$d = -a_1 = 0,08$

$N'_1 = a_1 w + b_1 = -0,08w + 0,86$

$N'_2 = a_2 w + b_2 = -0,120w + 1,25$

$T' = cw + d = 1,052w + 0,08$

$$\overline{\sigma}_c = 100 \text{ tf}/m^2 \quad \therefore \quad y = \frac{100}{\dfrac{N_1 + N_2}{2} + \dfrac{1}{2}\sqrt{(N'_1 - N'_2)^2 + 4\,T^2}}$$

$x = w$

366 Estruturas em alvenaria e concreto simples

TABELA 9.5 - CURVA DE CISALHAMENTO PARA $\tau = 10 tf/m^2$

W	$\frac{1}{2}\sqrt{(N'_1-N'_2)+4T'^2}$ ①	$0,3\,(N'_1+N'_2)$ ②	① + ② = ③	$y = \frac{8}{③}$
- 0,10	0,198	0,639	NEGATIVO	—
0,00	0,210	0,633	"	—
0,10	0,267	0,627	"	—
0,20	0,347	0,621	"	—
0,30	0,438	0,615	"	—
0,40	0,534	0,609	"	—
0,50	0,633	0,603	0,030	266
0,60	0,733	0,597	0,136	59
0,70	0,835	0,591	0,244	33
0,80	0,937	0,585	0,352	23
0,90	1,040	0,579	0,461	17

Para traçarmos outras curvas da $\sigma_{c'}$, dividimos proporcionalmente os valores de y = 100

TABELA 9.6 - CÁLCULOS AUXILIARES

Para $\sigma_c = 25$ . . . fazemos $\dfrac{y}{4}$

Para $\sigma_c = 50$ . . . fazemos $\dfrac{y}{2}$

Para $\sigma_c = 75$ . . . .fazemos $\dfrac{3y}{4}$

Para $\sigma_c = 125$ . . .fazemos 1,25y

Para $\sigma_c = 150$ . . . fazemos 1,50y

W	VALORES DE Y					
	$\sigma_c = 100$	$\sigma_c = 25$	$\sigma_c = 50$	$\sigma_c = 75$	$\sigma_c = 125$	$\sigma_c = 150$
-0,10	79	20	40	60	99	118
0,00	79	20	40	60	99	118
0,10	76	19	38	57	95	114
0,20	72	18	36	54	90	108
0,30	68	17	34	51	85	102
0,40	64	16	32	48	80	96
0,50	61	15	30	46	76	91
0,60	58	14	28	43	72	87
0,70	55	14	28	41	69	82
0,80	52	13	26	39	65	78
0,90	50	12	24	37	62	75

Traçada a linha, correspondente a $\tau = 8\ tf/m^2$ de tensão de cisalhamento efetivo, determinamos para $\tau = 0$, paralela à linha $\tau = 8\ tf/m^2$ e passando pelo de triângulo (centro homotético).

A seguir, com o intervalo de $\tau = 0$ a $\tau = 8$, medido na base do triângulo correspondente ao espaçamento de $8\ tf/m^2$, tiramos as linhas paralelas $\tau = 16, 24, 32\ \tau = 40$ e $\tau = 48$ respectivamente.

Deixamos de apresentar as isostáticas para a 1.ª hip., represa vazia ($\delta = 0$), já que a metodologia é a mesma que serviu como no exemplo para a 2.ª hip., represa cheia.

Barragens de gravidade

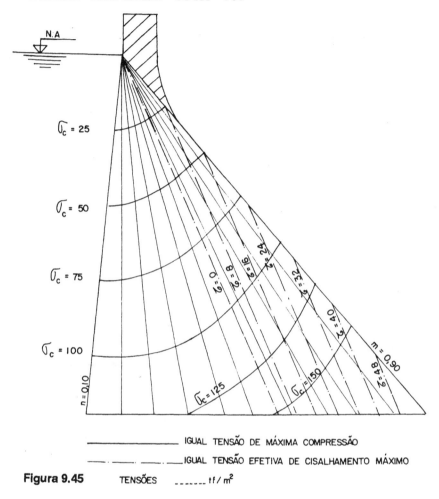

Figura 9.45 TENSÕES ...... tf/m²

Res. cheio — 2.ª hip. — Curvas de igual compressão máximas e igual cisalhamento efetivo

9.8 — PEQUENAS BARRAGENS

Entendemos pequenas barragens àquelas em que a altura não ultrapassa de 30 m, segundo a ASCE, ou 35 m, segundo Bonnet (36).

No caso de uma barragem até uns 15,00 m de altura, portanto abaixo das classificações supra-citadas, com o maciço apoiado em rocha sã, isenta de alteração. Pode-se simplificar os cálculos, verificando a estabilidade, lançando mão das fórmulas da resistência dos materiais.

368 Estruturas em alvenaria e concreto simples

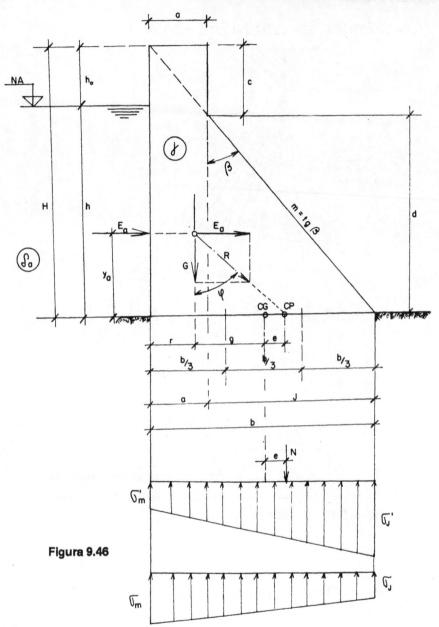

Figura 9.46

A) Condições fundamentais:

$\overline{\sigma}_c$ ... Tensão admissível à compressão.

$\begin{Bmatrix} 1^a) \ \sigma_m < \overline{\sigma}_c \\ 2^a) \ \sigma_J > 0 \end{Bmatrix}$ Represa vazia $\begin{Bmatrix} 3^a) \ \overline{\sigma}_m > h\,\delta_a \\ 4^a) \ \overline{\sigma}_J < \dfrac{\overline{\sigma}_c}{\nu} \end{Bmatrix}$ Represa cheia

$$\nu = (1 + tg^2\beta)$$

Barragens de gravidade

A inclinação é baseada na condição $\sigma_J > 0$ (2.ª). Difícil de se atingir $\sigma_m < \overline{\sigma}_c$ e $\sigma_J > \dfrac{\overline{\sigma}_c}{\nu}$ (1.ª) e (4.ª), devido à pequena altura.

A condição $\sigma_m > \delta_a$ nos obriga na maioria dos casos inclinar o paramento de montante, para equilibrar a subpressão. Convém verificar também a represa cheia até a crista.

B) Pré-dimensionamento:

Pelas fórmulas do perfil teórico:

- Ausência de tração ($\sigma_J > 0$) $m \geq \sqrt{\dfrac{\delta}{\gamma}}$

- Igual resistência $m \geq \sqrt{\dfrac{2\,\delta}{\gamma}}$

- Escorregamento $m \geq \dfrac{4\,\delta}{3\,(\gamma - \delta)}$

Escolhido "m", temos: J = dm

$$a = \text{escolhido} - 1{,}00 \text{ a } 1{,}50 \text{ m}$$
$$h_0 = 1{,}50 \text{ m} \dots \text{revanche} \dots$$
$$h_0 = 0{,}76 + 0{,}34\sqrt{L} + 0{,}26\sqrt[4]{L}$$
$$L \dots \text{km} \qquad h_0 \dots \text{m}$$

h ... Altura da coluna d'água

$H = h + h_0$ $c = H\text{-}d$ $J = d.m = d \operatorname{tg} \beta$ d ... escolhido

$b = a + J$

C — *Cargas e braços*

$$G = \left[aH + \frac{1}{2} Jd \right] \gamma \dots \text{Peso próprio}$$

$$T = \left[H \frac{a^2}{2} + \frac{J\,d}{2} \quad \left(a + \frac{D}{3} \right) \right] \cdot \frac{1}{Ha + \frac{1}{2} Jd}$$

$$g = \frac{b}{2} - r \qquad Ea = \frac{1}{2} h^2 \delta_a \qquad E'a = \frac{1}{2} H \delta_a$$

$$y_a = \frac{h}{3} \qquad\qquad y'a = \frac{H}{3}$$

D — *Momentos*

$$M_G = G\,(b - r)$$
$$M_E = E_a y_a \qquad M'_E = E'a\,y'a$$

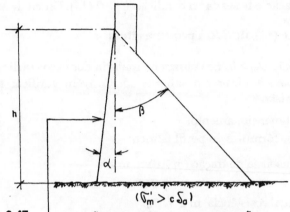

Figura 9.47 — INCLINAÇÃO PARA EQUILÍBRIO DA SUBPRESSÃO NAS JUNTAS HORIZONTAIS

E — *Equilíbrio estático* — Represa cheia até a crista da barragem
a) Escorregamento: μ ... Coef. de atrito ($\mu = 0{,}70$)

$$\frac{\mu \cdot G}{E'_a} \geq 1{,}2 \quad , \quad \frac{\mu G}{E_a} \geq 1{,}5$$

b) Tombamento:

$$\frac{M_G}{M'_E} \geq 1{,}5$$

F — *Equilíbrio elástico*

1.ª hip. — Represa vazia $G = N \quad M = Gg \quad e = g$

$$\sigma_m = \frac{N}{b}(1 + \frac{6e}{b}) \leq \bar{\sigma}_c \qquad \sigma_J = \frac{N}{b}(1 - \frac{6e}{b}) > 0$$

2.ª hip. — Represa cheia

$$\sigma'_m = \frac{N}{b}(1 - \frac{6e'}{b}) > h \delta_a \qquad e' = \frac{E_a y_a - G g}{N}$$

$$\sigma'_J = \frac{N}{b}(1 + \frac{6e'}{b}) \leq \frac{\bar{\sigma}_c}{\mu}$$

3.ª hip. — Represa cheia até a crista

$$\sigma''_m = \frac{N}{b}(1 - \frac{6e''}{b}) > H \delta_a \qquad e'' = \frac{E'_a y'_a - G g}{N}$$

$$\sigma''_J = \frac{N}{b}(1 + \frac{6e''}{b}) \leq \frac{\bar{\sigma}_c}{\mu}$$

Barragens de gravidade

9.8.1 — Exemplo de uma pequena barragem

I - DADOS
    Altura do nível d'água h = 10,00 m
    Maior extensão do lago L = 2 km
    Massa específica do concreto ... $\gamma = 2{,}3$ tf/m^3
    Porosidade do concreto $\Theta = 1$
    Resistência à compressão do concreto $\sigma_c = 60$ daN/cm
    Resistência da rocha de fundação $\bar{\sigma}_s = 20$ daN/cm^2
    Atrito — concreto sobre concreto ... $\mu = 0{,}70$

II - PRÉ-DIMENSIONAMENTO:
    $h_0 = 0{,}76 + 0{,}34 \sqrt{L} + 0{,}26 \sqrt[4]{L} = 1{,}50$ m
    Largura da crista a = 3,00 m (via de tráfego de veículos)
    $H = h + h_0 = 11{,}50$ m   Adotamos m = 1 tg β = 1,00 $\beta = 45°$

$$m = \sqrt{\frac{\delta}{\gamma}} = 0{,}65 \qquad m = \sqrt{\frac{2\delta}{\gamma}} = 0{,}93 \qquad \mu = (1 + \mathrm{tg}^2 \beta) = 2$$

$$m = \frac{4\delta}{3(\gamma - \delta)} = 1{,}0 \qquad \frac{\bar{\sigma}_c}{\mu} = \frac{60}{2} = 30 \text{ daN/cm}^2$$

c = h_0 = 1,50 m d = H - c = 10,00 m J = md = 10,00 b = a + J = 13,00 m

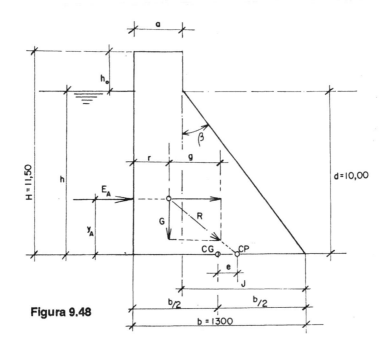

Figura 9.48

III — CARGAS E BRAÇOS

Cargas $G = \left[Ha + \dfrac{1}{2}Jd\right]\gamma = 204{,}7 \text{ tf/m}$

$Ea = \dfrac{1}{2}h^2\gamma_a = 50 \text{ tf/m} \qquad E'_a = \dfrac{1H^2}{2}\gamma_a = 66{,}125 \text{ tf/m}$

Braços:

$r = \left[H\dfrac{a^2}{2} + \dfrac{Jd}{2}(a + \dfrac{D}{3})\right]\dfrac{1}{Ha + \dfrac{Jd}{2}} = 3{,}94 \text{ m}$

$g = \dfrac{b}{2} - r = 2{,}56 \text{ m} \quad ; \quad y_a = \dfrac{h}{3} = 3{,}33 \text{ m} \quad ; \quad y'_a = \dfrac{H}{3} = 3{,}83 \text{ m}$

IV — EQUILÍBRIO ESTÁTICO

a) Rotação: $M_G = G(b - r) = 204{,}7 \times 9{,}06 = 1.854{,}6$ tf/m
$E_a y_a = 50 \times 3{,}33 = 166{,}5 \qquad E'_a y'_a = 66{,}125 \times 3{,}83 = 253{,}7$

$\dfrac{M_G}{E_a y_a} \geq 1{,}5 \qquad \dfrac{M_G}{E_a y_a} = 11 > 1{,}5 \qquad \dfrac{M_G}{E'_a y'_a} \geq 1{,}5 \qquad \dfrac{M_G}{E'_a y'_a} = 7{,}3 > 1{,}5$

b) Escorregamento

$\dfrac{\mu N}{E_a} > 1{,}5 \ , \ \dfrac{0{,}7 \times 204{,}7}{50} = 2{,}8 > 1{,}5 - \dfrac{\mu N}{E'_a} \geq 1{,}5 \ , \ \dfrac{\mu N}{E'_a} = 2{,}1$

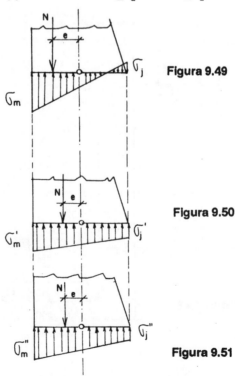

Figura 9.49

Figura 9.50

Figura 9.51

Barragens de gravidade

V — EQUILÍBRIO ELÁSTICO

a) *Represa vazia*:

$$\frac{N}{b} = 15,7 \qquad \sigma_m = \frac{N}{b}\left(1 + \frac{6e}{b}\right) \leq \overline{\sigma}_c = 600 \text{ tf/m}^2 \qquad e = g = 2,56$$

$$\sigma_m = 18,5 < 600 \qquad \frac{6e}{b} = 1,18 \qquad \sigma_J = \frac{N}{b}\left(1 - \frac{6e}{b}\right) > 0$$

$$\sigma_J = -2,8 \text{ tf/m}^2 \text{ tração} \quad \overline{\sigma}_t = 30 \text{ tf/m}^2 \rightarrow \text{aceitável}$$

b) *Represa cheia*:

$$e' = \frac{E_a y_a - Gg}{N} = 1,75 \qquad \sigma'_m = \frac{N}{b}\left(1 + \frac{6e'}{b}\right) = 28,3 > H\,\delta = 10 \ldots$$

$$\sigma'_J = \frac{N}{b}\left(1 - \frac{6e'}{b}\right) = 3 \text{ tf/m}^2$$

c) *Represa cheia até a crista*

$$e'' = \frac{E'_a y'_a - G g}{N} = 1,32 \qquad \sigma''_m = \frac{N}{b}\left(1 + \frac{6e''}{b}\right) = 25,3 \text{ tf/m}^2$$

$$\frac{6e''}{b} = 0,61 \qquad \sigma_J = \frac{N}{b}\left(1 - \frac{6e''}{b}\right) = 6 \text{ tf/m}^2$$

BIBLIOGRAFIA:

1 — Cours de Stabilité des Constructions.
  Vierendeel - 5.º vol., 1920

2 — Pontes e Viaductos - Ataliba Valle - 1.º vol. , 1929

3 — Estática Aplicada - R. Saliger - Ed. Labor - 3.ª edição, 1950

4 — Resistência dos materiais - F. Suplicy de Lacerda.
  Ed. Globo - 4.ª edição - 1964

5 — Estática das Construções - Schreyer - Ed. Globo, 1960.
  Tradução da 10.ª edição alemã

6 — Materiais de Construção - Eládio G. R. Petrucci - Ed. Globo, 1978

7 — Encyclopédie Pratique du Batiment et des Travaux Publics.
  Ed. Quillet, 1953

8 — Beton Kalender - Ed. El Ateneo, 1957.

9 — A.B.C.P. - Boletins Técnicos 108, 1985, e CDT 35, 1965.

10 — Alvenaria Armada - Arq. C. A. Tauil e Engº C. L. Racca.
  Ed. Pini, 1.ª edição.

11 — NBR - 8215 da ABNT

12 — Load Tests of Patterned Concrete Massonry Walls - R. O.
  Hedstrom. Revista A.C.I., Abril, 1961.

374 Estruturas em alvenaria e concreto simples

13 — Teoria Y Prática del Hormigon Armado Mörsch - Ed. G. Gilli.

14 — Concreto - ABCP - Prof. Telemaco H. Van Langendonck, vols. I e II.

15 — Construções de Concreto - Leonhardt - Mönnig, vol. 2.

16 — Tratado de Hormigon Armado - G. Franz - Ed. G. Gilli.

17 — Hormigon Armado y Hormigon Pretensado - H. Rüsch.

18 — Beton Precontrait - Guyon.

19 — Concreto de cimento portland - Eládio Petrucci.

20 — Curso Prático de Concreto Armado - Prof. Aderson M. da Rocha, vol. II.

21 — Construzioni in Pietra - Breymann.

22 — Introdução à Resistência dos materiais - Frederico Schiel.

23 — Infilled Frames - Ph. D. Bryan Stafford Smith.
Univ. Bristol, 1963.

24 — Contribuição para enrijamento de estruturas de aço e esforços
horizontais em edifícios de múltiplos pavimentos -
José R. Braguim - IPT - SP, 1989.

25 — Calculista de Estruturas - S. Goldenhörn. Buenos Aires, 1951.

26 — NBR-6123/1988 - ABNT - Forças devidas ao vento em edificações.

27 — Ponts e Ouvrages en Maçonnerie - Ing. Ernest Aragon.
Ed. H Dunod, 1909, Paris.

28 — Cálculo delle Gallerie - Vicenzo Desimon. Ed. Hoepli, 1950.

29 — Der Tunnel - Lucas, 1940.

30 — Tese de Doutoramento do Prof. Carlos A. Vasconcelos - Escola
Politécnica de Munique.

31 — Revista de Engenharia FAAP - n.° 11, 1986, Eng° Antonio Pinto Rodrigues.

32 — Resistência dos materiais - Timoshenko, II vol.

33 — Les Barrages de Valle - Henrich Press.

34 — Saltos de Agua Y Presas de Embalse - J. Luis Gomes Navarro e
J. Juan Aracil.

35 — Cálculo de Barragens - Prof. Nahul Benevolo (ABCP, 1963).

36 — Cours de Barrages - Bonnet, 1931.

37 — Dimensionamento de Fundações Profundas - Urbano R. Alonso, 1989
Editora Edgard Blücher Ltda.